DESIGN AND CONTROL OF
INTELLIGENT COMPLIANT ACTUATORS
FOR ROBOTS

机器人
智能柔顺驱动器
设计与控制

宋智斌　鞠文杰　著

化学工业出版社
·北京·

内容简介

本书用于在我国"新工科"教育改革的背景下，面向智能制造相关专业，特别是交互型共融机器人领域，培养先进机器人设计基础理论与实践相结合的创新型人才，旨在推动我国共融机器人技术的发展和进步。

本书主要介绍与人交互或与环境交互的机器人智能柔顺关节驱动设计方法与控制技术，以当前协作机器人柔顺交互技术为切入点，给出了具有机械柔顺的新型非线性刚度柔顺驱动器设计的理论与方法，分别介绍了基于扭簧的非线性刚度驱动器、基于多段梁的非线性刚度驱动器、基于滚子-凸轮机构的非线性柔顺驱动器以及无滚子凸轮柔顺驱动器等的设计方法，并给出了驱动器的柔顺控制方法和基于非线性刚度驱动器的三关节机器人的设计与控制方法。本书给出了理论推导、仿真验证、实验介绍等从抽象到具体的机器人智能柔顺关节驱动设计方法和控制技术。

本书可为从事机器人研究的工程技术人员提供参考，同时也可作为高等院校相关专业本科生及研究生学习的资料。

图书在版编目（CIP）数据

机器人智能柔顺驱动器设计与控制／宋智斌，鞠文杰著 . -- 北京：化学工业出版社，2025.3. -- ISBN 978-7-122-47144-4

Ⅰ. TP242

中国国家版本馆 CIP 数据核字第 202582K6V9 号

责任编辑：金林茹　　　　　　　　　文字编辑：温潇潇
责任校对：王　静　　　　　　　　　装帧设计：王晓宇

出版发行：化学工业出版社
　　　　　（北京市东城区青年湖南街 13 号　邮政编码 100011）
印　　装：北京云浩印刷有限责任公司
787mm×1092mm　1/16　印张 13　字数 318 千字
2025 年 4 月北京第 1 版第 1 次印刷

购书咨询：010-64518888　　　　　　售后服务：010-64518899
网　　址：http://www.cip.com.cn

定　　价：89.00 元

前言

当今机器人技术发展迅速，特别是近十年来在人工智能技术的加持下发展尤为迅猛。2015年学界称具有人机柔顺交互功能的机器人为下一代机器人，如今协作机器人产业已经很壮大了，价格上与传统机器人相差不大。协作机器人进一步拓展了机器人的应用场景，在更多的领域内实现人机融合操作、机器人与环境高度适应融合操作，未来交互型共融机器人将有更大的发展空间。

本书是天津大学现代机构学与机器人学中心团队近十年来在机构学研究以及人机柔顺交互研究中积累的学术思想、理论方法、技术创新以及实践探索的成果总结。本书总结了现代机器人柔顺交互技术现状以及主要的技术路线，概括了这些技术路线的优缺点，系统介绍了笔者团队的非线性刚度柔顺驱动技术研究成果。该技术路线属于被动柔顺的一种，在恒定刚度的串联弹性驱动器（SEA）和可变刚度弹性驱动器（VSA）的基础上深入探究了交互的底层规律，基于物理交互的常见现象提出了负载与刚度存在一定匹配关系的普遍规律，回答了可变刚度驱动器何时变刚度的问题。同时这种规律给出了刚度优化方法，该方法允许使用者根据具体任务和工况修改权重系数来调整最优刚度形态，从而更好地适应环境和任务需要。此外，提出了多种可实现非线性刚度的柔顺驱动器设计方法，其共同点是不采用额外的刚度调节电机，而是依据负载与刚度的对应关系采用机械方式实现负载选择刚度的功能，相比VSA其结构和控制系统更为简单，刚度调节响应更快。能够实现这一负载选择刚度的机械设计方法有很多，以柔顺机构为代表的机械系统是实现这一方案的有效手段，因此该方向与柔顺机构方向的研究契合度很高，也是将柔顺机构研究和控制理论融合的理想方向。该思想也可扩展至其他机械智能领域，在更大范围内提升机械系统的灵活性和智能性，同时还可以提升系统的可靠性和响应水平。

本书是在天津大学全面推行"新工科"教育的背景下起草撰写的，以康复机器人为切入点，透过应用任务挖掘人机交互机理，探索新型柔顺驱动技术，旨在提升青年学生学科交叉能力，深入理解理论力学、材料力学、机械设计、机械原理、自控原理等工科重要专业基础课程内容，并能融会贯通，将学到的基础理论知识内化，同时培养学生的科研探索水平，提升学生运用基础理论知识与方法创新性解决实际问题的能力。

本书内容所依托的研究成果是在国家自然科学基金委面上项目（51475322，51975401）、天津市自然科学基金重点项目（17JCZDJC30300）以及机器人技术与系统国家重点实验室开放基金（SKLRS-2021-KF-05）资助下完成的。感谢项目团队学术带头人戴建生院士对本研究的指导，课题组研究生蓝韶彬、赵亚茹、高冬、马天宇、胡秀棋、李炳蔚、张昊临等与笔者共同完成了相关课题的研究，对此深表感谢！

本书在编写过程中得到了天津大学现代机构学与机器人学中心、机构理论与装备设计教育部重点实验室、复杂装备机构理论与设计技术学科创新引智基地等的大力支持。

由于笔者水平有限，书中难免有不足之处，恳请广大读者批评指正。

宋智斌　鞠文杰

目录

第**1**章

绪论

1.1　背景和意义

机器人技术在 20 世纪开始蓬勃发展，1978 年，美国 Unimation 公司推出的通用工业机器人 PUMA 将工业机器人技术推向了新的高峰。进入 21 世纪，工业机器人作为一种高刚度的标准化、自动化工具有了更广泛的发展和应用，在解放生产力的同时大大提高了生产效率和经济效益，对传统工业和人类社会的发展产生了巨大的影响。

随着人们生活水平的不断提高，人们的生活方式也发生了巨大的变化，工业机器人技术的发展已不能完全满足人类社会生活的需要。尤其是进入 21 世纪以来，人们对生活质量的追求越来越高，比起高危的、困难的工作以及重复的、乏味的工作，人们更喜欢舒适的、趣味性高的工作。同时，随着人们生活节奏的加快，家庭劳动时间减少造成的人类生活质量降低问题、人口老龄化造成的诸多社会问题以及运动功能障碍患者增加造成的劳动力减少等问题也亟待解决。包括清洁机器人、手术机器人以及康复机器人在内的应用于人-机器人交互（human-robot interaction，HRI）领域的服务机器人的出现和发展，给人们的生活带来了日新月异的变化。例如，康复机器人为治愈人体运动功能障碍提供了重要的恢复手段和技术，它可以帮助患者进行有效的主被动康复训练，将康复师从繁重的康复训练任务中解放出来，从而节约人力资源成本，提高患者的康复效率；另一方面，通过对康复机器人机械结构和控制策略的设计，可以解决目前传统康复方式存在的诸多问题，达到更理想的康复效果。

驱动器对机器人的运动和性能具有重要的影响，考虑到不同机器人的任务和技术要求，对应的驱动器的要求和设计也有很大的不同。例如，工业机器人需要精确的位置控制和轨迹跟踪能力，所以应用在工业机器人中的驱动器都具有很高的刚度。但对于服务机器人而言，过高的刚度会导致机器人对环境变化的敏感度下降，使人机交互的安全性能大大降低。因此，近几年被动柔顺驱动器广泛应用于人机交互领域的服务机器人，尤其是康复机器人，凭借其高的缓冲性能以及安全性等柔顺性能在人机交互领域保持明显的竞争优势。

串联弹性驱动器（series elastic actuator，SEA）是一种经典的被动柔顺驱动器，它通过在电机和负载之间巧妙地嵌入简单的线性弹簧实现了人机交互的柔顺性能。然而驱动器的性能受到所采用的弹簧刚度的限制，低刚度的弹簧虽然具有高的力矩分辨力、安全性等柔顺性能，但带宽、位置跟踪准确性等动力学性能较差；相反，高刚度的弹簧提高了驱动器的带宽等动力学性能，但是驱动器的柔顺性能相对降低，驱动器在运动过程中容易产生振荡，从而降低人机交互的安全性。可变刚度驱动器（variable stiffness actuator，VSA）在一定程度上解决了高带宽性能和高安全性之间的矛盾，但 VSA 通过增加额外的电机实现刚度调节，一方面增加了驱动器结构的复杂性，另一方面也会影响驱动器的响应带宽。虽然一些研究通过设计 SEA 和 VSA 的控制系统来提高驱动器的控制性能，但这种方法并不能突破其调节刚度导致性能损失的局面。如何设计柔顺驱动器的刚度成了亟需突破的关键难题。

综上所述，柔顺驱动器因其在人机交互领域具有的巨大优势成为全球普遍关注的科研热点，但柔顺驱动器刚度的设计依然存在尚未被探索的区域。本书内容依托国家自然科学基金面上项目以及天津市自然科学基金项目，以人机交互机器人柔顺驱动器刚度设计为着眼点，提出了普适性柔顺驱动器的最优刚度设计方法，突破了柔顺驱动器刚度选择的瓶颈，给出了多种非线性刚度柔顺驱动器设计方法，优化柔顺驱动器的性能，提高人机交互效果，促进了柔顺驱动器的研究进程。

1.2 柔顺驱动器国内外发展现状

严格来讲，柔顺驱动器包含主动柔顺驱动器和被动柔顺驱动器两种驱动器，这两种驱动器主要的区别在于力/力矩传感器的使用。机械臂 iiwa 是德国 KUKA 公司研制的一种经典的主动柔顺驱动机器人，它采用高精度的力矩传感器，通过适配的控制算法实现良好的人机交互效果，但所设计的控制系统往往都比较复杂，且成本高，能耗大，同时由于其内部没有缓冲元件，人机交互的安全性得不到保证。而被动柔顺驱动器在机械结构中嵌入了弹性元件，通过柔顺结构实现了驱动器本质上的柔顺特性，能耗小，储能效果好，同时能实现较好的碰撞缓冲性能，提高了人机交互的力矩分辨性能和安全性。

美国麻省理工学院（MIT）的 Pratt 等人于 1995 年首次明确提出的串联弹性驱动器（SEA）是一种经典的被动柔顺驱动器，图 1-1 展示了其典型的结构特征。该驱动器在动力源（电机组合）与负载之间串联了一个弹性元件，获得了结构上的柔顺特性，可以实现对外负载的缓冲性能。同时，串联弹性驱动器不再采用力/力矩传感器，而是将力/力矩控制转化为位置控制，通过测量弹性结构的形变获得驱动器的力/力矩，提高力/力矩控制精度。串联弹性驱动器可以作为纯粹的动力源为人机交互机器人提供精确的力/力矩。

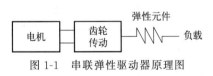

图 1-1　串联弹性驱动器原理图

传统的 SEA 多采用线性刚度弹簧作为弹性元件，所选择的弹簧刚度是影响 SEA 性能的关键因素，固定的弹簧刚度限制了驱动器的性能。高刚度的弹性元件缓冲性能差，降低了驱动器的安全性，而低刚度的弹性元件虽然具有较高的力矩分辨力和安全性能，但响应速度和带宽性能却大大降低。

为了突破固定刚度的限制，可变刚度驱动器（VSA）成了近几年的研究热点。新加坡国立大学的 Haoyong Yu 教授提出了一种具有高、低两种刚度的柔顺驱动器，该驱动器通过串联两种不同刚度的线性弹簧实现驱动器刚度的变化。如图 1-2 所示，高刚度弹簧的弹性系数 k_1 为低刚度弹簧弹性系数 k_2 的 120 倍，当负载较小时，可以认为高刚度的弹簧具有无限高的刚度，即为刚性体（简称刚体），柔顺驱动器表现为低刚度的 SEA；当负载力增加到一定的值时，低刚度的弹簧被完全压缩，柔顺驱动器通过高刚度的弹簧实现柔顺运动。

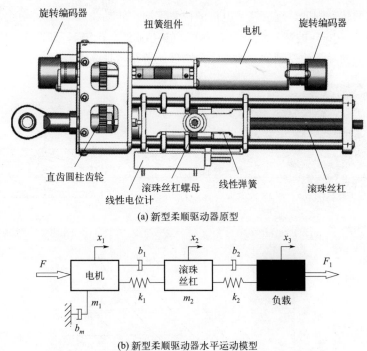

(a) 新型柔顺驱动器原型

(b) 新型柔顺驱动器水平运动模型

图 1-2　具有高刚度和低刚度的新型柔顺驱动器模型

Wolf 等在 2008 年提出的变刚度关节 VS-Joint 实现了一种更紧凑的变刚度结构，可变刚度的范围也有所增大，如图 1-3 所示。变刚度关节 VS-Joint 主要通过凸轮盘、凸轮滚子以及线性弹簧来实现刚度调节。当关节运动时，滚子将在凸轮盘上运动，从而挤压线性弹簧并调整弹簧的预负载以改变关节的转动刚度。该关节共使用两个电机，一个提供关节运动的动力，

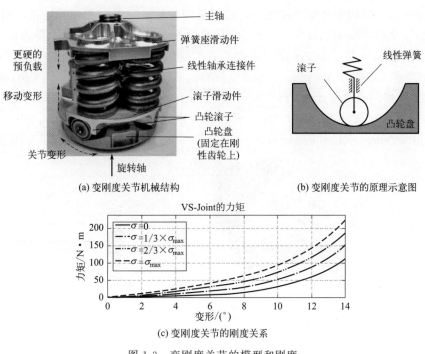

(a) 变刚度关节机械结构　　　　　　　　(b) 变刚度关节的原理示意图

(c) 变刚度关节的刚度关系

图 1-3　变刚度关节的模型和刚度

另一个调节关节的转动刚度，刚度调节电机的位置不同，转动关节的转动刚度关系也不同。之后，Wolf 等人在 VS-Joint 的基础上设计了一种新的变刚度关节 FSJ，如图 1-4 所示。通过两个凸轮盘和连接它们的弹簧改变刚度，通过优化刚度调节结构提高了变刚度关节的性能。

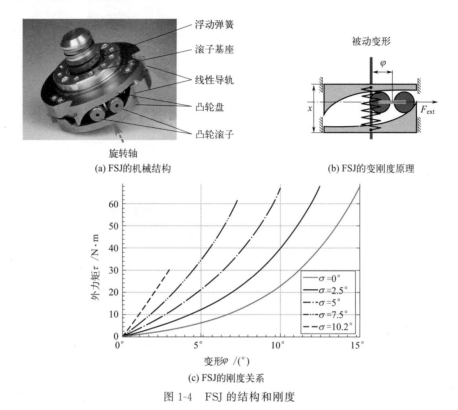

(a) FSJ的机械结构

(b) FSJ的变刚度原理

(c) FSJ的刚度关系

图 1-4　FSJ 的结构和刚度

　　除了通过凸轮结构实现变刚度之外，杠杆结构也是研究者们关注的焦点。例如 Kim 等人设计的变刚度驱动器 HDAU 和 Pew 等人设计的 VSTA，以及 Caldwell 等人设计的 AwAS 系列等可变刚度驱动器。AwAS 系列通过杠杆和弹簧结构实现了柔顺驱动器的刚度变化。图 1-5 所示为改进之后的 AwAS 即 AwAS-Ⅱ的结构、变刚度原理和刚度。电机 M1 用于提供驱动器的动力，M2 用于改变滑块即杠杆支点在导轨上的位置，从而调节驱动器的刚度。

　　除此之外，如图 1-6 所示，Lefeber 设计的变刚度驱动器 MACCEPA、Han-Pang 设计的 CCEA 以及 Nikos G 设计的 CompAct-VSA 等都通过不同的结构实现了变刚度特性。但

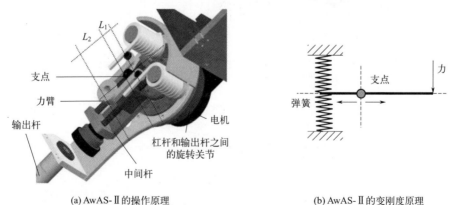

(a) AwAS-Ⅱ的操作原理

(b) AwAS-Ⅱ的变刚度原理

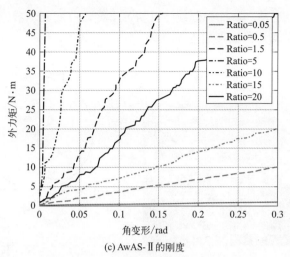

(c) AwAS-II 的刚度

图 1-5　AwAS-II 的工作原理

是额外增加的刚度调节电机使驱动器的结构更加复杂，降低了驱动器结构的紧凑性。另外，多数的可变刚度驱动器的刚度和负载是解耦的，一旦刚度调节电机锁死，可变刚度驱动器就和传统的 SEA 一样，在运动过程中的刚度不会改变。

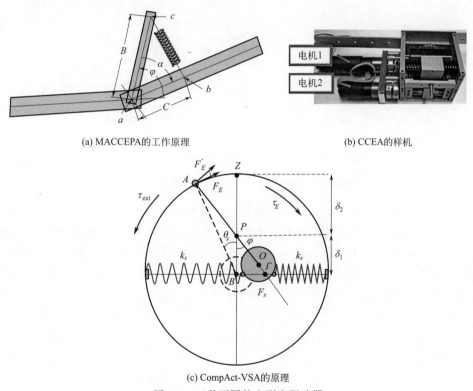

(a) MACCEPA的工作原理

(b) CCEA的样机

(c) CompAct-VSA的原理

图 1-6　三种不同的变刚度驱动器

为了优化可变刚度驱动器的结构和性能，近几年有些研究开始试图放弃刚度调节电机，通过设计非线性刚度结构，实现一种负载和刚度耦合的非线性刚度驱动器。如图 1-7 所示，Caldwell 设计的 HypoSEA 利用内摆线原理将刚度与负载耦合，实现了刚度随负载的变化。线性弹簧的一端连接在内圆上，当内圆受到负载在大圆内滚动时，线性弹簧和内圆的连接点沿外圆竖直方向的直径运动，从而引起线性弹簧的形变，改变驱动器输出刚度。弹簧的工作范围 d 不同，同一负载对应的刚度也有所不同。

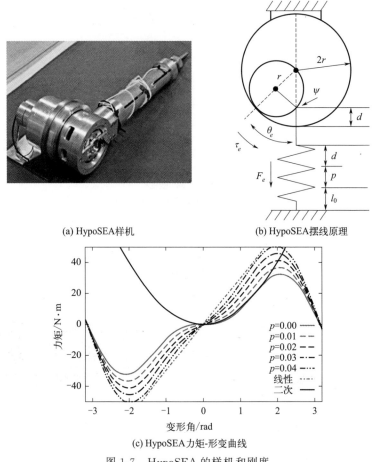

(a) HypoSEA样机　　　　　　(b) HypoSEA摆线原理

(c) HypoSEA力矩-形变曲线

图 1-7　HypoSEA 的样机和刚度

2014 年，Schepelmann 等人设计了一种具有被动的非线性刚度的串联弹性驱动器 NLS，如图 1-8 所示。NLS 通过凸轮结构和弹性元件实现非线性刚度变化，通过设计凸轮的轮廓可以得到用户定义的非线性刚度曲线。与很多可变刚度驱动器不同的是，NLS 用橡胶代替线性弹簧作为弹性元件，因为橡胶可以使 NLS 的结构变得更紧凑。但是由于橡胶本身的力学特性，想要得到可以应用的理想的非线性刚度比较困难，NLS 对橡胶本身的刚度特性和加工工艺都提出了严格的要求，橡胶的选择给 NLS 的应用带来了巨大的挑战。另外，上述两种结构都是应用本身具有一定刚度的弹性元件连接不同的机械结构的方法，得到耦合的刚度和负载，这种方法设计的驱动器的性能依然会受到用户所选择的弹性元件自身刚度的限制，而且这种组合的结构会增加驱动器结构的复杂性。更紧凑和精确的弹性结构设计同样是柔顺驱动器领域需要进一步研究的问题。

另外，虽然变刚度驱动器突破了传统 SEA 固定刚度的限制，变化的刚度特性使其成为众多研究者关注的焦点，但是像上述提到的各种变刚度驱动器一样，现在很多相关研究依然集中在变刚度驱动器的结构设计和非线性刚度的实现上，而对驱动器刚度的选择讨论甚少，如何设计驱动器的刚度或者结构以优化驱动器的性能成为近几年柔顺驱动器研究中亟需解决

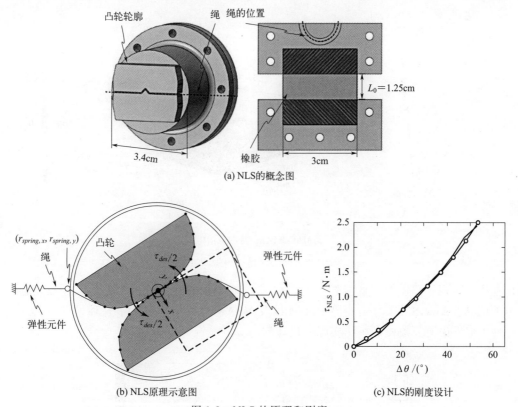

(a) NLS的概念图

(b) NLS原理示意图

(c) NLS的刚度设计

图 1-8　NLS 的原理和刚度

的问题。所以最近几年，有些研究者将目光转向了关于柔顺驱动器刚度选择以提高驱动器性能的研究上。意大利的 Vanderborght 等人提出了应用于跑步机器人/外骨骼机器人的柔顺驱动器的能量消耗最小化分析方法，来降低柔顺驱动器的能量消耗。Vanderborght 等人通过分析不同的驱动器结构，发现当驱动器中存在两个解耦的弹性元件 [图 1-9(a)] 时，能量消耗会大量增加。而上文中提到的 MACCEPA 结构在整个刚度和频率范围内具有最小的能量消耗 [图 1-9(b)]，同时得到驱动器的能量消耗与支持驱动器运动的关节电机的位置无关的结论。另外，Chalvet 和 Braun 以数学方式定义了低能耗的变刚度机械结构的设计方式，从

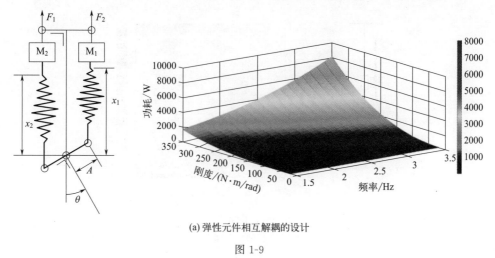

(a) 弹性元件相互解耦的设计

图 1-9

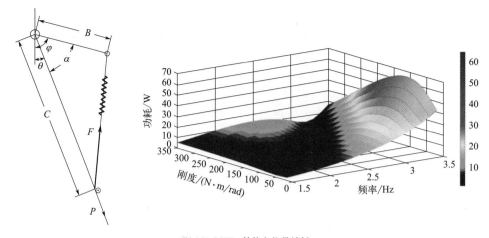

(b) MACCEPA结构和能量消耗

图 1-9　不同柔顺驱动器的结构和能量消耗

而在本质上实现了驱动器的低能耗性能，如图 1-10 所示，通过分析常见的柔顺驱动器，如 MACCEPA、AwAS、Vs-Joint、VLLSM 以及 VSAwVLA 等，证明了这种设计方式的实际可行性，但并没有解决该类机构实际的设计问题。

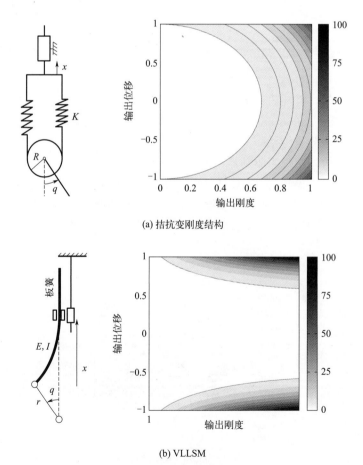

(a) 拮抗变刚度结构

(b) VLLSM

图 1-10　柔顺驱动器结构和对应的能耗

重要的是，前面提到的两种研究都是从优化柔顺驱动器能量消耗的角度对驱动器的刚度结构进行优化设计，而对柔顺驱动器刚度的选择并没有更深入的研究。南开大学的张娟娟从优化柔顺驱动器控制带宽的角度对下肢外骨骼驱动器在行走过程中的刚度进行了优化设计，该研究应用的外骨骼机器人的结构和期望的在行走过程中表现的刚度轮廓如图 1-11 所示，通过实验假设证实了下肢外骨骼机器人在行走过程中转矩跟踪的最优刚度等于期望的刚度。该研究是基于驱动器带宽性能的优化进行的，同时得到了刚度设计的指导性结论，但没有得到驱动器普适的刚度设计曲线。对于不同的驱动器而言，只要保证驱动器在行走过程中表达的刚度等于期望的刚度，驱动器的带宽性能便能得到优化，期望刚度直接影响了驱动器的性能，但期望刚度却需要研究者自己探索和定义，这对研究者而言极具挑战性。

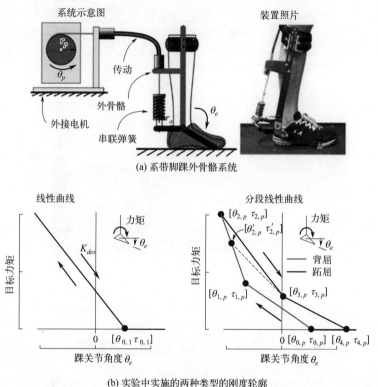

(a) 系带脚踝外骨骼系统

(b) 实验中实施的两种类型的刚度轮廓

图 1-11　下肢外骨骼机器人行走过程中的刚度系统

　　柔顺驱动器的性能包含能量消耗、控制带宽以及力矩分辨力等诸多方面，对驱动器性能的优化并不局限于某一方面的性能。康斯康星（Wisconsin）大学的 Zinn 等人从人机交互的角度出发，提出了一种新的驱动方法——DM^2 驱动方法。如图 1-12 所示，体积较大、频率较低的 SEA 安装在柔顺关节的基座上，作为动力源提供关节的运动，减小了关节的重量和惯量，而体积较小、频率较高的驱动器安装在关节中，在抑制干扰的同时输出较低的阻抗，提高了柔顺关节的安全性。DM^2 驱动方法通过驱动器在柔顺关节中的驱动设计，在保证关节的动力学性能的同时，提高了人机交互的安全性，这也是柔顺驱动器在人机交互过程中需要表现的关键性能。驱动器要对外负载快速而准确地做出响应，以保证人机交互的效率，同时要降低输出阻抗，提高力矩分辨力等性能，以提高人机交互的安全性。Nikos 等人从优化驱动器控制带宽和透明度的角度，根据在允许的输出阻抗误差范围内最大化控制带宽（驱动器刚度）的方法，提出了一种刚度选择方法，如图 1-13 所示。但这种方法是针对传统的 SEA 的刚度优化方法，另外，阻抗模型的参数选择虽然对力的透明度具有一定的影响，但从本质上分析，力的透明度受到力的分辨力性能的限制。在人机交互过程中实现变刚度具有较大的应用价值，但如何设计变刚度曲线来优化变刚度驱动器的动力学性能以及力矩分辨力/安全性能依然是需要解决的问题。

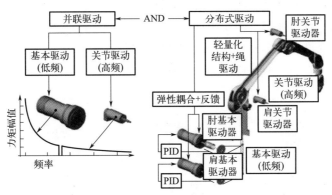

图 1-12　DM^2 驱动方法

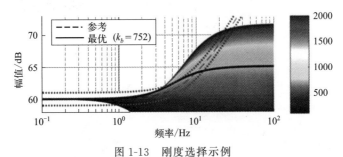

图 1-13　刚度选择示例

1.3　关于交互的理解与非线性刚度柔顺驱动器的提出

　　柔顺驱动器主要解决机器人和人以及和环境之间的柔顺交互问题，因此，"交互"是不得不提的概念。自串联弹性驱动器（SEA）被提出以来，这种植入弹性元件的柔顺驱动器成为力交互机器人的重要研究方向，随之出现的可变刚度串联弹性驱动器（VSA）成为学术研究的热门方向，科学家们提出了很多不同的可变刚度的解决方案。但对于物理交互本质的探讨较少。笔者认为对于力交互机器人研究而言，物理交互存在一定规律，并非所有的物理接触都可称为交互，例如一片树叶落在石头上或者一头大象踩在草叶上，虽然产生了交互力，但该力对交互的影响意义不大，即小负载施加在大刚度物体上或大负载施加在小刚度物体上；而猎豹漫步或奔跑时其与地面之间的交互则不同，漫步时其施加在地面的力小，其腿关节刚度低，而奔跑时对地面施加力大，腿部关节刚度高，这种力和刚度之间的匹配形成了有效的力"交互"。此类现象广泛存在于自然界当中，包括人的日常活动中肢体刚度与力也遵循这种潜在的规律。其主要原因在于小负载的情况下，低刚度的关节提供更好的柔顺性，对环境的感知灵敏度更高，而大负载的情况下，高刚度的关节提供更快的响应水平，提高承载能力。基于此潜在规律，笔者提出了"小负载，低刚度；大负载，高刚度"的非线性刚度柔顺驱动器设计理念，其优势在于无需专门配备刚度调节电机，减少了柔顺驱动器的结构和控制复杂性，使其更有利于应用于实际场景。

1.4 本书主要内容

柔顺驱动器在人机交互过程中表现的动力学性能如控制带宽、位置/力矩跟踪的准确性等，以及柔顺性能如输出阻抗、力矩分辨力和安全性等直接影响了人机交互的效果和驱动器的应用价值。本书以设计柔顺驱动器，测试和提升非线性驱动器控制性能为目标，整理了笔者团队自主研发的多款非线性刚度柔顺驱动器。本书具体的章节内容如下。

第 1 章介绍了柔顺驱动器的研究背景和意义，通过分析当今社会对服务机器人的需求，阐释了柔顺驱动器在人机交互机器人中不可或缺的地位，而变刚度驱动器（VSA）突破了传统 SEA 固定刚度的限制，成为许多研究者的研究焦点，但是由于其结构复杂，控制难度高，从而限制了柔顺驱动器的应用。为解决现有柔顺驱动器在结构紧凑性和复杂程度上的不足，本书提出了具有单一力矩-变形关系的非线性刚度柔顺驱动器设计方法，并测试了其准确性、响应、跟踪等控制性能。在此基础上，还讨论了非线性刚度驱动器最优刚度、控制方法等关键问题，为非线性刚度柔顺驱动器的研究提供了参考。

第 2 章引入了"小负载，低刚度；大负载，高刚度"的柔顺驱动器刚度设计理念，重点介绍了基于上述理念自主设计的一种负载选择的非线性刚度驱动器（load-dependent nonlinear stiffness actuator, LDNSA）。基于目前柔顺驱动器的研究现状，以优化包括控制带宽和力矩分辨力在内的柔顺驱动器的综合控制性能为目标，提出了一种柔顺驱动器综合性能评价指标"PRI"，并以此为基础得出了普适性的基于驱动器惯量和阻尼的理论最优刚度计算公式，同时得到了对应于最优刚度的自动调节反馈控制器的反馈调节参数。以 LDNSA 的结构为基础，阐述了某一给定的柔顺驱动器最优刚度的数值计算算法，同时通过仿真和实验验证了具有最优刚度的 LDNSA 的综合性能。

第 3 章介绍了一种基于扭簧的非线性刚度驱动器设计方法。面向给定的力矩-变形关系，基于凸轮机构、扭簧以及残缺齿轮，分析了非线性刚度的实现方法以及相关机构参数的优化设计方法。对关键部件选型后，设计了非线性刚度驱动器的样机，并通过力学仿真和实验验证了所设计的驱动器样机在实现非线性刚度时的准确性。通过力矩阶跃响应实验和正弦力矩跟踪实验，从响应的快速性、平稳性和准确性三个方面证明了所设计的驱动器具有良好的力矩控制性能。

第 4 章主要讨论了基于多段梁的非线性刚度柔顺元件的设计方法。首先介绍了链式算法在设计柔性梁非线性刚度分析模型中的应用，然后采用链式算法与伪刚体 2R 模型有机结合的方式，通过改变多段弹性梁的几何参数来获得预期的非线性刚度特性，建立可用于描述非线性刚度的柔性梁模型，并采用有限元方法进行仿真验证，证明所建刚度模型具备良好的准确性和实用价值。此外，通过选择合适的设计变量和求解方法，实现了对给定非线性刚度的扭转柔顺元件设计。最后通过有限元仿真和实物样机实验，验证了设计方法的可行性和准确性，为给定刚度特性的柔顺机构设计提供了一种新的设计思路。

第 5 章介绍了一种基于滚子-凸轮悬臂梁机构的非线性刚度柔顺驱动器，可以根据给定的非线性刚度形态进行准确设计。作为实现非线性刚度的关键部分，书中介绍了非线性刚度柔顺机构的设计方法，并通过仿真验证了该设计方法的准确性。在设计方法的基础上，搭建了非线性刚度柔顺驱动器样机，验证了其实现给定非线性刚度的准确性，分析和测试了其力矩控制性能，并将设计的非线性刚度柔顺驱动器与具有不同刚度的 SEA 进行了性能对比，以突出其在响应、控制带宽及平稳性方面的优势。最后，以头部损伤标准（head injury criterion，HIC）作为评价标准，分析和评价了设计的非线性刚度柔顺驱动器的安全性能。

第 6 章介绍了基于滚子-凸轮悬臂梁机构的非线性刚度柔顺驱动器的控制策略。设计并测试了柔顺驱动器的位置控制、力矩控制和阻抗控制策略，设计并验证了非线性刚度驱动器消除外界干扰的补偿算法和非线性刚度驱动器消除弹性元件迟滞的补偿算法，针对经典 PD 控制在非线性刚度驱动器上应用的局限性设计了参数自动调节反馈控制器。

第 7 章介绍了一种基于无滚子凸轮机构的非线性刚度驱动器设计。为进一步提升非线性刚度柔顺驱动器的紧凑性，本书创造性地采用无滚子凸轮机构设计了非线性刚度驱动器，以实现给定非线性刚度。通过分析设计参数对重量和应力的影响，确定了最优设计参数的选取方法。通过分析摩擦力对效率和摩擦距离的影响，评价了无滚子凸轮机构的可靠性。通过设计不同刚度特性验证了设计方法的通用性。设计并搭建样机，测试了样机实现非线性刚度的准确性和跟踪性能，为后续应用奠定基础。

第 8 章介绍了基于非线性刚度柔顺驱动器的三自由度串联柔顺机器人，给出了其运动学分析。在此基础上，介绍了基于非线性刚度驱动器的柔顺机器人控制的硬件平台。针对基于非线性刚度驱动器的柔顺机器人轨迹控制过于依赖传感器数据以及传感器精度易受外界影响的问题，提出了基于扩展卡尔曼状态观测器的 PD 末端轨迹控制器，仅从电机测得的数据即可观测末端输出数据。建立控制系统的状态方程，进行李雅普诺夫稳定性分析，在样机上进行算法验证，并与传统 PD 控制进行对比，验证算法的可行性。针对基于非线性高刚度驱动器的柔顺机器人实际运动过程中存在的转动惯量微小变化以及弹性元件变形引起力矩损失的问题，提出了采用基于终端滑模的末端轨迹跟踪控制器，并分析控制系统基于李雅普诺夫的稳定性以及鲁棒性，并在样机上进行验证，通过实验结果分析算法的可行性。

参考文献

[1] Robinson D W，Pratt J E，Paluska D J，et al. Series elastic actuator development for a biomimetic walking robot [C]. IEEE/ASME International Conference on Advanced Intelligent Mechatronics，IEEE，1999：561-568.

[2] Grioli G，Wolf S，Garabini M，et al. Variable stiffness actuators：The user's point of view [J]. International Journal of Robotics Research，2015，34（6）：727-743.

[3] Schiavi R，Grioli G，Sen S，et al. VSA-Ⅱ：A novel prototype of variable stiffness actuator for safe and performing robots interacting with humans [C]. IEEE International Conference on Robotics and Automation，IEEE，2008：2171-2176.

[4] Hurst J W，Chestnutt J E，Rizzi A A. The actuator with mechanically adjustable series compliance [J]. IEEE Transactions on Robotics，2010，26（4）：597-606.

[5] Visser L C，Carloni R，Stramigioli S. Energy-efficient variable stiffness actuators [J]. IEEE Transactions on Robotics，2011，27（5）：865-875.

[6] Fumagalli M，Barrett E，Stramigioli S，et al. The mVSA-UT：A miniaturized differential mechanism for a continuous rotational variable stiffness actuator [C]. IEEE Ras & Embs International Conference on Biomedical Robotics and Biomechatronics，IEEE，2012：1943-1948.

[7] Calanca A，Muradore R，Fiorini P. A review of algorithms for compliant control of stiff and fixed-compliance robots

［J］. IEEE/ASME Transactions on Mechatronics，2016，21（2）：613-624.

［8］ Bischoff R，Kurth J，Schreiber G，et al. The KUKA-DLR lightweight robot arm-A new reference platform for robotics research and manufacturing ［C］. ISR/ROBOTIK 2010，Proceedings for the Joint Conference of Isr. DBLP，2010：1-8.

［9］ Pratt G A，Williamson MM. Series elastic actuators ［C］. International Conference on Intelligent Robots and Systems，IEEE Computer Society，1995：399.

［10］ Yorozu T，Hirano M，Oka K，et al. Electron spectroscopy studies on magnetooptical media and plastic substrate interface ［J］. IEEE Translation Journal on Magnetics in Japan，1987，2（8）：740-741.

［11］ Wolf S，Eiberger O，Hirzinger G. The DLR FSJ：Energy based design of a variable stiffness joint ［C］. IEEE International Conference on Robotics and Automation，IEEE，2011：5082-5089.

［12］ Yu H，Huang S，Brown E A，et al. Control design of a novel compliant actuator for rehabilitation robots ［J］. Mechatronics，2013，23（8）：1072-1083.

［13］ Wolf S，Hirzinger G. A new variable stiffness design：Matching requirements of the next robot generation ［C］. IEEE International Conference on Robotics and Automation，IEEE，2008：1741-1746.

［14］ Kim B S，Song J B. Hybrid dual actuator unit：A design of a variable stiffness actuator based on an adjustable moment arm mechanism ［C］. IEEE International Conference on Robotics and Automation，IEEE，2010：1655-1660.

［15］ Pew C，Klute G K. Design of lower limb prosthesis transverse plane adaptor with variable stiffness ［J］. Journal of Medical Devices，2015，9（3）：035001.

［16］ Jafari A，Tsagarakis N G，Vanderborght B，et al. A novel actuator with adjustable stiffness（AwAS）［C］. IEEE/RSJ International Conference on Intelligent Robots and Systems，IEEE，2010：4201-4206.

［17］ Jafari A，Tsagarakis N G，Caldwell D G. AwAS-Ⅱ：A new actuator with adjustable stiffness based on the novel principle of adaptable pivot point and variable lever ratio ［C］. IEEE International Conference on Robotics and Automation，IEEE，2011：4638-4643.

［18］ Ham R V，Vanderborght B，Damme M V，et al. MACCEPA，the mechanically adjustable compliance and controllable equilibrium position actuator：Design and implementation in a biped robot ［J］. Robotics & Autonomous Systems，2007，55（10）：761-768.

［19］ Huang T H，Kuan J Y，Huang H P. Design of a new variable stiffness actuator and application for assistive exercise control ［C］. IEEE/RSJ International Conference on Intelligent Robots and Systems，IEEE，2011：372-377.

［20］ Tsagarakis N G，Sardellitti I，Caldwell D G. A new variable stiffness actuator（CompAct-VSA）：Design and modelling ［C］. IEEE/RSJ International Conference on Intelligent Robots and Systems，IEEE，2011：378-383.

［21］ Thorson I，Caldwell D. A nonlinear series elastic actuator for highly dynamic motions ［C］. IEEE/RSJ International Conference on Intelligent Robots and Systems，IEEE，2011：390-394.

［22］ Schepelmann A，Geberth K A，Geyer H. Compact nonlinear springs with user defined torque-deflection profiles for series elastic actuators ［C］. Robotics and Automation（ICRA），2014 IEEE International Conference on IEEE，2014：3411-3416.

［23］ Migliore S A，Brown E A，Deweerth S P. Novel nonlinear elastic actuators for passively controlling robotic joint compliance ［J］. Journal of Mechanical Design，2007，129（4）：406-412.

［24］ Palli G，Berselli G，Melchiorri C，et al. Design of a variable stiffness actuator based on flexures ［J］. Journal of Mechanisms and Robotics，2011，3（3）：034501.

［25］ Realmuto J，Klute G，Devasia S. Nonlinear passive cam-based springs for powered ankle prostheses ［J］. Journal of Medical Devices，2015，9（1）：011007.

［26］ Vanderborght B，Van Ham R，Lefeber D，et al. Comparison of mechanical design and energy consumption of adaptable，passive-compliant actuators ［J］. The International Journal of Robotics Research，2009，28（1）：90-103.

［27］ Chalvet V，Braun D J. Criterion for the design of low-power variable stiffness mechanisms ［J］. IEEE Transactions on Robotics，2017，PP（99）：1-9.

［28］ Braun D，Apte S，Adiyatov O，et al. Compliant actuation for energy efficient impedance modulation ［C］. IEEE International Conference on Robotics and Automation，IEEE，2016：636-641.

［29］ Visser L C，Carloni R，Stramigioli S. Variable stiffness actuators：A port-based analysis and a comparison of energy efficiency ［C］. IEEE International Conference on Robotics and Automation，IEEE，2010：3279-3284.

［30］ Zhang J，Collins S H. Thepassive series stiffness that optimizes torque tracking for a lower-limb exoskeleton in human walking ［J］. Frontiers in Neurorobotics，2017，11.

［31］ Zinn M，Khatib O，Roth B，et al. A new actuation approach for human friendly robot design ［C］. IEEE International Conference on Robotics and Automation，IEEE，2003：1747-1752.

［32］ Roozing W，Malzahn J，Kashiri N，et al. On the stiffness selection for torque controlled series-elastic actuators ［J］. IEEE Robotics & Automation Letters，2017，PP（99）：1-1.

第**2**章

非线性刚度驱动器最优刚度分析

对于负载与刚度耦合的非线性刚度弹性驱动器而言，其刚度形态势必影响其性能，因此探讨其刚度形态对性能的影响，并给出最优刚度形态是非常有必要的工作。即使驱动器的使用场景不同，任务不同，但仍然存在本质的共性规律，即存在一种具有普遍适用的最优刚度形态。本章将介绍非线性刚度驱动器最优刚度形态探索的一种方法和思路。

2.1 非线性刚度驱动器最优刚度设计

2.1.1 驱动器连续时间内的刚度离散化模型

一般的柔顺驱动器的柔顺性都是通过嵌在动力源和输出端的弹性结构实现的，而非线性刚度驱动器的弹性结构具有负载和刚度耦合的非线性刚度特性。另外，通常在动力源和弹性结构之间存在传动系统，将动力源的动力传递到弹性结构上。非线性刚度驱动器的原理如图 2-1 所示。

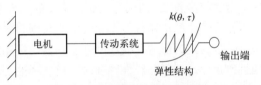

图 2-1　非线性刚度驱动器原理

图 2-1 中的 $k(\theta,\tau)$ 表示非线性刚度驱动器弹性结构的非线性刚度，也就是非线性刚度驱动器的非线性刚度特性，它可以用式(2-1) 表示。

$$k(\tau)=f(f^{-1}(\tau)) \tag{2-1}$$

其中，τ 表示施加在弹性结构上的负载，同时 $f(\,\cdot\,)=f(\theta)=\dfrac{\partial(\tau(\theta))}{\partial\theta}$，$\theta$ 表示弹性元件的形变。

考虑到人机交互中的刚度与负载的特定耦合关系，非线性刚度驱动器的非线性刚度关系一般设计成高阶多项式的形式。然而高阶的非线性刚度关系，也就是高阶的力矩-形变关系可能会放大非线性刚度驱动器在实际运动过程中的噪声。而且，考虑到很多非线性刚度驱动器在实际应用中的电机响应、信号采集等因素，刚度的变化不是瞬时完成的，而是存在一定的时间延迟。也就是说，在实际的应用过程中，柔顺驱动器的非线性刚度关系可以认为是连续时间内的一系列线性刚度的组合。如图 2-2 和式(2-2)所示，为了简化此问题以便于分析柔顺驱动器的非线性刚度特性，可以在允许的微小的误差范围内选择有限的线性刚度段的组合来描述驱动器的非线性刚度模型。由于非线性刚度驱动器的刚度与负载耦合，刚度随负载的变化而变化，所以线性刚度段以微小的等力矩为基础进行离散化。

$$\boldsymbol{k}(\tau)=\begin{bmatrix} k_{s_1} & k_{s_2} & \cdots & k_{s_{i-1}} & k_{s_i} \end{bmatrix} \tag{2-2}$$

其中，下标"i"表示第i段的线性刚度值。假设 $\Delta\tau=\tau_{i+1}-\tau_i=\tau_1$ 表示等分力矩的步长，则离散的刚度可以表示为：

$$k(\tau_i+\Delta\tau_i)=\begin{cases} k_{s_i} & 0\leqslant\Delta\tau_i<\Delta\tau \\ k_{s_{i+1}} & \Delta\tau_i=\Delta\tau \end{cases} \tag{2-3}$$

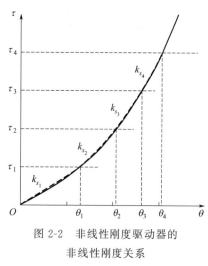

图 2-2　非线性刚度驱动器的
非线性刚度关系

由于非线性刚度驱动器的力矩在加载或卸载过程中随时间变化，也就是驱动器的力矩是时间的函数。式（2-3）可以认为是在连续的时间段 Δt 内，非线性刚度驱动器的力矩从 τ_i 变化为 τ_{i+1} 或者从 τ_{i+1} 变化为 τ_i 的过程中，驱动器的刚度保持不变，一直为固定的刚度值 $k_{s_{i+1}}$。考虑到刚度 $k(\tau)$ 和力矩 τ 耦合的非线性关系，假设在 Δt 时间内力矩在 τ_i 和 τ_{i+1} 之间以一定规律变化时，驱动器的非线性刚度 $k(\tau)$ 和力矩均可以用固定的刚度值 $k_{s_{i+1}}$ 和它对应的耦合的力矩 τ_{i+1} 表示。相应地，在 Δt 时间内非线性刚度驱动器在 θ_i 和 θ_{i+1} 之间变化的形变可以用 θ_{i+1} 表示。因此，这种刚度离散化的方法和上述假设导致的驱动器的实际力矩 $\tau\in(\tau_i,\tau_{i+1})$ 与对应的估算力矩 τ_{i+1} 之

间的最大力矩偏差为 $\Delta\tau$。由此可见，在基于等力矩的非线性刚度驱动器的刚度离散化过程中，等力矩步长 $\Delta\tau$ 的选择是非常重要的。太小的步长会影响非线性刚度驱动器最优刚度的计算效率和算法的应用价值，太大的步长则会降低计算得到的非线性刚度驱动器最优刚度曲线的精度，同时还会影响非线性刚度驱动器的控制带宽和力矩分辨力等性能。因此，在规定离散非线性刚度驱动器的非线性刚度时，所选择的等力矩步长 $\Delta\tau$ 应在 0.002N·m 到 0.1N·m 之间。其中，0.002N·m 是可以使柔顺驱动器产生运动的最小力矩，相当于规定了驱动器的最小力矩应用条件以及驱动器可发挥作用的最小力矩分辨力。0.1N·m 是多数柔顺驱动器产生单位力矩的变化时允许产生的最大力矩跟踪误差。对于具体的非线性刚度驱动器，等力矩步长的选择是基于驱动器的力矩应用范围，通过枚举法得到最佳的步长值。

2.1.2　离散化刚度的非线性刚度驱动器的动力学模型

离散化刚度的非线性刚度驱动器的动力学在连续的力矩变化时刚度不是连续的，所以离散化刚度的非线性刚度驱动器对任何力矩的响应过程与每段离散化的刚度以及其对应的力矩都相关。非线性刚度驱动器的动力学模型如图 2-3 所示。非线性刚度驱动器输出端的惯量和阻尼分别用 J_l 和 b_l 表示。假设驱动器的末端固定，可以认为驱动器末端产生的位移 $\theta_l=0$，驱动器的弹性结构产生的形变 θ_i 恒等于传动系统的输出位移 θ_{g_i}，也就是：

$$\theta_i=\theta_{g_i} \tag{2-4}$$

假设非线性刚度驱动器在理想条件下运动，驱动器末端所受的干扰力矩 $\tau_{dis}=0$。与传统的驱动器动力学分析类似，对某一固定刚度 k_{s_i} 的动力学而言，电机系统施加在传动系统上的力矩 τ_{g_i} 和传动系统施加在弹性结构上的力矩 τ_i 的关系为：

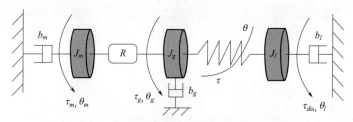

图 2-3 非线性刚度驱动器的动力学模型图

$$\tau_{g_i} - \tau_i = J_g \ddot{\theta}_{g_i} + b_g \dot{\theta}_{g_i} \tag{2-5}$$

其中，J_g 和 b_g 分别表示非线性刚度驱动器传动系统的惯量和阻尼。同样地，与传统的驱动器动力学分析相同，采用 J_m、b_m 和 R 表示驱动器使用的电机系统的惯量、阻尼以及传动系统的传动比。则电机的力矩可以表示为：

$$\tau_{m_i} = J_m \ddot{\theta}_{m_i} + b_m \dot{\theta}_{m_i} + \tau_{g_i}/R \tag{2-6}$$

结合式（2-4）~式（2-6），可以得到驱动器动力源与弹性结构之间的运动关系：

$$R\tau_{m_i} - \tau_i = (J_m R^2 + J_g)\ddot{\theta}_i + (b_m R^2 + b_g)\dot{\theta}_i \tag{2-7}$$

令 $\boldsymbol{\theta}_1 = \begin{bmatrix} \theta_1 & \theta_2 & \cdots & \theta_{i-1} & \theta_i \end{bmatrix}^T$，$\boldsymbol{\theta}_2 = \begin{bmatrix} \dot{\theta}_1 & \dot{\theta}_2 & \cdots & \dot{\theta}_{i-1} & \dot{\theta}_i \end{bmatrix}^T$。取非线性刚度驱动器系统的状态量为 $\boldsymbol{\theta} = \begin{bmatrix} \boldsymbol{\theta}_1 & \boldsymbol{\theta}_2 \end{bmatrix}^T$，则式（2-7）可以表示为：

$$\dot{\boldsymbol{\theta}} = \begin{bmatrix} \boldsymbol{0}_{i \times i} & \boldsymbol{E}_{i \times i} \\ -\dfrac{1}{J}\boldsymbol{A}_{21} & -\dfrac{b}{J}\boldsymbol{E}_{i \times i} \end{bmatrix} \boldsymbol{\theta} + \begin{bmatrix} \boldsymbol{0}_{i \times i} \\ \dfrac{R}{J}\boldsymbol{E}_{i \times i} \end{bmatrix} \boldsymbol{u} \tag{2-8}$$

其中，$J = J_m R^2 + J_g$ 和 $b = b_m R^2 + b_g$ 分别表示非线性刚度驱动器系统的等效惯量和阻尼；$\boldsymbol{u} = \begin{bmatrix} u_1 & u_2 & \cdots & u_{i-1} & u_i \end{bmatrix}^T$ 表示驱动器的控制信号，且 $u_i = \tau_{m_i}$。非线性刚度驱动器的离散化的刚度矩阵用 $\boldsymbol{A}_{21}$ 表示。

$$\boldsymbol{A}_{21} = \begin{bmatrix} k_{s_1} & 0 & \cdots & 0 & 0 \\ k_{s_1} - k_{s_2} & k_{s_2} & \cdots & 0 & 0 \\ \vdots & \vdots & \ddots & \vdots & \vdots \\ k_{s_1} - k_{s_2} & k_{s_2} - k_{s_3} & \cdots & k_{s_{i-1}} & 0 \\ k_{s_1} - k_{s_2} & k_{s_2} - k_{s_3} & \cdots & k_{s_{i-1}} - k_{s_i} & k_{s_i} \end{bmatrix} \tag{2-9}$$

通过以上分析，将可以施加在驱动器弹性结构上的力矩表示为 $\boldsymbol{x}_1 = \begin{bmatrix} \tau_1 & \tau_2 & \cdots & \tau_{i-1} & \tau_i \end{bmatrix}^T = \begin{bmatrix} 1 & 2 & \cdots & i-1 & i \end{bmatrix}^T \Delta\tau = \boldsymbol{N}\Delta\tau$。同样地，驱动器的力矩状态量可以表示为 $\boldsymbol{x} = \begin{bmatrix} \boldsymbol{x}_1 & \boldsymbol{x}_2 \end{bmatrix}^T$，其中 $\boldsymbol{x}_2 = \boldsymbol{A}_{21}\boldsymbol{\theta}_2$。如果非线性刚度驱动器的控制系统采用多数驱动器使用的经典 PD 控制器，则其驱动器的参数不能适应非线性刚度的变化，这样会限制驱动器的性能。所以，在柔顺驱动器的最优刚度的研究中，采用针对柔顺驱动器非线性刚度的参数自动调节反馈控制器来提高驱动器的控制性能。参数自动调节反馈控制器的反馈调节参数定义为 (k_{1_i}, k_{2_i})，表示第 i 段刚度对应的反馈调节参数。考虑到驱动器的闭环控制系统，其力矩变化可以表示为：

$$\begin{cases} \dot{\boldsymbol{x}} = \begin{bmatrix} \boldsymbol{0}_{i \times i} & \boldsymbol{E}_{i \times i} \\ -\dfrac{1}{J}\boldsymbol{A}_{21} & -\dfrac{b}{J}\boldsymbol{E}_{i \times i} \end{bmatrix} \boldsymbol{x} + \begin{bmatrix} \boldsymbol{0}_{i \times i} \\ \dfrac{R}{J}\boldsymbol{A}_{21} \end{bmatrix} \boldsymbol{u} \\ \boldsymbol{u} = \dfrac{1}{R}\begin{bmatrix} \boldsymbol{k}_1 \mid \boldsymbol{k}_2 \end{bmatrix}^T * \begin{bmatrix} \boldsymbol{e} \\ \dot{\boldsymbol{e}} \end{bmatrix} + \dfrac{1}{R}\boldsymbol{\tau}_d \end{cases} \tag{2-10}$$

其中，$\boldsymbol{e}=\boldsymbol{x}_1-\boldsymbol{\tau}_d$ 表示非线性刚度驱动器实际力矩与期望力矩 $\boldsymbol{\tau}_d=\begin{bmatrix} \tau_{d_1} & \tau_{d_2} & \cdots \end{bmatrix}$ $\tau_{d_{i-1}}$ $\tau_{d_i} \end{bmatrix}^{\mathrm{T}}$ 的误差；参数自动调节反馈控制器的参数 $\boldsymbol{k}_1$ 和 $\boldsymbol{k}_2$ 分别为 $\boldsymbol{k}_1=\begin{bmatrix} k_{1_1} & k_{1_2} & \cdots \end{bmatrix}$ $k_{1_{i-1}}$ $k_{1_i} \end{bmatrix}^{\mathrm{T}}$ 和 $\boldsymbol{k}_2=\begin{bmatrix} k_{2_1} & k_{2_2} & \cdots & k_{2_{i-1}} & k_{2_i} \end{bmatrix}^{\mathrm{T}}$；$*$ 表示哈达玛积（Hadamard product）。

$\boldsymbol{x}_2$ 的状态变化可以用式(2-11) 表示：

$$
\begin{aligned}
\dot{\boldsymbol{x}}_2 = & -\frac{1}{J}\left\{ b\,\boldsymbol{x}_2+\left[\boldsymbol{\Lambda}\,\left(\boldsymbol{A}_{21}^{-1}\boldsymbol{N} \right) \right]^{-1} \boldsymbol{k}_2 * \boldsymbol{x}_2 \right\} \\
& -\frac{1}{J}\left[\boldsymbol{\Lambda}\,\left(\boldsymbol{A}_{21}^{-1}\boldsymbol{N} \right) \right]^{-1}\left(\boldsymbol{k}_1 * \boldsymbol{x}_1+\boldsymbol{x}_1 \right) \\
& +\frac{1}{J}\left[\boldsymbol{\Lambda}\,\left(\boldsymbol{A}_{21}^{-1}\boldsymbol{N} \right) \right]^{-1} \boldsymbol{k}_2 * \dot{\boldsymbol{\tau}}_d \\
& +\frac{1}{J}\left[\boldsymbol{\Lambda}\,\left(\boldsymbol{A}_{21}^{-1}\boldsymbol{N} \right) \right]^{-1}\left(\boldsymbol{k}_1 * \boldsymbol{\tau}_d+\boldsymbol{\tau}_d \right)
\end{aligned}
\tag{2-11}
$$

其中，$\boldsymbol{\Lambda}=\mathrm{diag}\left(1,\dfrac{1}{2},\cdots,\dfrac{1}{i-1},\dfrac{1}{i} \right)$。

2.1.3 综合性能评价指标 PRI

对于应用在人机交互中的柔顺驱动器而言，力矩分辨力和控制带宽性能是最重要的两个指标。这两个指标中，只具有高的力矩分辨力或高的控制带宽性能是不受信任的。当进行用于人机交互的柔顺驱动器的设计时，不仅要考虑到驱动器的控制带宽和驱动器位置追踪准确性等需要较高刚度的动力学性能，同时还要提高驱动器力矩响应的平稳性和人机交互安全性等需要较低刚度的柔顺性能。理论上讲，这两种性能都较高才能达到理想的人机交互。但本身这两种性能需要的本质的刚度条件是矛盾的，所以非线性刚度驱动器最优刚度的设计本质上就是在这两种相互对立的性能中找到最佳的平衡点。评价驱动器的动力学性能和柔顺性能，需要在控制带宽性能评价指标和力矩分辨力性能指标的基础上提出一种量化的综合性能评价指标——感知和响应指标（perceptivity and responsiveness index，PRI），如式(2-12)所示。

$$
\begin{aligned}
& \mathrm{PRI}_i=\frac{1}{2}\left(\frac{1}{w_i}\overline{f}_{B_{w_i}}+\frac{1}{1-w_i}\overline{f}_{r_{\tau_i}} \right) \\
& \text{且 } w_i \in (0,1) \\
& \overline{f}_{B_{w_i}},\overline{f}_{r_{\tau_i}}:\mathbb{R} \mapsto [0,1] \\
& J,k_{s_i},k_{1_i},k_{2_i} \mapsto \mathrm{PRI}_i\left(J,k_{s_i},k_{1_i},k_{2_i} \right)
\end{aligned}
\tag{2-12}
$$

由于不同的驱动器的系统参数不同，得到的驱动器的性能指数也不同，为了便于比较且得到通用的标准的评价指标，将上述定义的控制带宽性能评价指标和力矩分辨力性能评价指标标准化，分别用 $\overline{f}_{B_{w_i}}$ 和 $\overline{f}_{r_{\tau_i}}$ 表示：

$$
\begin{aligned}
\overline{f}_{B_{w_i}} &= \mathrm{e}^{-f_{B_{w_i}}} \\
\overline{f}_{r_{\tau_i}} &= \mathrm{e}^{-f_{r_{\tau_i}}}
\end{aligned}
\tag{2-13}
$$

$\overline{f}_{B_{w_i}}$ 和 $\overline{f}_{r_{\tau_i}}$ 均是 0～1 之间的量。当标准化的性能指标 $\overline{f}_{B_{w_i}}$ 和 $\overline{f}_{r_{\tau_i}}$ 越小时，表明柔顺

驱动器的控制带宽性能和力矩分辨力性能越高。所以当 $\overline{f_{B_{w_i}}}$ 和 $\overline{f_{r_{\tau_i}}}$ 从 0 到 1 变化时，驱动器的控制带宽性能和力矩分辨力性能逐渐下降。

式（2-12）中的 w_i 表示柔顺驱动器的控制带宽性能在综合性能中所占的比重，也就是：

$$w_i = \frac{\overline{f_{B_{w_i}}}}{\overline{f_{B_{w_i}}} + \overline{f_{r_{\tau_i}}}} \tag{2-14}$$

其中，$w_i \in (0,1)$。当柔顺驱动器的刚度较小时，柔顺驱动器的控制带宽等动力学性能较差，力矩分辨力性能较好，力矩分辨力性能评价指标更接近 0，随着刚度的增大，控制带宽性能评价指标越来越接近 0，而力矩分辨力性能指标逐渐接近 1。因此，当刚度增大时，权重 w_i 的值减小。柔顺驱动器的控制带宽性能和力矩分辨力性能是人机交互过程中的关键性能，控制带宽性能代表驱动器刚度较高时驱动器表现的动力学性能优势，随着刚度的提高，位置跟踪准确性等性能都会相应增强；而高的力矩分辨力性能体现了驱动器低刚度的柔顺性能的优势，力矩分辨力性能高同时也说明了人机交互的安全性能较高。所以，虽然本书所提出的综合性能指标只包括控制带宽性能评价指标和力矩分辨力性能评价指标，但可以通过其大小评价柔顺驱动器的动力学性能和柔顺性能，这基本包含了人机交互的绝大多数关键性能。基于这一点，可以认为驱动器控制带宽性能所占的权重和力矩分辨力性能所占的权重的和为 1。

2.1.4 非线性刚度驱动器控制带宽分析

非线性刚度驱动器的控制带宽描述了驱动器可以跟踪给定力矩的最快速度，低的控制带宽限制了驱动器的工作范围，同时降低了人机交互的效率和力矩跟踪误差的调节速度。控制带宽越高，驱动器的力矩响应速度越快，驱动器可以应用的频率范围越大，同时驱动器的抗干扰能力相应增强。对控制带宽的分析方法有很多，其中在控制系统中最常用且最直接的方法是在频率范围内根据系统的伯德图（Bode diagram）判断控制系统的带宽。闭环系统的伯德图中的幅频特性曲线下降到 -3dB（分贝）所对应的频率即为控制系统的带宽。但这种方法需要精确的传递函数以及系统的幅频特性曲线，对于离散化的非线性系统是不可能实现的。对于非线性系统而言，可以通过间接的方法分析系统的控制带宽性能。例如，可以通过非线性刚度驱动器的力矩响应的上升时间或稳态时间判断驱动器的控制带宽，驱动器的上升时间或稳态时间越短，说明驱动器响应速度越快，控制带宽性能越好。但是在控制带宽的理论分析中，系统的上升时间或稳态时间的表达式太复杂，计算量过大，尤其对于非线性的刚度和实时变化的反馈调节参数。在本书中，采用分析非线性刚度驱动器控制系统的零极点位置分布的方式来分析驱动器的控制带宽性能。

通过式（2-11）可以得到非线性驱动器控制系统的离散化传递函数为：

$$\boldsymbol{G}(s) = \begin{bmatrix} \dfrac{\tau_1(s)}{\tau_{d_1}(s)} & \dfrac{\tau_2(s)}{\tau_{d_2}(s)} & \cdots & \dfrac{\tau_{i-1}(s)}{\tau_{d_{i-1}}(s)} & \dfrac{\tau_i(s)}{\tau_{d_i}(s)} \end{bmatrix}^{\mathrm{T}} \tag{2-15}$$

$$= \boldsymbol{P}^{-1} \left[\boldsymbol{k}_2 s + (\boldsymbol{k}_1 + \boldsymbol{\Lambda N}) \right]$$

其中

$$\begin{aligned} \boldsymbol{P} = {} & \boldsymbol{J\Lambda}(\boldsymbol{A}_{21}^{-1}\boldsymbol{N})s^2 + (\boldsymbol{E}_{i \times i}\boldsymbol{k}_1 + \boldsymbol{E}_{i \times i}) \\ & + [b\boldsymbol{\Lambda}(\boldsymbol{A}_{21}^{-1}\boldsymbol{N}) + \boldsymbol{E}_{i \times i}\boldsymbol{k}_2]s \end{aligned} \tag{2-16}$$

非线性刚度驱动器控制系统的传递函数［式(2-15)］包含改变零极点位置分布的驱动器离散化的刚度以及改变零点位置的自适应的反馈调节参数，其零极点的位置分布如图2-4所示。极点用 p 表示，零点用 z 表示，图2-4(a) 和（b）中的封闭虚线表示 D 区域（D-region），同时实线箭头的方向表示驱动器刚度增加的方向。

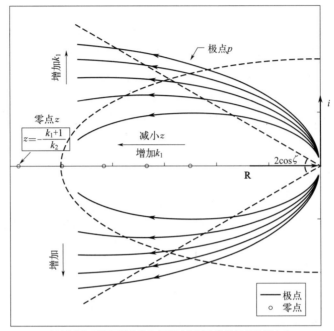

(a) 刚度和反馈调节参数k_1变化时的驱动器零极点位置分布

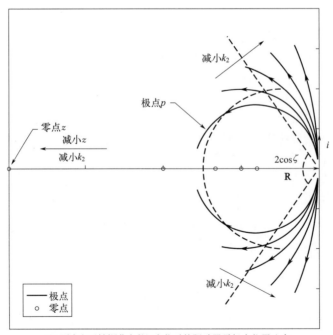

(b) 刚度和反馈调节参数k_2变化时的驱动器零极点位置分布

图 2-4　具有不同的刚度和反馈调节参数的驱动器的零极点位置分布图

非线性刚度驱动器的控制带宽性能是在变化的刚度和自动调节参数的基础上通过零极点的位置分布来分析的。当自动调节参数 k_1 增大和 k_2 减小时，驱动器系统的零点 $z = -(E_{i\times i}k_1 + E_{i\times i})k_2 = \begin{bmatrix} z_1 & z_2 & \cdots & z_{i-1} & z_i \end{bmatrix}^{\mathrm{T}}$ 更靠近虚轴，增强了非线性刚度驱动器的控制带宽。当刚度增大时，驱动器控制系统的极点远离虚轴，同样增强了控制系统的控制带宽。同时，在进行驱动器系统设计时，将系统零极点设置在 D 区域内，也就是将零极点位置设置在以原点为原点，以理想状态下的自然频率 ω_n 为半径，以及以 $2\cos\zeta$ 为圆心角的扇形内，以限制驱动器力矩响应的最大超调量以及振荡频率等，从而提高驱动器力矩响应的平稳性和人机交互的安全性。其中自然频率 ω_n 表示驱动器系统的自然振荡频率，自然频率越高，驱动器的应用范围越广，而 ζ 表示驱动器的阻尼比，在最优刚度的研究中，阻尼比通常定义在 0.707 左右，在 0.707±0.01 区间内，以同时保证驱动器的高带宽性能和力矩响应的平稳性能。

通过分析不同刚度和不同自动调节参数下的驱动器控制系统零极点的位置变化分析非线性刚度驱动器的带宽性能，并考虑到零极点分布在 D 区域内，可以定义存在一定的边界的量化的驱动器控制带宽性能评价函数：

$$\widetilde{f}_{B_w} = \zeta * \omega_n + z = \frac{b}{2J}\boldsymbol{\Lambda}\boldsymbol{N} + \frac{1}{2J}\boldsymbol{\Lambda}(\boldsymbol{A}_{21}^{-1}\boldsymbol{N})k_2 + z \tag{2-17}$$

其中，$\boldsymbol{\zeta} = \begin{bmatrix} \zeta_1 & \zeta_2 & \cdots & \zeta_{i-1} & \zeta_i \end{bmatrix}^{\mathrm{T}}$，$\boldsymbol{\omega_n} = \begin{bmatrix} \omega_{n_1} & \omega_{n_2} & \cdots & \omega_{n_{i-1}} & \omega_{n_i} \end{bmatrix}^{\mathrm{T}}$ 以及 $\widetilde{\boldsymbol{f}}_{B_w} = \begin{bmatrix} \widetilde{f}_{B_{w_1}} & \widetilde{f}_{B_{w_2}} & \cdots & \widetilde{f}_{B_{w_{i-1}}} & \widetilde{f}_{B_{w_i}} \end{bmatrix}^{\mathrm{T}}$。

考虑到对于一个给定的驱动器，其等效惯量和阻尼已知，且不随刚度改变，所以上述给定的量化的带宽函数［式(2-17)］可以优化为只随驱动器的非线性刚度和参数自动调节反馈控制器反馈调节参数变化的函数［式(2-18)］，这也是通用的柔顺驱动器控制带宽评价函数。

$$f_{B_w} = \frac{1}{2J}\boldsymbol{\Lambda}(\boldsymbol{A}_{21}^{-1}\boldsymbol{N})k_2 + z \tag{2-18}$$

其中，$\boldsymbol{f}_{B_w} = \begin{bmatrix} f_{B_{w_1}} & f_{B_{w_2}} & \cdots & f_{B_{w_{i-1}}} & f_{B_{w_i}} \end{bmatrix}^{\mathrm{T}}$。

2.1.5 非线性刚度驱动器力矩分辨力分析

若要提高驱动器的控制带宽性能，就要设计更高的驱动器刚度，但只提高驱动器的控制带宽性能是不够的，只具有高控制带宽性能的驱动器无法得到更广泛的应用和更高的研究价值。考虑到柔顺驱动器的运动，驱动器不仅要快速地跟踪施加于其上的负载，以得到准确的人机交互力矩，更重要的是驱动器只有感知到了施加的负载才能对负载做出响应，同时驱动器只有敏感地感知到施加在其上的负载的变化，包括受到的干扰或碰撞等影响人机交互运动的力矩，才能及时地调节输出力矩以适应负载的变化，得到准确的人机交互力矩，提高人机交互的准确性和安全性。为了保证上述柔顺驱动器的安全性、力矩跟踪的准确性等人机交互性能，柔顺驱动器弹性结构需要更容易地产生形变，从而使施加于其上的负载的微小变化也能被轻易地检测到。如图 2-5 所示，从柔顺驱动器刚度和负载的本质上讲，对于相同柔顺驱动器的微小形变而言，驱动器刚度越小，可检测到的力矩值越小，也就是柔顺驱动器的力矩分辨力性能越高。需要强调的是，这里所提出的力矩分辨力是指柔顺驱动器本质的力矩分辨力性能，它只与驱动器本质的刚度有关，这与经常说的传感器的力矩分辨力也就是感应的力矩分辨力性能有很大区别。感应的力矩分辨力性能指的是安装在柔顺驱动器上的力矩传感器可分辨的最小的力矩变化量。而现在的非线性刚度驱动器和 VSA 等被动柔顺驱动器一般都是通过安装位移传感器测量弹性元件的形变从而得到力矩的值，这个过程也是与刚度紧密相关的，所以本书将从本质上分析柔顺驱动器的力矩分辨力性能。

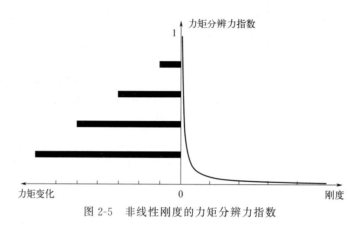

图 2-5　非线性刚度的力矩分辨力指数

可以定义量化的本质的力矩分辨力性能评价函数为：

$$f_{r_{\tau_i}} = \frac{1}{k_{s_i}} \tag{2-19}$$

在进行柔顺驱动器的设计时，很多研究者都在 $10^{-4} \sim 10^6$ N·m/rad 选择柔顺驱动器的刚度，所以小于 10^{-4} N·m/rad 和大于 10^6 N·m/rad 的刚度将被设定为奇异点，在本书中不做详细讨论。

考虑到非线性刚度驱动器的刚度和负载的耦合关系，严格来说，对驱动器力矩分辨力性能的评价还是要考虑到驱动器的力矩工作范围 τ_i，对于相同的力矩分辨力的值而言，力矩的大小不同，驱动器的力矩分辨力性能也不同。例如，两种驱动器分别在力矩为 10N·m 和 100N·m 时对应的刚度相同，都是 1N·m/rad。虽然力矩分辨力性能指数 f_{r_τ} 相同，但是由于两种驱动器相同刚度对应的力矩不同，相同的刚度对应的力矩较大的驱动器的力矩分辨力性能较好。所以相同条件下，为了提高小负载条件下驱动器的力矩分辨力性能，应该减小小负载对应的刚度值。这也表明在人机交互中非线性刚度驱动器比 SEA 更有优势，因为其刚度随着力矩变化，说明对不同的力矩而言，驱动器的力矩分辨力性能是在不断变化的，所以通过设计使驱动器的力矩分辨力性能达到最优刚度是至关重要的。同时，更关键的是驱动器本质的力矩分辨力的提出更有利于判断驱动器的力矩分辨力性能，因为对非线性刚度驱动器而言刚度和力矩是耦合的。

对于某个特定的非线性刚度驱动器而言，其力矩分辨力性能指标 f_{r_τ} 可以表示为：

$$f_{r_\tau} = \begin{bmatrix} f_{r_{\tau_1}} & f_{r_{\tau_2}} & \cdots & f_{r_{\tau_{i-1}}} & f_{r_{\tau_i}} \end{bmatrix}^{\mathrm{T}} \tag{2-20}$$

2.1.6　最优刚度设计

柔顺驱动器的综合性能包含了以控制带宽为主的动力学性能和以力矩分辨力为主的柔顺性能，综合性能指标 PRI 主要由标准化的控制带宽性能指标 $\overline{f}_{B_{w_i}}$ 和力矩分辨力性能指标

$\overline{f}_{r_{\tau_i}}$ 组成。驱动器控制带宽性能和力矩分辨力性能越高，其指标 $\overline{f}_{B_{w_i}}$ 和 $\overline{f}_{r_{\tau_i}}$ 越小，所以综合性能指标PRI$_i$ 的值越小，柔顺驱动器的综合性能越好。在柔顺驱动器的刚度设计过程中，要提高驱动器的综合性能进而优化人机交互的过程和价值。也就是说，在设计柔顺驱动器的刚度时要尽量减小综合性能指标PRI$_i$ 的值。因此，柔顺驱动器的最优刚度 $k_{s_i}^*$ 可以定义为使驱动器综合性能指标PRI$_i$ 取最小值的刚度，也就是：

$$\min_{p \in \mathcal{D}-\text{region}} \text{PRI}_i \left[k_{s_1}^*, \cdots, k_{s_{(i-1)}}^*, k_{s_i}, k_{1_i}, k_{2_i}, w_i \right]$$
$$= \text{PRI}_i \left[k_{s_1}^*, \cdots, k_{s_{(i-1)}}^*, k_{s_i}^*, k_{1_i}^*, k_{2_i}^*, w_i^* \right]$$
$$\text{S. T. } p \in \mathcal{D}-\text{region}$$
$$\mathcal{D} = \{ p \in \mathbf{C} : \boldsymbol{f}_{\mathcal{D}}(\boldsymbol{p}) < 0 \}$$

$$\boldsymbol{f}_{\mathcal{D}}(\boldsymbol{p}) = \begin{bmatrix} -\omega_n & p \\ \overline{p} & - \end{bmatrix} \cap \begin{bmatrix} \sqrt{1-\zeta^2}(p+\overline{p}) & \zeta(p-\overline{p}) \\ \zeta(p-\overline{p}) & \sqrt{1-\zeta^2}(p+\overline{p}) \end{bmatrix}$$

其中，$k_{1_i}^*$、$k_{2_i}^*$ 和 w_i^* 分别为柔顺驱动器最优刚度对应的控制系统的自动调节参数和控制带宽所占的权重。需要注意的是，$w_i^* < w_{i-1}^*$。

驱动器离散化的最优刚度可以表示为：

$$\boldsymbol{k}^*(\boldsymbol{\tau}) = \begin{bmatrix} k_{s_1}^* & k_{s_2}^* & \cdots & k_{s_{i-1}}^* & k_{s_i}^* \end{bmatrix} \tag{2-22}$$

图 2-6(a)～(c) 分别表示了柔顺驱动器的刚度、自动调节参数以及控制带宽性能的权重对其综合性能指标的影响。如图 2-6(c) 所示，对于不同的控制带宽性能的权重而言，都存在使综合性能指标 PRI 取最小值的刚度 k_s^*。也就是说，对于不同的负载条件和控制带宽性能的要求，都可以通过最小化驱动器综合性能指标得到驱动器需要的最优刚度，同时可以得到与之对应的自动调节参数 k_2^*。虽然当自动调节参数 k_1 增大时，驱动器的综合性能评价指标 PRI 单调递减，如图 2-6(a) 所示，但是自动调节参数却不能选取任意无限大的值，因为过大的 k_1 会导致过大的超调，引起振荡，导致驱动器在人机交互过程中的安全性大大降低。因为驱动器零极点的位置会被约束在 D 区域内，而 k_1 是其中的关键因素，所以通过最优刚度 k_s^* 和它对应的自动调节参数 k_2^* 同样可以得到对应的反馈参数 k_1^*。

综上所述，可以通过最小化驱动器综合性能评价指标来得到通用柔顺驱动器离散化的理论最优刚度及其对应的自动调节参数，如式(2-23)～式(2-25) 所示。由式(2-23) 所知，驱动器的最优刚度只与其等效的系统惯量 J 和阻尼 b 以及控制带宽性能权重 w 有关。

$$\left(\sum_{i=1}^{i} \frac{1}{k_{s_i}^*} \right) e^{-\frac{1}{k_{s_i}^*}} = \frac{b}{2JM} \left(\frac{1}{w_i} - 1 \right) e^{-\frac{b}{2JM}} \tag{2-23}$$

$$k_{2_i}^* = \frac{b}{iM} \left(\sum_{i=1}^{i} \frac{1}{k_{s_i}^*} \right) \tag{2-24}$$

$$k_{1_i}^* = k_{2_i}^* \left[\frac{ik_{2_i}^*}{2J} \times \frac{1}{\sum\limits_{i=1}^{i} \frac{1}{k_{s_i}^*}} + \frac{b}{2J} \right] - 1 \tag{2-25}$$

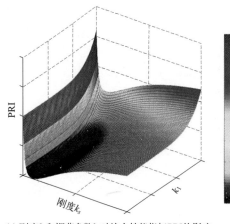

(a) 刚度k_s和调节参数k_1对综合性能指标PRI的影响

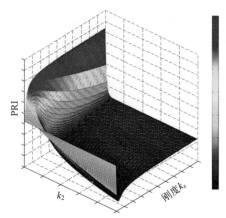

(b) 刚度k_s和调节参数k_2对综合性能指标PRI的影响

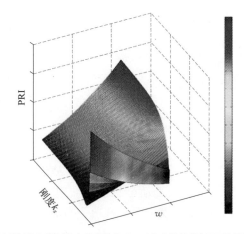

(c) 刚度k_s和控制带宽性能的权重w对综合性能指标PRI的影响

图 2-6　刚度、反馈调节参数和权重对综合性能评价指标的影响

其中，$M = e^{\frac{b}{2J}} - 1$。

2.2　非线性刚度驱动器最优刚度计算

2.2.1　最优刚度的数值求解算法

式(2-23)～式(2-25) 表示非线性刚度驱动器的理论最优刚度和其对应的自动调节参数函数。对于一个给定的驱动器，可以通过其动力学分析得到系统等效的惯量 J 和阻尼 b，如式(2-8) 所示。根据柔顺驱动器的系统参数和给定的 D 区域的边界条件，可以通过 Matlab 得到给定驱动器的具体的最优刚度曲线，其数值计算流程如图 2-7 所示。

柔顺驱动器系统的惯量取决于驱动器的结构和系统的设计参数，不同的柔顺驱动器设计得到的系统的等效惯量也不同，而柔顺驱动器最优刚度的值与系统的等效惯量紧密相关。从式(2-15) 和式(2-16) 可以得到 $f_{B_{w_i}}: J, i, k_{s_1}, k_{s_2}, \cdots, k_{s_i}, k_{1_i}, k_{2_i} \mapsto f_{B_{w_i}}$ 和 $f_{r_{\tau_i}}: k_{s_i} \mapsto f_{r_{\tau_i}}$。因此，综合性能指标PRI$_i$：$J, i, k_{s_1}, k_{s_2}, \cdots, k_{s_i}, k_{1_i}, k_{2_i}, w_i \mapsto$ PRI$_i$。

图 2-8 展示了柔顺驱动器的等效惯量对柔顺驱动器刚度和综合性能指标的影响。从图 2-8 可知，驱动器的等效惯量越大，综合性能评价指标的值越大，得到的相应的最优刚度的值也越大。在进行人机交互柔顺驱动器的设计时，应该设计较小的等效惯量以提高柔顺驱动器的人机交互综合性能。

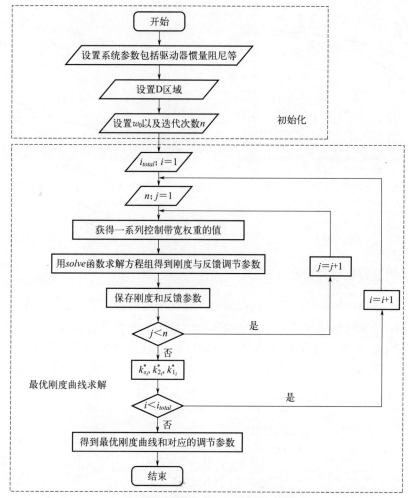

图 2-7　最优刚度曲线求解流程图

通过对 LDNSA 的动力学分析，可以得到 LDNSA 等效的系统惯量为 $0.0321\mathrm{kg \cdot m^2}$，阻尼为 $0.01\mathrm{N \cdot m \cdot s/rad}$。根据图 2-7 所示的流程图，在进行 LDNSA 的最优刚度曲线求解时，选择 $0.02\mathrm{N \cdot m}$ 的力矩作为离散化的等力矩步长以保证 LDNSA 稳态时力矩跟踪的准确性。同时初始化的控制带宽性能权重取 0.99，来扩大权重的取值范围以得到更精确的最优刚度的值。图 2-9 和式(2-26) 表示了 LDNSA 的最优刚度。

$$\tau = 45.15\theta^8 - 158.1\theta^7 + 222.3\theta^6 - 159.6\theta^5$$
$$+ 61.8\theta^4 - 12.39\theta^3 + 1.185\theta^2 + 1.2\theta \tag{2-26}$$

同时，LDNSA 的最优刚度对应的自动调节参数为：

$$k_2 = \frac{b}{M} \times \frac{\Delta\tau}{\tau(\theta)} \int_0^\theta \frac{1}{\int_0^{\Delta\tau} \frac{1}{\mathrm{d}\tau(\theta)}} \mathrm{d}\theta \tag{2-27}$$

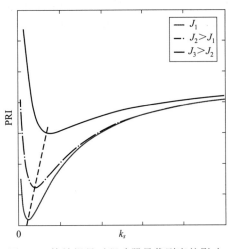
图 2-8　等效惯量对驱动器最优刚度的影响

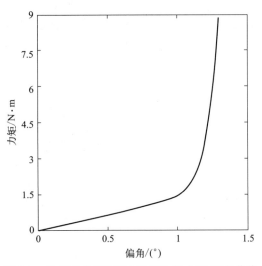
图 2-9　具有最优刚度的 LDNSA 的力矩-形变曲线

$$k_1 = k_2 \frac{b}{2J}(\frac{1}{M}+1)-1 \tag{2-28}$$

2.2.2　最优刚度控制性能分析

为了评价上述最优刚度的设计方法以及验证最优刚度的控制带宽、力矩分辨力等综合性能，本节以 LDNSA 的系统为基础，通过 Matlab/Simulink 仿真评价 LDNSA 的控制性能，并通过与不同刚度 SEA 的阶跃响应结果做对比，验证最优刚度的综合性能。LDNSA 的控制系统如图 2-10 所示，其中 G_1 表示了 LDNSA 的电机力矩与弹性元件形变的关系。

$$G_1 = \frac{1}{(J_m R^2 + J_g)s^2 + (b_m R^2 + b_g)s} \tag{2-29}$$

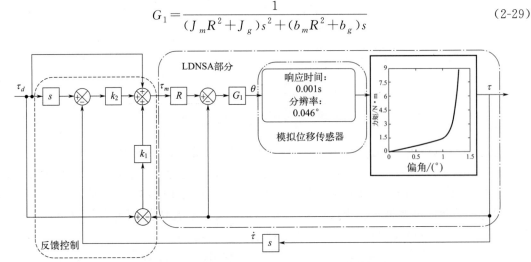
图 2-10　具有最优刚度的 LDNSA 的力矩控制框图

在最优刚度的力矩性能仿真分析中，选取一个高分辨力的位移传感器来检测驱动器的本质力矩分辨力性能。对于相同的可检测到的形变，也就是所使用的位移传感器的分辨力，驱动器的刚度越低，其本质的力矩分辨力性能越高。考虑到 LDNSA 的最优刚度在力矩越大的条件下增长越快，如图 2-9 所示，选取 6 种刚度间隔不均等的固定刚度的 SEA 来比较相同系统条件下的最优刚度的性能。如图 2-11 所示，其刚度分别为 10N·m/rad、20N·m/rad、25N·m/rad、30N·m/rad、100N·m/rad 和 1000N·m/rad。

最优刚度的 LDNSA 和固定刚度的 SEA 的力矩响应仿真结果如图 2-12 所示。其中，OS 表示最优刚度，CS 表示 SEA 的固定刚度，TRI 表示力矩分辨力性能指标。如图 2-12(a) 所示，当期望力矩为 0.6N·m 时，最优刚度的 LDNSA 的上升时间为 0.072s，比固定刚度 10N·m/rad（0.1148s）、20N·m/rad（0.0984s）、25N·m/rad（0.0962s）、28N·m/rad（0.095s）和

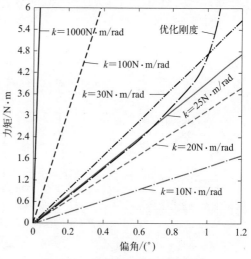

图 2-11　仿真采用的不同的刚度

100N·m/rad（0.106s）的上升时间都短，也就是说，具有最优刚度的 SEA 在对小负载的响应过程中具有最快的响应速度和最高的控制带宽性能。同时，在小负载时，LDNSA 的最优刚度较小，从整体上讲，其力矩分辨力性能较高且响应平稳性能更好。另外，对于固定刚度 1000N·m/rad，在对小负载的响应过程中不存在超调，这也说明对 LDNSA 的系统而言，刚度 1000N·m/rad 对应的零极点不在 D 区域内，所以在进行驱动器的刚度设计时，小负载时，过大的刚度会降低驱动器的综合性能。在负载为 2.7N·m 和 4.8N·m 时，即负载较高时，如图 2-12(b) 和（c）所示，由于力矩响应过程中 LDNSA 的最优刚度均在 1000N·m/rad 范围内，所以最优刚度的 LDNSA 的上升时间比高刚度（如 1000N·m/rad）的固定刚度驱动器的力矩响应上升时间长，但是高刚度驱动器的响应过程并不平稳且超调量大，这些性能会影响人机交互效果。

由于最优刚度在力矩响应过程中随着力矩变化，所以最优刚度 LDNSA 的力矩分辨力性能和综合性能是随力矩变化的。考虑到柔顺驱动器本质的力矩分辨力性能只与柔顺驱动器的本质刚度有关，因此，在最优刚度 LDNSA 的力矩响应过程中存在某些刚度点对应的本质力矩分辨力性能比 10～1000N·m/rad 范围内的特殊固定刚度驱动器的力矩分辨力性能差。然而，在人机交互机器人的设计中，不仅要考虑某一方面的柔顺性能，还要在安全范围内综合考虑力矩分辨力性能（柔顺性能）和动力学性能对人机交互的影响。图 2-12 显示最优刚度 LDNSA 的综合性能在 10～1000N·m/rad 的刚度范围内最优，表明最优刚度的 LDNSA 可实现更好的人机交互效果。通过比较理论计算的力矩分辨力性能和综合性能指标与仿真得到的结果，可以证明 LDNSA 最优刚度的准确性。

柔顺驱动器最优刚度设计的目的是在高控制带宽和高力矩分辨力性能之间实现一种最佳的平衡。简单来说，就是在刚度/负载较小时，在保持自身较高的力矩分辨力等柔顺性能的同时使驱动器的控制带宽等动力学性能达到最优，在刚度/负载较大时，在高动力学性能的基础上提高驱动器的柔顺性能。图 2-13 表示了不同负载下不同刚度驱动器的控制带宽性能。颜色越深，驱动器的控制带宽等动力学性能越高。与刚度从 10N·m/rad 到 1000N·m/rad 变化的驱动器对比，最优刚度的 LDNSA 在小负载时具有最高的控制带宽性能。负载越大，刚度越大，最优刚度的 LDNSA 的控制带宽性能提高，同时在高刚度时，与刚度大于 100N·m/rad

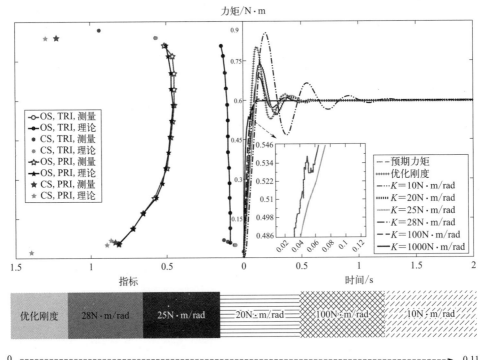

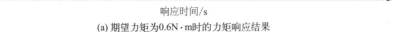

(a) 期望力矩为0.6N·m时的力矩响应结果

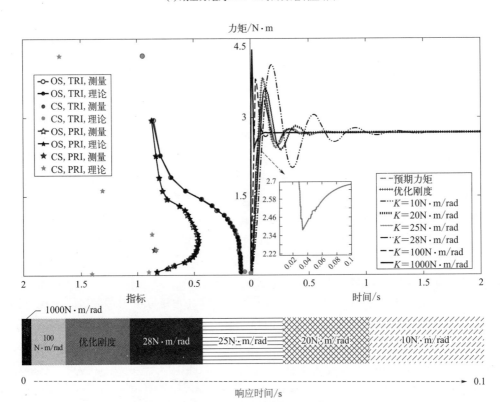

(b) 期望力矩为2.7N·m时的力矩响应结果

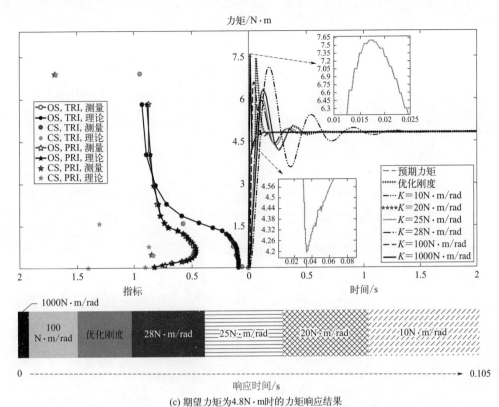

(c) 期望力矩为4.8N·m时的力矩响应结果

图 2-12　不同刚度的驱动器对不同力矩的响应结果

的驱动器相比，最优刚度的 LDNSA 的力矩分辨力性能较高，综合性能更高，更有利于人机交互。

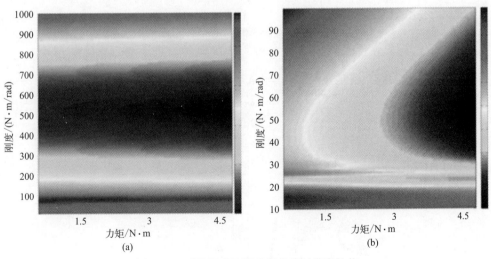

图 2-13　不同刚度的驱动器的控制带宽性能

2.2.3　具有最优刚度的非线性刚度驱动器控制性能实验验证

通过最优刚度的 LDNSA 的力矩跟踪实验验证最优刚度的 LDNSA 的控制性能，图 2-14

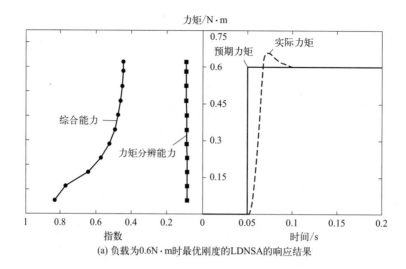

(a) 负载为0.6N·m时最优刚度的LDNSA的响应结果

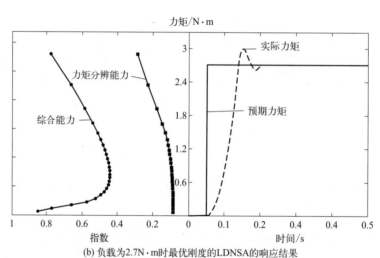

(b) 负载为2.7N·m时最优刚度的LDNSA的响应结果

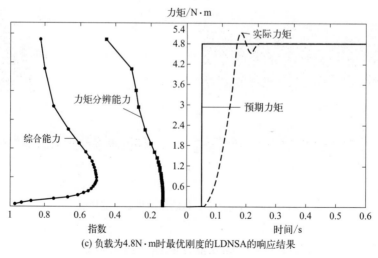

(c) 负载为4.8N·m时最优刚度的LDNSA的响应结果

图 2-14　最优刚度的 LDNSA 的试验结果

显示了最优刚度的 LDNSA 的力矩跟踪结果。在实验过程中，在驱动器运行 0.05s 后施加不同大小的负载 0.6N•m、2.7N•m 和 4.8N•m。驱动器力矩响应的上升时间和最大超调量分别为 0.02s、0.09s 和 0.12s 以及 0.02N•m、0.1N•m 和 0.11N•m。实验结果表明，最优刚度的 LDNSA 在实际运行过程中具有平稳的力矩响应效果，具有较高的力矩分辨力等柔顺性能。虽然在期望力矩为 2.7N•m 和 4.8N•m 时，最优刚度的 LDNSA 的力矩响应上升时间比仿真得到的时间略长，但实际运行过程中存在间隙、迟滞等因素，最优刚度的 LDNSA 在力矩响应过程中仍然具有较高的控制带宽性能。

参考文献

[1] Nasiri R，Khoramshahi M，Shushtari M，et al. VSA-II：Towards energy efficiency in cyclic tasks [J]. IEEE/ASME Transactions on Mechatronics，2016，PP（99）：1-1.

[2] Basafa E，Salarieh H，Alasty A. Modeling and control of nonlinear series elastic actuator [C]. ASME 2007 International Design Engineering Technical Conferences and Computers and Information in Engineering Conference，American Society of Mechanical Engineers，2007：127-133.

[3] Paine N，Oh S，Sentis L. Design and control considerations for high-performance series elastic actuators [J]. IEEE/ASME Transactions on Mechatronics，2014，19（3）：1080-1091.

[4] Van H R，Sugar T，Vanderborght B，et al. Compliant actuator designs：Review of actuators with passive adjustable compliance/controllable stiffness for robotic applications [J]. IEEE Journal of Robotics & Automation Magazine，2009，16（3）：81-94.

[5] Paine N，MehlingJ S，Holley J，et al. Actuator control for the NASA-JSC Valkyrie humanoid robot：A decoupled dynamics approach for torque control of series elastic robots [J]. Journal of Field Robotics，2015，32（3）：378-396.

[6] Lee J，Laffranchi M，Kashiri N，et al. Model-free force tracking control of piezoelectric actuators：Application to variable damping actuator [C]. IEEE International Conference on Robotics and Automation，IEEE，2014：2283-2289.

[7] Zhao Y，Paine N，Jorgensen S J，et al. Impedance control and performance measure of series elastic actuators [J]. IEEE Transactions on Industrial Electronics，2018，PP（99）：1-1.

[8] Vallery H，Ekkelenkamp R，Van d K H，et al. Passive and accurate torque control of series elastic actuators [C]. IEEE/RSJ International Conference on Intelligent Robots and Systems，IEEE，2009：3534-3538.

[9] Schepelmann A，Geberth K A，Geyer H. Compact nonlinear springs with user defined torque-deflection profiles for series elastic actuators [C]. Robotics and Automation（ICRA），2014 IEEE International Conference on IEEE，2014：3411-3416.

[10] Huard B，Grossard M，Moreau S，et al. Sensor less force/position control of a single-acting actuator applied to compliant object interaction [J]. IEEE Transactions on Industrial Electronics，2014，62（6）：3651-3661.

[11] Chilali M，Gahinet P. H_∞ design with pole placement constraints：An LMI approach [J]. Proc. of Cdc，1996，553（3）：358-367.

[12] Cestari M，Sanz-Merodio D，Arevalo J C，et al. An adjustable compliant joint for lower-limb exoskeletons [J]. IEEE/ASME Transactions on Mechatronics，2014，20（2）：889-898.

[13] Lee Y F，Chu C Y，XuJ Y，et al. A humanoid robotic wrist with two-dimensional series elastic actuation for accurate force/torque interaction [J]. IEEE/ASME Transactions on Mechatronics，2016，21（3）：1315-1325.

第**3**章

基于扭簧的非线性刚度驱动器设计

本章提出的柔顺驱动器是基于符合人体关节动态刚度特性的人机交互理念——"大负载下采用大刚度，小负载下采用小刚度"进行设计的。因此，其设计的核心在于解决如何通过机构或结构来实现所需的目标非线性刚度的问题（图 3-1）。此外，因为在现实应用场景中，外负载可能来自不同的方向，所以本章设计的柔顺驱动器需要具有双向对称的柔顺性，以适应不同方向的外负载。本章将围绕这两个问题，对柔顺驱动器非线性刚度机构的原理方案展开设计。

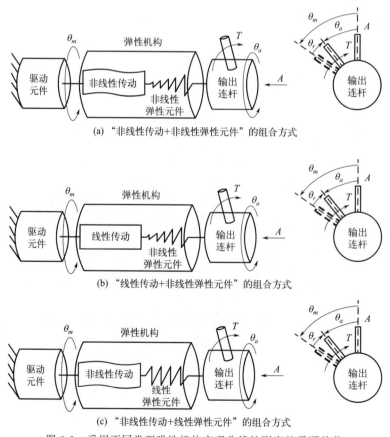

(a) "非线性传动+非线性弹性元件"的组合方式

(b) "线性传动+非线性弹性元件"的组合方式

(c) "非线性传动+线性弹性元件"的组合方式

图 3-1　采用不同类型弹性机构实现非线性刚度的柔顺关节

3.1 基于扭簧的非线性刚度驱动器原理

3.1.1 非线性刚度机构设计

（1）基于扭簧的非线性刚度产生机理

传统工业机器人的理想关节，其驱动元件的输出端与关节的输出连杆之间采用刚性连接，几乎不会产生相对运动，即无论是否受到外负载 T，关节输出连杆的转角 θ_a 始终与驱动元件输出端的转角 θ_m 相等，因此关节表现为"刚性"的效果。

所谓"非线性弹性元件"是指受力与变形呈现非线性关系的弹性单元，通常有两种方式可以实现。一种方式是采用具有非线性力学本构关系的特殊材料，如橡胶、相变材料（例如形状记忆合金）等。由于材料的力学本构关系不能根据人的意愿任意改变，因此单纯采用非线性弹性材料在很大程度上难以满足不同用户所需的刚度特性，且特殊材料往往成本较高、稳定性和刚度精度较低。另一种方式是借助拓扑优化方法对线性弹性元件的拓扑结构进行设计，以实现所需的目标非线性刚度特性，其算法往往比较复杂，求解时间较长，而且这种方式产生的非线性刚度严重依赖于拓扑优化算法的精度。相比之下，采用"非线性传动＋线性弹性元件"的组合方式更容易实现所需的目标刚度。因为非线性传动很容易通过机构设计来实现，而线性弹性元件可以直接采用商业化弹簧，其性能更加稳定。

（2）非线性刚度机构构型选择

确定了"非线性传动＋线性弹性元件"的方案之后，还需要对非线性传动机构的构型进行选择。常见的可实现非线性传动的机构包括平面四杆机构、非圆齿轮机构、平面凸轮机构，如图 3-2 所示。

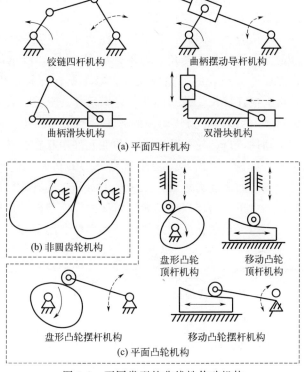

图 3-2 不同类型的非线性传动机构

以上这三种机构的特点对比如表 3-1 所示，综合考虑所能实现的传动规律类型、机构设计难易程度、构件和运动副数量、结构紧凑性和制造成本等，凸轮机构的综合性能最佳。因此，本书选择凸轮机构作为非线性传动机构的基本构型。

表 3-1 三种非线性传动机构的特点对比

机构特点种类	平面四杆机构	非圆齿轮机构	平面凸轮机构
所能实现的传动规律	容易受限	容易受限	不容易受限
机构设计难易程度	较难	较难	较容易
构件和运动副数量	较多	较少	较少
结构紧凑性	较低	较高	较高
制造成本	较低	较高	中等

如图 3-2(c) 所示，常见的平面凸轮机构包括盘形/移动凸轮顶杆机构和盘形/移动凸轮摆杆机构。其中，盘形/移动凸轮顶杆机构和移动凸轮摆杆机构均存在移动副。一方面，为了保证移动副构件的运动顺畅，往往需要跨距较大的导向装置，这会影响整体结构的紧凑性。另一方面，对于凸轮顶杆机构来说，当顶杆的压力角大于某一阈值时，导路中的摩擦阻力大于有效传动力，会导致机构自锁。相比之下，盘形凸轮摆杆机构的运动副均为转动副，不需要尺寸较大的导向装置，且只有当从动件的压力角接近 90° 时，才会导致机构自锁。因此，盘形凸轮摆杆机构容易获得更加紧凑的结构和更大的有效压力角范围，适合选作非线性传动机构。

确定了非线性传动机构构型之后，将线性弹性元件（扭簧）串联到机构的从动件与机架之间，即可得到非线性刚度机构。因此，对于盘形凸轮摆杆机构来说，选择不同的构件作为主/从动件可以得到两种不同的弹性元件连接方式，如图 3-3 所示。由于所设计的柔顺驱动器要求驱动元件的输出端与关节的输出连杆之间的相对转角较小，对应到这里的非线性传动机构就是要求其主动件的转角较小。因此，为了使弹性元件具有足够的变形量，需要在主动件转角较小的情况下尽量增大从动件的转角。如果采用图 3-3(a) 所示的连接方式，为了使从动件获得较大转角，需要增大凸轮的外轮廓尺寸，减小摆杆杆长；相反，采用图 3-3(b) 所示的连接方式则需要增大摆杆杆长，减小凸轮外轮廓尺寸。显然，在机构整体尺寸相近的情况下，采用图 3-3(b) 所示的以凸轮为从动件的方案有利于减轻构件的整体质量。综合以上分析，选择以摆杆为主动件，以凸轮为从动件，弹性元件串联在凸轮与机架之间的非线性刚度机构构型。其工作过程如图 3-4 所示。在未受到外力的初始状态下，机构处于虚线位置。当给摆杆施加顺时针方向的驱动力矩时，滚子会沿着凸轮的有效轮廓曲线（图中加粗的黑色曲线）推动凸轮旋转。由于扭簧串联在凸轮与机架之间，凸轮的旋转会使扭簧发生扭转变形，从而产生反向抵抗力矩，经过凸轮传递给滚子和摆杆。随着凸轮的转角 θ_c 逐渐增大，

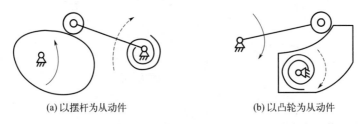

(a) 以摆杆为从动件　　　　　　　　(b) 以凸轮为从动件

图 3-3　以不同构件为从动件的非线性刚度盘形凸轮摆杆机构

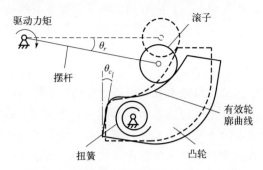

驱动力矩

滚子

θ_r

摆杆

θ_{c_l}

有效轮廓曲线

扭簧

凸轮

图 3-4 非线性刚度凸轮摆杆机构工作过程

扭簧产生的抵抗力矩也逐渐增大，直至系统达到受力平衡。在这个过程中，凸轮的有效轮廓曲线既决定了滚子与凸轮在接触点 P 处相互作用力的方向，又影响着摆杆与凸轮之间的传动比规律，从而也影响了在平衡状态下驱动力矩与摆杆转角 θ_r 之间的关系。因此，通过合理设计凸轮的有效轮廓曲线，可以实现预期的非线性刚度曲线。关于凸轮有效轮廓曲线的设计方法，将在后面的章节中详细介绍。

3.1.2 双向对称刚度机构设计

（1）双向对称刚度机构构型设计

根据上一小节的描述，可以看出图 3-4 所示的非线性刚度机构仅在单一方向上具有所需的刚度特性。然而，在现实应用场景中，对于转动关节来说，外负载可能来自不同的方向，例如对于桌面式上肢康复机器人来说，操作者对其施加的外负载可能是推力，也可能是反方向的拉力。因此，设计的柔顺驱动器需要具有双向对称的柔顺性，以适应不同方向的外负载。

针对以上需求，比较容易想到的解决方案是在图 3-4 所示的单一凸轮机构的基础上，在相反的方向上对称增加一个凸轮和扭簧，如图 3-5（a）所示。进一步地，为了使驱动器内部整体受力均匀，减轻单个滚子和凸轮的负载，在图 3-5（a）所示机构的基础上继续对称增加一对凸轮，得到如图 3-5（b）所示的四凸轮对称刚度机构。如图 3-5（b）所示，当处于初始状态时，两个滚子位于相邻凸轮的对称中线位置；当摆杆逆时针旋转时，滚子 R_1 和 R_2 分别与凸轮 C_1 和 C_3 接触作用；当摆杆顺时针旋转时，滚子 R_1 和 R_2 分别与凸轮 C_4 和 C_2 接触作用。

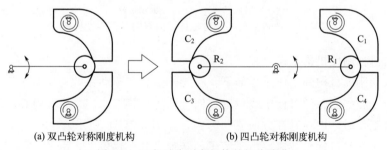

(a) 双凸轮对称刚度机构   (b) 四凸轮对称刚度机构

图 3-5 双向对称刚度机构的初步演化

上述方案虽然可以实现双向对称刚度，但仍然存在两点不足：

① 空间利用不充分，影响整体结构的紧凑性。由于四个凸轮分布在机构的周边，并且安装扭簧需要占用一定的空间，如果将扭簧安装在凸轮旋转中心处，机构外围尺寸会较大，而中心部分空间则处于闲置状态。因此，这种结构形式的空间利用率较低。影响整体紧凑性。

② 传动环节过少，扭簧所能获得的转角较小。如果将扭簧安装在凸轮旋转中心处，则摆杆（滚子）与扭簧之间只有一级凸轮传动，机构旋转角度放大的效果有限。而根据设计要

求，摆杆（滚子）的转角本身就比较小。因此，在这两个因素的共同影响下，扭簧所能获得的转角也会比较有限。在实际使用中，考虑到可能存在扭簧安装间隙等误差，扭簧转角过小会给机构的整体性能带来较大影响。

综合以上两点，可以将图 3-5(b) 所示的机构进行改进，如图 3-6 所示。改进后的双向对称刚度机构在凸轮传动之后又增加了一级齿轮传动，将原本安装在凸轮旋转中心处的扭簧转移到了机构整体的中心位置。通过这样的改进设计，既可以减小原本因为安装扭簧而额外增加的机构外围尺寸，又可以将机构中心部分原本闲置的空间充分利用起来，增加了整体结构的紧凑性。同时，增加的一级齿轮传动，还有助于改善总体传动比，增加扭簧所能获得的转角。此外，需要说明的是，为了实现双向传动以及传动方向的顺利切换，特意采用残缺齿轮设计，并设置了限位钉和弹性系数较小的止动拉簧，以保证当其中一组凸轮和齿轮处于工作状态时（即负责传递转矩时），另外一组处于非工作状态的凸轮和齿轮不产生干扰，并能够在机构传动方向发生改变时，顺利切换工作状态。具体的工作过程将在下一小节进行描述。

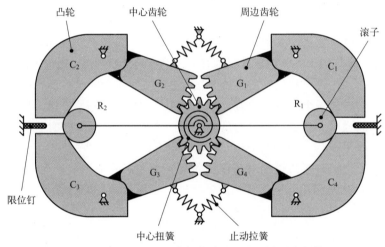

图 3-6　改进后的基于齿轮传动的双向对称刚度机构

（2）双向对称刚度机构工作过程

驱动器双向刚度机构的工作过程如下：在无外负载和驱动力的初始状态下，如图 3-7(a) 所示，滚子位于相邻凸轮的对称中线位置，四个周边齿轮 $G_1 \sim G_4$ 均与中心齿轮的边缘齿啮合。当驱动器工作时，以逆时针方向驱动为例，如图 3-7(b) 所示，电机输出轴通过联轴器带动蜗杆旋转，并经过蜗轮减速。由于滚子的转轴安装在蜗轮上，滚子会随蜗轮围绕着驱动器的中心轴同步旋转。此时，若没有外负载存在，滚子将会带动非线性刚度机构及驱动器的输出端一同旋转，扭簧将不会产生变形（不计输出端加速度和转动惯量的情况下）。如果存在阻碍驱动器输出端运动的外负载，滚子会推动凸轮 C_1 和 C_3 旋转，带动周边齿轮 G_1 和 G_3 进一步与中心齿轮啮合，进而使中心扭簧扭转变形，产生阻力矩，阻碍滚子的转动。随着扭簧变形量的增加，系统会逐渐达到力矩平衡。在此过程中，G_2 和 G_4 则会因中心齿轮的旋转而与之脱离啮合，并在止动拉簧和限位钉的共同作用下保持在脱离啮合的临界位置不动。由于止动拉簧只需为处于非工作状态的凸轮和齿轮（C_2 和 C_4，G_2 和 G_4）提供很小的力矩以使其保持相对静止，因此其弹性系数较小，对处于工作状态的齿轮产生的力矩相比于扭簧提供的力矩可忽略不计。当外负载力去除，驱动器输出端得以自由转动，中心齿轮会在扭簧的作用下回转，重新与 G_2 和 G_4 啮合。

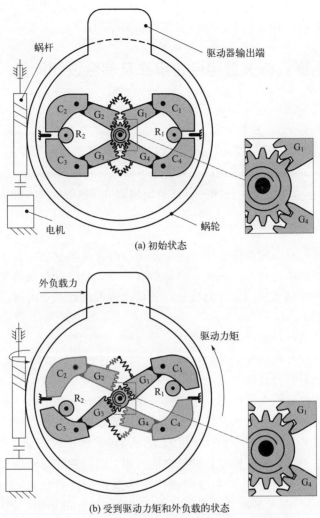

(a) 初始状态

(b) 受到驱动力矩和外负载的状态

图 3-7　具有双向对称刚度的柔顺驱动器的工作过程

　　为了便于理解双向刚度机构的工作过程，将其与驱动器输入端（电机和减速器）和输出端的连接关系进行展示，如图 3-8 所示。驱动器采用旋转电机和蜗轮减速器作为驱动源，主

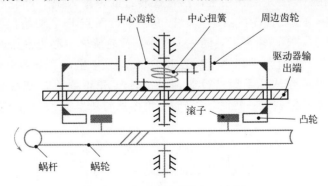

图 3-8　柔顺驱动器俯视示意图

要构件的安装关系如下：滚子的转轴安装在蜗轮上，凸轮与周边齿轮固连，且其转轴通过轴承安装在驱动器输出端，凸轮的限位钉也固定安装在驱动器输出端，中心齿轮与蜗轮以及驱动器的输出端三者彼此之间无固连关系，但它们拥有共同的旋转中心，处于工作状态时，中心扭簧的一端与中心齿轮相连，另一端与驱动器输出端相连。

3.2　非线性刚度机构关键构件轮廓线及参数设计计算

对非线性刚度机构的原理方案进行设计之后，确定了以摆杆、凸轮、齿轮和扭簧为主要构件的可实现双向刚度特性的机构构型。然而，对于特定的任务需求，为了实现所需的刚度特性，还需要对机构的具体细节参数进行设计，包括重要构件的外形尺寸（如凸轮的轮廓曲线、滚子的直径和公转半径等）、构件之间的位置关系（如凸轮的偏置距离）、其他特性参数（如弹簧的弹性系数、齿轮传动比）等。本节将就这些机构细节参数的设计方法进行推导和讨论。

3.2.1　凸轮有效轮廓曲线设计计算

如上所述，凸轮的有效轮廓曲线既决定了滚子与凸轮接触点处相互作用力的方向，又影响摆杆与凸轮之间的传动比规律。因此，凸轮的有效轮廓曲线对驱动器的刚度特性有着非常重要的影响，是非线性刚度机构设计的核心，其设计的关键点在于求解凸轮轮廓曲线与给定刚度曲线之间的映射关系。

（1）凸轮轮廓曲线设计的反转法原理

凸轮轮廓曲线设计常用的方法是"反转法"，其基本原理是已知凸轮机构主从动件之间的相对运动规律，然后将凸轮视为静止不动的机架，而使摆杆一方面绕凸轮做反转运动，另一方面按照原来的相对运动规律摆动，求出摆杆在这种复合运动中的一系列位置，则滚子中心形成的轨迹就是凸轮的理论轮廓曲线。然后沿理论轮廓曲线在各点的法线方向向内作等距曲线，等距曲线的长度为滚子的半径，就可以求出凸轮实际轮廓曲线上的各轮廓点。然而，本书面临的设计问题中，凸轮机构主从动件之间的相对运动规律是未知的，仅仅知道摆杆来自凸轮的力矩与摆杆转角之间的关系（即机构的非线性刚度曲线）。因此，不能用传统的"反转法"直接计算凸轮的轮廓曲线，但可以借鉴"反转法"的思想，依据机构的受力关系，求出凸轮和滚子的接触点与凸轮旋转角度之间的映射关系，然后将接触点绕凸轮旋转中心反向旋转凸轮转过的角度，即可得到对应的凸轮轮廓点。

图 3-9 为非线性刚度机构凸轮的运动过程，虚线部分为机构的初始位置，实线部分为机构当前所在位置，在驱动力矩的作用下，摆杆旋转过的角度为 θ_r，凸轮对应的旋转角度为 θ_c，P 是当前位置下滚子与凸轮的接触点，P' 是当前接触点 P 在初始位置时凸轮上对应的轮廓点，即 P' 和 P 相对于凸轮来说是同一个点。以凸轮旋转中心为原点，x 轴沿水平方向，y 轴沿竖直方向建立平面直角坐标系。P 点和 P' 点在 x-y 坐标系下的坐标变换关系可以由图 3-10 推导得到，P 点绕坐标系原点 O 逆时针旋转 θ_c 角得到的 P' 点在坐标系 x-y 下的坐标值等价于 P 点在将坐标系 x-y 顺时针旋转 θ_c 角得到的新坐标系 x'-y' 中的坐标值。因此，可以推导得到下式：

$$\begin{bmatrix} x_{P'} \\ y_{P'} \end{bmatrix} = \begin{bmatrix} \cos\theta_c & -\sin\theta_c \\ \sin\theta_c & \cos\theta_c \end{bmatrix} \begin{bmatrix} x_P \\ y_P \end{bmatrix} \tag{3-1}$$

其中，x_P 和 y_P 是 P 点的坐标，$x_{P'}$ 和 $y_{P'}$ 是 P' 点的坐标，θ_c 是 P 点绕坐标原点的旋

转角度（对应于图 3-9 中凸轮的旋转角度）。

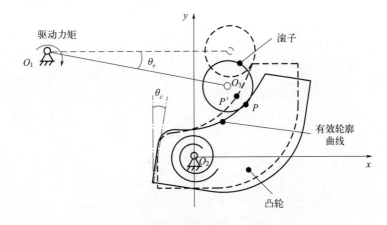

图 3-9　非线性刚度机构凸轮运动过程

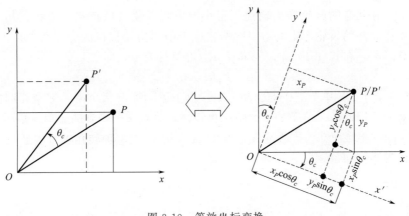

图 3-10　等效坐标变换

由式(3-1)可知，为了得到凸轮有效轮廓曲线上轮廓点 P' 坐标，需要求解凸轮转角 θ_c 与滚子和凸轮接触点 P 的坐标之间的对应关系，这有赖于机构的受力情况和运动规律。因此，下面将从这两个方面展开进一步的分析。

（2）非线性刚度机构的静力学分析

由于非线性刚度机构采用对称的结构设计，在相同的构件位置关系下，各对称单元的受力情况相同。因此，为了简单起见，仅对其中一个单元进行受力分析，其他三个单元的受力分析与之完全相同。

非线性刚度机构单元的静力学分析如图 3-11 所示，需要指出的是，虽然这里只画出了其中一个周边齿轮及其啮合力，但实际上中心齿轮在工作过程中会受到两个对角周边齿轮的啮合力偶作用。依据图 3-11，对机构中的摆杆-滚子、凸轮-周边齿轮、中心齿轮分别列静力学平衡方程，可得到如下方程组：

$$\begin{cases} T'_d = F_{c1}R_{c1} \\ F_{g2}R_{g2} + F_t R_t = F_{c2}R_{c2} \\ 2F_{g1}R_{g1} = T_s \end{cases} \tag{3-2}$$

其中，$F_t R_t$ 表示止动拉簧施加给周边齿轮和凸轮的拉力矩。如第 2 章所述，止动拉簧

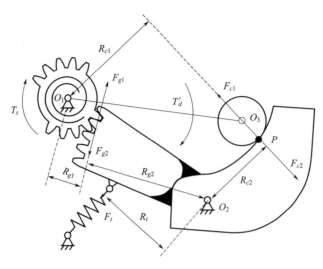

图 3-11　非线性刚度机构对称单元的受力分析

只需为处于非工作状态的凸轮和齿轮提供很小的力矩以使其保持相对静止，其弹性系数较小，对处于工作状态的齿轮产生的力矩影响相比于中心扭簧提供的力矩可忽略不计。因此，为了简化计算过程，在式（3-2）中，可将 $F_t R_t$ 近似视为零，即

$$F_t R_t \approx 0 \tag{3-3}$$

式（3-2）中，T_d' 是单个滚子的驱动力矩。由于驱动器有两个型号完全相同的滚子，且驱动器结构对称，因此两个滚子的受力情况也相同，单个滚子受到的驱动力矩等于驱动器总驱动力矩 T_d 的一半，而 T_d 是通过将转角 θ_r 代入给定的力矩-转角曲线方程 $T_d = T_d(\theta_r)$ 得到的，可以视为已知量，即

$$T_d' = \frac{1}{2} T_d(\theta_r) \tag{3-4}$$

式（3-2）中，T_s 表示中心扭簧对中心齿轮所施加的力矩。设中心扭簧弹性系数为 K_s（其取值方法将在下一小节介绍，在此可以暂时视为已知量），中心扭簧/中心齿轮旋转角度为 θ_s，则有 $T_s = K_s \theta_s$，而 θ_s 可以根据凸轮和周边齿轮的转角 θ_c 以及从周边齿轮到中心齿轮的传动比 μ_g 计算得到，即 $\theta_s = \theta_c / \mu_g$。因此，$T_s$ 可以进一步表示为

$$T_s = K_s \frac{\theta_c}{\mu_g} \tag{3-5}$$

式（3-2）中，F_{g1} 和 F_{g2} 分别是单个周边齿轮对中心齿轮的作用力和中心齿轮对单个周边齿轮的反作用力，类似地，F_{c2} 和 F_{c1} 分别是滚子对凸轮的作用力和凸轮对滚子的反作用力。因此，根据牛顿第三定律得

$$\begin{cases} F_{g1} = F_{g2} \\ F_{c1} = F_{c2} \end{cases} \tag{3-6}$$

R_{g1} 和 R_{g2} 分别是力 F_{g1} 相对于 O_1 点的力臂和 F_{g2} 相对于 O_2 点的力臂，类似地，R_{c1} 和 R_{c2} 分别是力 F_{c1} 相对于 O_1 点的力臂和 F_{c2} 相对于 O_2 点的力臂。为了清楚地显示机构中的几何关系，将非线性刚度机构对称单元的重要尺寸进行拆分，如图 3-12 所示。

由图 3-12(a) 中的几何尺寸关系可以推导得到 R_{g1} 和 R_{g2} 的关系：

$$\frac{R_{g1}}{R_{g2}} = \frac{r_1}{r_2} = \mu_g \tag{3-7}$$

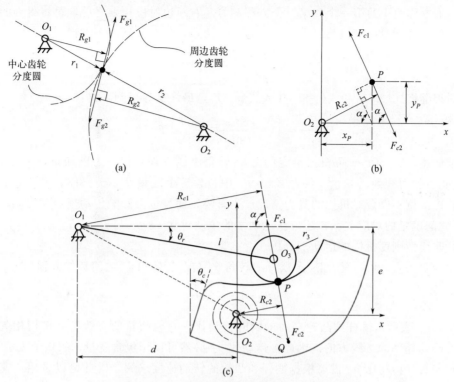

图 3-12 非线性刚度机构构件的尺寸关系

其中，r_1 和 r_2 分别是中心齿轮和周边齿轮分度圆的半径，其值根据凸轮/周边齿轮旋转中心 O_2 相对于中心齿轮旋转中心 O_1 的偏置距离 d 和 e 以及齿轮传动比 μ_g 计算选取。

由图 3-12(b) 和 (c) 中的几何关系可以推导得到 R_{c1} 和 R_{c2} 的表达式：

$$\begin{cases} R_{c1} = l\sin(\alpha - \theta_r) \\ R_{c2} = x_P\sin\alpha + y_P\cos\alpha \end{cases} \tag{3-8}$$

其中，α 表示滚子和凸轮之间接触力的方向与 x 轴之间的夹角，由于采用滚子传动，相对于正压力，摩擦力可以忽略不计。因此，接触力方向与滚子凸轮接触点处轮廓的法线方向相同。l 表示摆杆的长度，即滚子旋转中心 O_2 与中心齿轮旋转中心 O_1（也是驱动器的旋转中心）之间的距离。

进一步地，式(3-1) 中的 P 点坐标表达式也可以由图 3-12(c) 中的几何关系推导得到：

$$\begin{bmatrix} x_P \\ y_P \end{bmatrix} = \begin{bmatrix} \cos\theta_r & \cos\alpha & -1 & 0 \\ -\sin\theta_r & -\sin\alpha & 0 & 1 \end{bmatrix} \begin{bmatrix} l & r_3 & d & e \end{bmatrix}^{\mathrm{T}} \tag{3-9}$$

其中，r_3 表示滚子的半径。l、r_3、d 和 e 表征了机构的主要位置尺寸关系，它们的取值方法将在下一小节介绍，在此可视它们为已知量。结合式(3-1) 和式(3-8) 可知，为了求得凸轮有效轮廓曲线上轮廓点坐标，需要求解 θ_c 与 θ_r 之间的对应关系。下面将针对此问题继续展开分析。

首先可对式(3-1)～式(3-8) 进行整理。将式(3-2)～式(3-6) 代入式(3-1) 得

$$\begin{cases} \dfrac{1}{2}T_d(\theta_r) = F_{c2}R_{c1} \\ F_{g2}R_{g2} = F_{c2}R_{c2} \\ 2F_{g2}\mu_g R_{g2} = K_s\dfrac{\theta_c}{\mu_g} \end{cases} \tag{3-10}$$

将以上方程组中的第一个和第三个方程等号左右两边对应相乘之后，再将得到的新方程等号左右两边分别对应除以第二个方程等号左右两边，整理得到以下方程：

$$K_s \frac{\theta_c}{\mu_g^2} = \frac{R_{c2}}{R_{c1}} T_d(\theta_r) \tag{3-11}$$

然后相继将式（3-7）和式（3-8）代入式（3-11），最终推导得到下式：

$$K_s \frac{\theta_c}{\mu_g^2} = \left[1 + \frac{e\cos\alpha - d\sin\alpha}{l\sin(\alpha - \theta_r)} \right] T_d(\theta_r) \tag{3-12}$$

如前所述，$T_d(\theta_r)$ 可根据给定的力矩-转角曲线方程获得，为已知量，K_s、μ_g、d、e 和 l 也均可暂时视为已知量。因此式（3-9）中包含三个变量 θ_r、θ_c 和 α，其中，α 所包含的曲线轮廓信息不仅会对机构的受力情况产生影响，而且也会影响传动规律。因此，为求出 θ_c 与 θ_r 之间确定的对应关系，还应从运动学的角度建立 α、θ_c 与 θ_r 的方程。

（3）非线性刚度机构的运动学分析

根据传动关系，可以建立滚子-摆杆的转角 θ_r 与凸轮转角 θ_c 之间新的方程如式（3-13）：

$$\theta_c = \int_0^{\theta_r} \frac{1}{\mu_r} d\theta_r \tag{3-13}$$

其中，μ_r 表示从摆杆到凸轮之间的瞬时传动比，它与凸轮的有效轮廓密切相关，而变量 α 表征凸轮轮廓的法线方向。因此，传动比 μ_r 必然可以用包含变量 α 的式子表示。

根据定义，传动比 μ_r 需要根据摆杆和凸轮的转动速度求解，因此可以采用"速度瞬心法"进行分析。然而，由于摆杆和凸轮之间没有直接接触，无法直接根据运动副判断它们速度瞬心的位置。此时，可以采用瞬心法中的"三心定理"来求解，即三个彼此做相互平行的平面运动的构件，其相互之间的三个瞬心应位于同一条直线上。如图 3-12(c) 所示，首先分析摆杆、滚子和凸轮三个构件：摆杆与滚子之间采用转动副连接，因此转动副中心点 O_3 就是它们之间的瞬心；滚子与凸轮之间做纯滚动，因此滚动接触点 P 就是它们之间的瞬心。根据"三心定理"，摆杆与凸轮之间的瞬心应该在直线 O_3P 上。然后以机架、摆杆和凸轮三个构件作为分析对象：摆杆与机架之间采用转动副连接，因此转动副中心点 O_1 就是它们之间的瞬心；同理，O_2 是凸轮与机架之间的瞬心。根据"三心定理"，摆杆与凸轮之间的瞬心应该在直线 O_1O_2 上。根据以上分析，直线 O_3P 与直线 O_1O_2 的交点 Q 就是摆杆与凸轮之间的速度瞬心。根据定义，两构件在瞬心处的相对速度为零，绝对速度相等，由此可得下式：

$$\overline{O_1Q} \frac{d\theta_r}{dt} = \overline{O_2Q} \frac{d\theta_c}{dt} \tag{3-14}$$

根据式（3-14）以及图 3-12(c) 中的三角形相似关系，可以推导得到传动比 μ_r 的表达式如下：

$$\mu_r = \frac{d\theta_r/dt}{d\theta_c/dt} = \frac{\overline{O_2Q}}{\overline{O_1Q}} = \frac{R_{c2}}{R_{c1}} \tag{3-15}$$

再将式（3-7）代入式（3-11）可得：

$$\mu_r = 1 + \frac{e\cos\alpha - d\sin\alpha}{l\sin(\alpha - \theta_r)} \tag{3-16}$$

由式（3-12）可知，式（3-10）等号右边的积分项有 θ_r 和 α 两个变量，它们之间虽然存在一定的耦合关系，但无法求出 α 关于 θ_r 的显式解，所以无法直接进行积分运算。为此，本书采用离散化的方法求解，将运动过程依摆杆转角 θ_r 均匀分割成 $m+1$ 段，则式（3-10）可

以离散为

$$\theta_{c0}=0$$

$$\theta_{c1}=\theta_{c0}+\Delta\theta_r/\overline{\mu}_{r0}\approx\theta_{c0}+\Delta\theta_r/\mu_{r0}$$

$$\vdots$$

$$\theta_{ci}=\theta_{ci-1}+\Delta\theta_r/\overline{\mu}_{ri-1}\approx\theta_{ci-1}+\Delta\theta_r/\mu_{ri-1} \tag{3-17}$$

$$\vdots$$

$$\theta_{cm}=\theta_{cm-1}+\Delta\theta_r/\overline{\mu}_{rm-1}\approx\theta_{cm-1}+\Delta\theta_r/\mu_{rm-1}$$

其中，$\Delta\theta_r$ 表示角 θ_r 的迭代步长，为了保证求解精度，$\Delta\theta_r$ 应尽量取较小值。$\overline{\mu}_{ri-1}$ 表示在摆杆转角为 $\theta_{ri-1}\sim\theta_{ri}$ 的离散段内，摆杆与凸轮之间的平均传动比。由于离散步长取值很小，所以 $\overline{\mu}_{ri-1}$ 可以近似以摆杆转角为 θ_{ri-1} 时的瞬时传动比 μ_{ri-1} 代替。此外，迭代次数 m 决定了求解精确度，因为在 θ_r 取值范围一定的情况下，迭代次数 m 越大，迭代步长 $\Delta\theta_r$ 越小，用 μ_{ri-1} 替代 $\overline{\mu}_{ri-1}$ 的偏差也越小。但是，随着迭代次数 m 的增加，求解时间也会变长，导致求解效率降低。因此，实际运算中 m 值可根据精度需要适当选取。

（4）凸轮有效轮廓曲线的求解流程

基于前面的静力学和运动学分析，可以发现求解凸轮有效轮廓曲线这一问题最终演变成为求解运动过程中各位置点摆杆转角 θ_r 所对应的凸轮转角 θ_c 和滚子-凸轮接触点轮廓的法线方向角 α，可以结合式（3-10）～式（3-14）利用迭代法进行求解，其流程如图 3-13 所示。

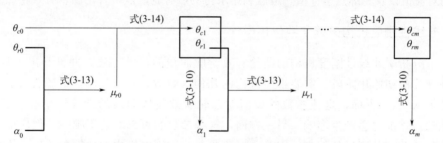

图 3-13 θ_r、θ_c 和 α 的迭代求解流程图

由图 3-13 可以看出，只要将初始点的 θ_{r0}、θ_{c0} 和 α_0 值输入系统，迭代流程就可以顺利进行。可以发现虽然在初始位置处 θ_{r0}、θ_{c0} 都等于零，但 α_0 的值却并不能直接得到。根据经验常识，α_0 应该与驱动器的初始刚度有关，例如，当 $\alpha_0=0°$ 时，摆杆-滚子的瞬时运动方向与凸轮初始点处轮廓的切线方向一致，理论接触力的方向指向摆杆的旋转中心，摆杆-滚子受到的阻力矩等于零，因此其运动不会受到阻碍，即表现为驱动器的初始刚度为零；而当 $\alpha_0=90°$ 时，摆杆-滚子的瞬时运动方向与凸轮初始点处轮廓的切线方向垂直，接触力的方向也与摆杆垂直，此时力臂最大，因此其运动会受到较大的阻碍，表现为较大的刚度。综合以上分析，要求解 α_0，需要先得到驱动器的初始刚度表达式。将式（3-12）代入式（3-10），再将得到的新公式代入式（3-9），整理后得到期望力矩 $T_d(\theta_r)$ 关于 θ_r 和 α 的显式表达：

$$T_d(\theta_r)=\frac{K_s}{\mu_g^2}\times\frac{l\sin(\alpha-\theta_r)}{l\sin(\alpha-\theta_r)+e\cos\alpha-d\sin\alpha}$$

$$\times\int_0^{\theta_r}\frac{l\sin(\alpha-\theta_r)}{l\sin(\alpha-\theta_r)+e\cos\alpha-d\sin\alpha}\mathrm{d}\theta_r \tag{3-18}$$

继续将式（3-18）两边同时对 θ_r 求微分可以得到驱动器的刚度表达式：

$$\frac{\mathrm{d}T_d(\theta_r)}{\mathrm{d}\theta_r} = \frac{K_s}{\mu_g^2} \times \frac{\mathrm{d}\left[\dfrac{l\sin(\alpha-\theta_r)}{l\sin(\alpha-\theta_r)+e\cos\alpha-d\sin\alpha}\right]}{\mathrm{d}\theta_r}$$

$$\times \int_0^{\theta_r} \frac{l\sin(\alpha-\theta_r)}{l\sin(\alpha-\theta_r)+e\cos\alpha-d\sin\alpha}\mathrm{d}\theta_r$$

$$+ \frac{K_s}{\mu_g^2}\left[\frac{l\sin(\alpha-\theta_r)}{l\sin(\alpha-\theta_r)+e\cos\alpha-d\sin\alpha}\right]^2 \tag{3-19}$$

式(3-19)中，等号左边可以根据给定的力矩-转角方程直接求导得到驱动器的刚度数值。对于等号右边的积分项，在初始位置处（$\theta_{r0}=0$），其积分上下限均为零，因此积分值也为零，进而可知第一个求和项整体等于零。因此，可以得到初始刚度的表达式如下：

$$\left.\frac{\mathrm{d}T_d(\theta_r)}{\mathrm{d}\theta_r}\right|_{\theta_r=0} = \frac{K_s}{\mu_g^2}\left(\frac{l\sin\alpha_0}{l\sin\alpha_0+e\cos\alpha_0-d\sin\alpha_0}\right)^2 \tag{3-20}$$

最终，对式(3-20)求解可以得到 α_0 的值。

综合以上分析，可以将凸轮有效轮廓曲线的求解流程进行归纳，如图 3-14 所示。首先需要给定期望的力矩-转角曲线方程 $T_d(\theta_r)$，并给出机构的几何参数 d、e、l、r_3，齿轮传动比 μ_g 和扭簧弹性系数 K_s，并根据精度需求设置迭代次数 m 和步长 $\Delta\theta_r$。接着求解初始位置的 θ_{r0}、θ_{c0} 和 α_0 值及初始点坐标，并将 θ_{r0}、θ_{c0} 和 α_0 代入图 3-13 所示的迭代流程，求解其后各点的对应值以及轮廓点坐标值，最后利用求得的所有轮廓点拟合出凸轮有效轮廓曲线。

3.2.2 非线性刚度机构关键参数优化设计

上一节分析了非线性刚度机构的凸轮有效轮廓曲线的设计方法，并推导出了计算流程。其中，在计算的初始化阶段，需要给出机构的几何参数 d、e、l、r_3，齿轮传动比 μ_g 和扭簧弹性系数 K_s。一方面，这些参数的取值对凸轮有效轮廓曲线的计算结果有着直接影响，进而对驱动器性能也会产生影响。另一方面，这些参数的可选取值不唯一，但应受到驱动器总体结构尺寸和产品型号的约束。因此，对这些非线性刚度机构的关键参数进行优化设计是很有必要的。

（1）设计变量

如前所述，将机构的几何参数 d、e、l、r_3 和非几何参数 μ_g、K_s 作为设计变量。

（2）优化目标

为保证驱动器输出端的运动精度，本章设计的驱动器要求滚子相对于输出端的转角较小，由此导致的结果是凸轮与滚子的接触轮廓会相对较短。受加工精度的影响，过短的凸轮轮廓会产生较大的相对误差，影响驱动器的性能精度。因此，为了尽量减小这种误差带来的影响，以在一定的约束条件下使凸轮有效轮廓最长作为优化目标，对非线性刚度机构的预设参数进行优化选择。因为凸轮有效轮廓是通过拟合连接求解的若干轮廓点得到的，所以有效轮廓的长度可以近似用相邻轮廓点之间的直线距离之和代替。优化目标函数如式(3-21)：

$$\min S = -\sum_{j=1}^m \sqrt{(x_{P'_{j+1}}-x_{P'_j})^2+(y_{P'_{j+1}}-y_{P'_j})^2} \tag{3-21}$$

（3）约束条件

机构几何参数 d、e、l、r_3 的数值需要根据驱动器整体尺寸限制及机械干涉等因素进行约束。在实际设计中，可以根据驱动器最大外圆半径的限制尺寸 $R_{\max}$ 及中心轴和轴承布

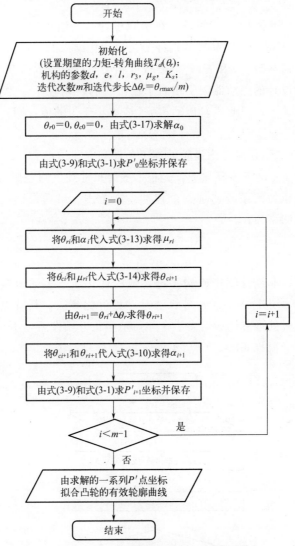

图 3-14　凸轮有效轮廓曲线的求解流程

置所需的最小内圆半径的限制尺寸 R_{min} 对相应参数设置上下限。

由凸轮的旋转中心应该落在上述约束区域内可得：

$$\begin{cases} d \in (0, R_{max}) \\ e \in (0, R_{max}) \\ \sqrt{d^2 + e^2} \in (R_{min}, R_{max}) \end{cases} \qquad (3\text{-}22)$$

由滚子也应落在上述约束区域内可得：

$$\begin{cases} r_3 \in (0, R_{max} - R_{min}) \\ l + r_3 < R_{max} \\ l - r_3 > R_{min} \end{cases} \qquad (3\text{-}23)$$

此外，为了保证凸轮按照预定的方向旋转，还需要保证凸轮的旋转中心落在滚子旋转中心所掠过的轨迹圆范围内，即

$$\sqrt{d^2 + e^2} < l \qquad (3\text{-}24)$$

在上述几何参数中，还应注意的是，在实际设计时，滚子需要选用规格化的产品。因此，r_3 的最终取值应根据现有产品型号选择最接近优化结果的规格值。

关于机构的非几何参数 μ_g 和 K_s，需要根据相关需求设定取值范围。

如前所述，本章设计的驱动器滚子相对于输出端的转角较小，为使扭簧获得足够转角，需采用齿轮传动进行放大，因此齿轮传动比 μ_g 应取小于 1 的值，即：

$$\mu_g \in (0, 1) \qquad (3\text{-}25)$$

同时，μ_g 的最终取值还应考虑齿轮的加工条件和空间约束。

扭簧的弹性系数 K_s 确定步骤如下：先根据安装尺寸约束确定扭簧的整体尺寸范围，然后根据尺寸查找现有扭簧的型号初选一个弹性系数范围，最后根据优化结果选择临近规格值。扭簧的初选范围约束为：

$$K_s \in (K_{s\min}, K_{s\max}) \qquad (3\text{-}26)$$

（4）优化方法

根据前面的分析，非线性刚度机构关键参数的优化属于多元函数优化问题，可以利用 Matlab 遗传算法工具箱进行求解。遗传算法是一种进化算法，其特点是采用概率的变迁规则指导搜索方向，同时处理群体中的多个个体，从串集开始搜索，不易陷入局部最优解，有利于全局择优。其算法流程如图 3-15 所示。

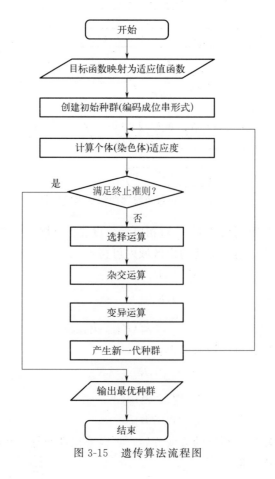

图 3-15　遗传算法流程图

3.3 非线性刚度驱动器样机设计及刚度特性验证

前面介绍了非线性刚度驱动器核心机构的原理及关键构件轮廓线的设计方法和参数取值，从理论上搭建了非线性刚度机构的设计框架。然而，这种非线性刚度机构的设计方法是否可行，以及是否能够成功应用于非线性刚度驱动器当中，还需要实践进行检验。因此，本节将基于前文提出的非线性刚度机构设计非线性刚度驱动器的虚拟样机，并在此基础上加工实物样机，从对虚拟样机的仿真和对实物样机的试验这两个方面开展对驱动器刚度特性的验证。

3.3.1 驱动器样机主体结构设计

驱动器样机的结构如图 3-16 所示，非线性刚度驱动器的结构可划分为驱动端、非线性刚度机构和输出端三大组成部分。

图 3-16 非线性刚度驱动器虚拟样机模型

驱动端包括电机基座、直流电机和蜗杆减速器。对于整个机构来说，电机基座的作用相当于机架，除了电机固定安装在电机基座上之外［如图 3-16(a) 所示］，驱动器的主要旋转传动部件（如蜗轮、驱动器输出端等）所围绕的轴线，也与电机基座之间保持相对固连关系

［如图 3-16（b） 所示］。为了增加驱动器的结构紧凑性，避免轴向尺寸过大，采用直流旋转电机配合蜗杆减速机构的方式进行驱动，利用蜗轮蜗杆的大传动比特点，省略了电机输出端齿轮减速器的使用。此外，通过将非线性刚度机构的滚子转轴直接安装在蜗轮上，使蜗轮在作为减速机构构件的同时，也充当凸轮非线性刚度机构的摆杆，进一步减少了驱动器的零件数量，增加了结构紧凑性。

非线性刚度机构的构成和工作原理已经详细介绍过，在此不再赘述。为了便于理解，在此处作两点补充说明：①如图 3-16（b）、（c） 所示，周边齿轮通过键连接的方式安装在凸轮的转轴上以保持自身和凸轮之间的固连关系，而凸轮的转轴通过轴承和卡簧安装在驱动器的输出端上；②为了能够产生双向作用，中心扭簧选用圆柱螺旋外臂扭簧，并配合扭臂扭转板和扭臂挡柱共同使用。其中扭臂扭转板与中心齿轮通过共用键的方式共同安装在中心转轴上，以此保证两者之间的固连关系，而扭臂挡柱则固定安装在驱动器输出端上。当驱动器处于初始状态时，如图 3-17（a） 所示，中心扭簧和扭臂扭转板与驱动器输出端保持相对静止，扭簧未产生变形，扭簧的两条臂同时各自与扭臂扭转板和扭臂挡柱接触。当驱动器受到外负载后，如图 3-17（b） 所示，中心扭簧和扭臂扭转板与驱动器输出端发生相对转动，使得扭簧产生变形。此时，扭簧的一条臂只与扭臂扭转板接触，而另一条臂只与扭臂挡柱接触。当驱动器受到反方向的外负载时，扭臂的接触情况则刚好相反。

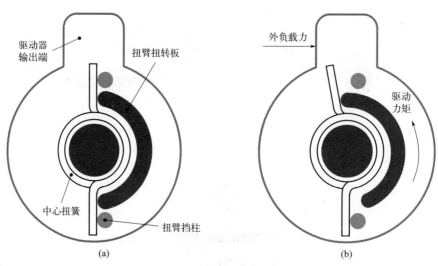

图 3-17　非线性刚度驱动器扭簧的工作过程

驱动器输出端的主要作用是为驱动器的外接连杆提供机械接口，除此之外，还为凸轮轴和扭臂挡柱等零件提供安装位置。

整个驱动器的传动过程如下：安装在电机基座（机架）上的直流电机提供驱动力矩，经蜗杆减速器放大之后，带着滚子推动凸轮和周边齿轮旋转。然而，与中心扭簧相连的中心齿轮阻碍了凸轮的旋转，又因为凸轮的转轴通过轴承安装在驱动器输出端上，所以驱动力矩最终将使得驱动器的输出端旋转。当有外负载 T 作用在驱动器的输出端时，它的运动将会受到阻碍，中心扭簧得以受力产生变形，使得滚子与驱动器输出端之间产生相对转角 θ_r。当 θ_r 随 T 非线性变化时，驱动器表现为非线性刚度。其中，滚子与驱动器输出端之间的相对转角可以通过磁栅尺传感器与电机尾部安装的旋转编码器测量对比后获得。

3.3.2　驱动器关键部件的设计与选型

（1）驱动器的设计需求分析

本章设计的非线性刚度驱动器具有比较广泛的适用场景，为了便于开展具体的参数设计，结合任务需求，以人体膝关节康复机器人作为应用背景进行设计。

基于 Kirtley 等人的临床步态分析标准数据，在完整步态周期中，人体膝关节所提供的最大力矩与体重的比值约为 0.365N·m/kg。根据中国标准出版社出版的《中国成年人人体尺寸》（GB/T 10000—2023），我国成年男性的平均身高约为 175cm，与之对应的健康体重约为 70kg，因此行走过程中膝关节需要提供的最大力矩约为 25.55N·m，膝关节康复机器人拟提供其中 70% 的辅助力矩，约为 18N·m，设计余量取为 20%，因此驱动器需要提供的最大力矩约为 22N·m。

根据柔顺驱动器的特点，驱动器的弹性机构在受到外负载时会产生变形，导致输出端产生偏离预期位置的相对转角 θ_r，这可以看作是一种位置误差，对驱动器的运动精度会产生一定的影响。因此，为了在获得柔顺性的同时不过多地损失运动精度，相对转角 θ_r 应控制在较小范围内，将其最大值设为 2°。

根据"大负载下采用大刚度，小负载下采用小刚度"的人机交互理念，综合考虑取最大力矩为 22N·m，最大相对转角为 2°，本书将目标力矩-转角曲线方程设定为式（3-27）：

$$T_d = 0.24\theta_r^5 - 0.33\theta_r^4 + 2.22\theta_r^3 + 0.93\theta_r, \theta_r \leqslant 2° \tag{3-27}$$

将力矩-转角曲线方程对 θ_r 求一阶导，可以得到刚度-转角方程，如式（3-28）所示，对应的刚度范围为 0.93~36.21N·m/(°)。

$$K_d = 1.2\theta_r^4 - 1.32\theta_r^3 + 6.66\theta_r^2 + 0.93, \theta_r \leqslant 2° \tag{3-28}$$

根据式（3-27）和式（3-28）得到的力矩-转角曲线和刚度-转角曲线分别如图 3-18（a）和（b）所示。

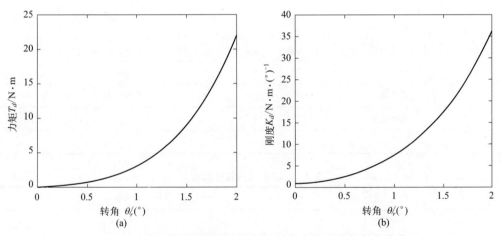

图 3-18　非线性刚度驱动器的力矩-转角曲线及刚度-转角曲线

根据以上分析，非线性刚度驱动器的综合设计目标如表 3-2 所示。

表 3-2　非线性刚度驱动器综合设计目标

参数名称	目标值
峰值力矩	22N·m

参数名称	目标值
关节相对转角 θ_r 范围	$\pm 2°$
关节绝对转角 θ_a 范围	$30° \sim 300°$
最大直径	$<200\text{mm}$
高度	$<100\text{mm}$
核心质量	$<3\text{kg}$

（2）电机及蜗杆减速器的设计与选型

根据设计需求，非线性刚度驱动器需要提供最大可达 22N·m 的驱动力矩。为此，选用瑞士 Maxon Motor 公司型号为 RE40 148867 的直流电机作为驱动源，其技术参数如表 3-3 所示。其中，该型电机可提供的额定转矩（最大连续转矩）为 0.177N·m。因此，还需要在电机末端增加减速器以增大输出转矩。

如果采用一般的圆柱齿轮箱减速器，则电机的轴线、齿轮箱减速器的轴线和驱动器的旋转轴线均沿着同一方向，会使得该方向的累积尺寸较大，严重影响驱动器整体结构的紧凑性。因此，选用蜗轮蜗杆机构作为电机减速器，既可以将不同部件的较大尺寸分散到不同方向上，增加整体紧凑性，又容易获得较大传动比。考虑到蜗杆传动过程中存在摩擦等损耗，一般的蜗杆传动效率为 0.7～0.9，取平均值 0.8 作为效率值。为了满足驱动器的力矩需求，综合考虑电机的额定转矩和蜗轮蜗杆机构的传动效率，将蜗轮蜗杆的传动比设置为 150∶1，其技术参数如表 3-4 所示。

表 3-3　Moxon RE40 148867 直流电机技术参数

参数名称	参数值
额定电压	24V
额定电流	6A
额定转矩	0.177N·m
额定转速	6940r/min
最大效率	0.91
转子惯量	$1.42 \times 10^{-5}\text{kg·m}^2$
质量	0.480kg

表 3-4　蜗杆减速器技术参数

参数名称	参数值
减速比	150∶1
传动效率	0.8
蜗杆惯量	$2.9 \times 10^{-6}\text{kg·m}^2$
蜗杆质量	0.13kg
蜗轮惯量	$7.26 \times 10^{-3}\text{kg·m}^2$
蜗轮质量	1.13kg

（3）扭簧的设计与选型

扭簧参数的计算与选取方法如下，首先根据前文第 3 章的非线性刚度机构关键参数优化设计方法得到初步的扭簧弹性系数 K_s 及其对应的最大扭转角度 φ［单位（°）］，以及最大转矩 $T_{s\max}$。然后根据中径的标准值初选接近驱动器中心转轴尺寸的扭簧中径 D，并选取合适的簧丝直径 d_s 使其满足式(3-29)：

$$d_s \geqslant \sqrt[3]{\frac{10.2K_1 T_{s\max}}{[\sigma]}} \tag{3-29}$$

其中，$[\sigma]$ 为簧丝材料的弯曲许用应力，当材料为碳素钢丝时，在 Ⅲ 类载荷（作用次数在 1000 次以下的静载荷及变载荷）作用下的弯曲许用应力 $[\sigma]=0.8\sigma_b$，材料的抗拉强度 $\sigma_b=1620\text{MPa}$；K_1 为逆旋向扭转时的曲度系数，对于圆截面材料的扭簧，$K_1=(4C-1)/(4C-4)$，式中旋绕比 $C=D/d_s$。

扭簧的工作圈数根据式(3-30)计算：

$$n = \frac{EI\varphi}{180TD} \tag{3-30}$$

其中，I 为簧丝截面的惯性矩，对于圆截面而言，$I=\pi d_s^4/64$；而 E 表示簧丝材料的弹性模量，对于碳素钢而言，取 $E=196\times10^3\text{MPa}$。

扭簧参数初步计算完成后，再根据现有的商品化扭簧，选择满足条件且最接近的规格。选取的扭簧规格参数如表 3-5 所示。

表 3-5　扭簧的规格参数

参数名称	参数值
簧丝直径	4mm
扭簧中径	30mm
工作圈数	2.5 圈
自由角度	180°
扭臂长度	40mm
弹性系数	0.183N·m/(°)

（4）传感器的选型

在驱动器的实际使用过程中，为了便于进行位置控制和力矩控制，需要实时获取驱动器输出端的位置信息和负载信息。其中，位置信息可以通过测量驱动器输出端的绝对转角 θ_a 来获取。而负载信息的获取可以采用直接法和间接法两种方式。所谓直接法，就是在负载与驱动器输出端之间连接一个力矩传感器，直接测量外负载力矩的大小。而间接法则是通过将驱动器的相对转角 θ_r（也即非线性刚度机构的变形角）与事先测得的力矩-转角特性曲线进行比对，间接获取驱动器的负载力矩大小。但是，力矩-转角特性曲线的测定同样有赖于力矩传感器。而驱动器的相对转角 θ_r 需要通过将滚子的转角与驱动器输出端的绝对转角 θ_a 作差来获得。其中，滚子的转角等于电机的输出转角 θ_m 除以蜗轮蜗杆的减速比。综上所述，在驱动器的测试和使用过程中，需要用传感器测量的量包括外负载力矩、驱动器输出端的绝对转角 θ_a 和电机的输出转角 θ_m。

外负载力矩采用型号为 ZNNT-30N·m 的力矩传感器进行测量，其规格参数如表 3-6 所示。

表 3-6　力矩传感器的规格参数

参数名称	参数值
激励电压	5V
灵敏度	(1.5 ± 0.1)mV/V
量程	30N·m
综合精度	0.1%F.S.

对于驱动器输出端的绝对转角 θ_a，综合考虑精度要求和安装位置，采用型号为 MSR 500 的磁栅尺编码器对其进行测量。该传感器包括磁栅尺和磁读头两部分，具有成本低、灵敏度高的优点，规格参数如表 3-7 所示。使用中，将磁栅尺固定在驱动器输出端外圆轮廓表面，同时将磁读头安装在电机基座上，当驱动器输出端旋转时，磁读头可以检测到磁栅尺的线性位移，用其除以驱动器输出端外圆轮廓的直径，就可以得到输出端的绝对转角数值。

表 3-7　磁栅尺编码器的规格参数

参数名称	参数值
工作电压	5V
分辨力	5μm
磁距	0.5mm

电机输出轴的转角 θ_m 直接通过电机尾部安装的光电旋转编码器（型号 HEDS-5540）进行测量，其规格参数如表 3-8 所示。

表 3-8　光电旋转编码器的规格参数

参数名称	参数值
工作电压	5V
每转脉冲数	500 个
通道数	3 个

3.3.3　驱动器刚度特性仿真与实验验证

（1）驱动器刚度特性仿真

为了从理论上验证本书提出的非线性刚度驱动器设计方法的有效性，可以对驱动器虚拟样机的刚度特性进行仿真分析。

首先，基于如式(3-27)所示的给定力矩-转角曲线方程，根据本章提出的非线性刚度机构关键参数的优化选择方法，利用 Matlab R2015b 软件计算出对应的机构关键参数，如表 3-9 所示。

表 3-9　非线性刚度机构的关键参数

参数名称	参数值
凸轮旋转中心横向偏置量 d	54.4mm
凸轮旋转中心纵向偏置量 e	25.4mm
滚子绕驱动器中心旋转半径 l	64mm
滚子半径 r	6.5mm
齿轮传动比 μ_g	1:2
中心扭簧弹性系数 K_s	0.183N·m/(°)

然后，根据前面推导的凸轮有效轮廓曲线的求解流程，将优化后的非线性刚度机构的关键参数代入其中，可以求出凸轮轮廓。式(3-27) 所示的力矩-转角函数属于多项式函数，为了证明提出的求解方法对于具有"大负载下采用大刚度，小负载下采用小刚度"特点的力矩-转角函数具有较广泛的适用性，选择另外两种不同类型的力矩-转角特性函数作为对照，如式(3-31) 和式(3-32) 所示，其函数类型分别为指数型和对数型。为了便于比较，三种类型的力矩-转角特性函数的力矩范围、转角范围和最大刚度均设为相似值，即 0～22N·m、0°～2°和 36N·m/(°)。求解出来的三条对应的凸轮有效轮廓曲线如图 3-19 所示，由图可见，不同类型的力矩-转角特性函数对应的凸轮有效轮廓曲线形状相似但长度不同，这是由于它们的力矩-转角特性函数均满足"大负载下采用大刚度，小负载下采用小刚度"的特点，但初始刚度不同 [三者的初始刚度分别为 0.93N·m/(°)、1.57N·m/(°) 和 4.46N·m/(°)]。此外，三条凸轮有效轮廓曲线都是用表 3-9 所示的非线性刚度机构关键参数求解出来的，而它们的长度却显著不同，这也证明了对于不同的力矩-转角特性函数，宜采用不同的非线性刚度机构关键参数优化值，以获取更长的凸轮有效轮廓曲线。

$$T_d = 0.667 \times 381^{0.264\theta_r + 0.068} - 1, \theta_r \leqslant 2° \tag{3-31}$$

$$T_d = 92.33 \times \log_{0.0001}(-8000\theta_r + 18000) + 98.22, \theta_r \leqslant 2° \tag{3-32}$$

将求解出的非线性刚度机构的关键参数及凸轮有效轮廓曲线应用到非线性刚度驱动器的虚拟样机创建中，然后将用 UG NX10.0 创建的虚拟样机模型导入 Adams 2016 软件中进行力矩-转角运动特性的仿真分析。图 3-20～图 3-22 显示了仿真结果与期望值的对比，可以看到，不同类型的力矩-转角特性曲线仿真结果与期望值均非常接近，它们的力矩平均误差分别是 0.24N·m、0.31N·m 和 0.29N·m，最大误差分别是 0.68N·m、0.73N·m 和 0.69N·m。误差产生的原因是机构中的摩擦力以及止动拉簧的拉力在理论设计时被忽略，而在仿真中考虑了相关的因素。此外，随着相对转角的增大，仿真误差呈现逐渐增大的趋势，这是因为凸轮与滚子之间的压力角是随着驱动器相对转角的增大而减小的，而摩擦力和止动拉簧的拉力所产生的力矩会随着压力角的减小而增大。虽然在理论上可以通过将这些因素添加到驱动器模型的原理分析和设计中以提高建模的精确度，但考虑到相关分析会大大增加问题的复杂度以及求解成本，而且现有误差完全在可接受范围内，因此这里不对其展开过多的分析。仿真的结果表明，提出的非线性刚度驱动器的设计方法能够在理论上较好地实现所期望的"大负载下采用大刚度，小负载下采用小刚度"的力矩-转角函数关系，并且对于不同的函数类型具有较广泛的适用性。

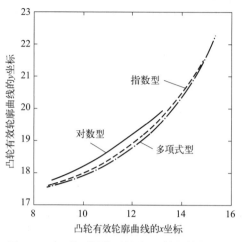

图 3-19　三种不同类型的力矩-转角特性函数
对应的凸轮有效轮廓曲线

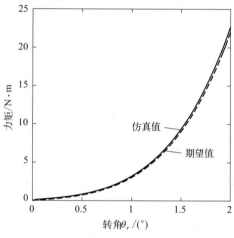

图 3-20　多项式型力矩-转角特性函数的
仿真值与期望值对比

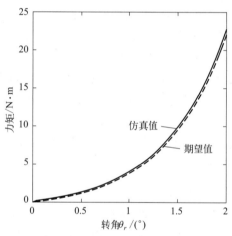

图 3-21　指数型力矩-转角特性函数的
仿真值与期望值对比

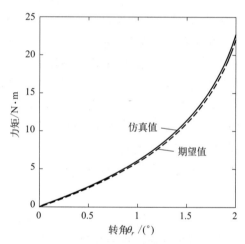

图 3-22　对数型力矩-转角特性函数的
仿真值与期望值对比

（2）驱动器样机刚度特性实验

为了进一步测试本章提出的设计方法的实际有效性，根据设计的三维虚拟模型加工出驱动器的实物样机，对其刚度特性进行实验分析。驱动器实物样机的实验装置如图 3-23 所示。

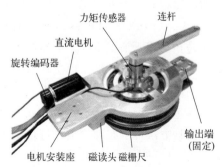

图 3-23　驱动器实物样机实验装置

外负载通过力矩传感器进行测量。为了避免驱动器自身的重力对外负载产生干扰，将驱动器水平放置。同时，由于驱动器输出端的圆形外壳为了减轻重量采用了光敏树脂材料进行 3D 打印制造，结构强度较低，无法承受较大的转矩，因此将力矩传感器安装在强度较高的电机基座底部的中心位置，并在传感器顶部安装一个连杆。为了测量力矩，需要将驱动器的输出端固定，让电机基座端运动自由。在实验中，有两种方式可以给驱动器施加负载：一种是使电机锁死，通过力矩传感器的连杆用外力直接施加负载，这种方式较简单，无需控制电机运转；另一种是将传感器的连杆也固定住，通过驱动电机间接产生负载。

驱动器的滚子与输出端之间的相对转角 θ_r 由通过磁栅尺编码器测得的驱动器输出端的绝对转角 θ_a 和通过光电旋转编码器测得的电机的输出转角 θ_m 共同运算得到，运算公式为 $\theta_r = \theta_m / 150 - \theta_a$。其中，数值"150"表示蜗轮蜗杆的减速比。

驱动器的力矩-转角实验结果如图 3-24 所示。通过对比，可以观察到实验值与期望值比较接近，力矩平均误差为 0.7N·m，最大误差为 0.98N·m。尽管实验的误差值比仿真的误差值要大，但是考虑到制造和装配误差及摩擦等因素，出现这样的差异是合理的。因此，实验结果进一步地证明了本书提出的非线性刚度驱动器设计方法的有效性。

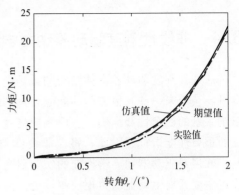

图 3-24 驱动器力矩-转角特性
曲线的实验结果

3.3.4 与其他驱动器规格对比

为了体现本章设计的非线性刚度驱动器（NSA）的特点，可以将其与相近的驱动器进行特性对比。本章选取具有与"大负载下采用大刚度，小负载下采用小刚度"类似的刚度递增特性的，且同样采用"非线性传动＋线性弹性元件"方式的转动关节驱动器 HypoSEA 和 pVEJ 作为参照，相关特性对比如表 3-10 所示。

本章给出的 NSA 整体尺寸（半径×高度）和质量相比于 HypoSEA 和 pVEJ 处于中间水平。在负载能力方面，本章的 NSA 与 pVEJ 可承受的峰值力矩相近（22N·m 和 25N·m），但均小于 HypoSEA 的峰值力矩（120N·m），原因是 HypoSEA 用于跳跃机器人的腿部关节，其需要承受的冲击负载比一般的交互场景（如正常行走）更大。此外，相比于另外两款驱动器，本章设计的 NSA 在具有显著较大的刚度调节范围［0.9～36.2N·m/(°)］的同时具有显著较小的偏转角度范围（−2°～2°），这表明本章设计的 NSA 具有更加灵敏的刚度调节能力。同时，较小的偏角可以保证驱动器具有更好的运动精度。最后，在刚度曲线拟合误差方面，通过实验值与理论值的对比发现：HypoSEA 的刚度曲线拟合误差较大，pVEJ 的三组不同刚度曲线拟合误差为 3%～50%，而本章 NSA 刚度曲线拟合误差为 3%，相比于前两者的精度更高。因此，本章所提出的驱动器具有优良的综合特性。

表 3-10 不同驱动器之间的特性参数对比

参数名称	NSA	HypoSEA	pVEJ
最大直径/mm	180	140	115
轴向高度/mm	90	＞140	85
质量/kg	2.7	3.6	1.4
峰值力矩/N·m	22	120	25
偏转角范围/(°)	−2～2	−60～60	−30～30

参数名称	NSA	HypoSEA	pVEJ
刚度范围/[N·m/(°)]	0.9~36.2	0~5.2	0~1.7
刚度曲线拟合误差	3%	较大	3%~50%

3.4 非线性刚度驱动器动力学建模及控制性能测试

非线性刚度驱动器本体结构的柔顺性是其主要的性能特征，但是在现实应用中，柔顺性也可能会带来一些其他方面的问题，例如过高的柔顺性往往会限制系统的带宽和响应速度，影响系统的稳定性和准确性。而响应速度、稳定性和准确性这些动力学性能无疑也是机械系统的重要性能指标。因此，将在非线性刚度驱动器结构设计和刚度特性测试与评价的基础上，开展对驱动器动力学性能的实验研究。考虑到人机交互的过程主要涉及力交互，因此本节将主要开展驱动器的力矩控制性能研究。具体而言，为了评价驱动器力矩响应的速度和稳定性，将进行力矩阶跃响应实验；为了评价驱动器力矩跟踪的准确性和响应速度，将开展正弦力矩跟踪实验。

3.4.1 驱动器动力学建模

对驱动器的动力学控制性能进行研究的前提是先建立驱动器的动力学模型。如前面所述，本章设计的非线性刚度驱动器可以看作由驱动端、非线性刚度机构和输出端三大部分构成。其中，驱动端包含了直流旋转电机和蜗杆减速器，非线性刚度机构则包含了凸轮-残缺齿轮传动机构和中心扭簧。根据驱动器的结构和传动关系，创建其动力学模型如图 3-25 所示。图中，J_m 和 b_m 表示直流旋转电机转子的惯量和阻尼，T_m 和 θ_m 表示电机转子在磁场力的作用下产生的力矩和对应的转角，J_w 和 b_w 表示蜗杆减速器组合整体的惯量和阻尼，μ_w 和 η_w 表示蜗杆减速器的传动比和传动效率，J_a 和 b_a 表示驱动器负载端的惯量和阻尼，T_a 和 θ_a 表示负载端输出的力矩和转角，K 表示非线性刚度机构的刚度，其表现为非线性。需要注意的是，因为非线性刚度机构的凸轮-残缺齿轮传动机构和中心扭簧均直接或间接安装在驱动器的输出端上，它们会随着驱动器输出端一同旋转，所以在动力学模型中，它们和驱动器的输出端作为一个整体共同构成了"负载端"。

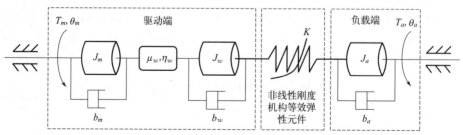

图 3-25 非线性刚度驱动器的动力学模型

直流旋转电机的动力学方程为：

$$J_m\ddot{\theta}_m + b_m\dot{\theta}_m = T_m - T_{mo} \tag{3-33}$$

其中，$\dot{\theta}_m$ 表示电机转子的角速度，$\ddot{\theta}_m$ 表示电机转子的角加速度，T_{mo} 表示电机轴输出的转矩。

蜗杆减速器组合由蜗杆（包含与之连接的联轴器）和蜗轮组成，它们整体的等效转动惯量 J_w 和等效阻尼 b_w 需要根据其动力学模型分析计算。如图 3-26 所示，J_{w1} 和 b_{w1} 表示蜗杆的惯量和阻尼，T_w 和 θ_w 表示蜗杆受到的力矩和产生的转角；J_{w2} 和 b_{w2} 表示蜗轮的惯量和阻尼，T_{wo} 和 θ_{wo} 表示蜗轮输出的力矩和转角。

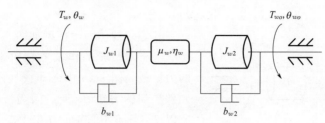

图 3-26　蜗杆减速器的动力学模型

蜗杆的动力学方程为：

$$J_{w1}\ddot{\theta}_w + b_{w1}\dot{\theta}_w = T_w - T_{w1} \tag{3-34}$$

其中，$\dot{\theta}_w$ 表示蜗杆的角速度，$\ddot{\theta}_w$ 表示蜗杆的角加速度，T_{w1} 表示蜗杆输出的转矩。由于电机轴与蜗杆之间的联轴器弹性很小，二者之间可近似视为刚性连接，因此电机轴输出的转矩 T_{mo} 等于蜗杆受到的转矩 T_w，电机转子/电机轴与蜗杆的转角、角速度和角加速度也对应相等，即：

$$\begin{cases} T_w = T_{mo} \\ \theta_w = \theta_m, \dot{\theta}_w = \dot{\theta}_m, \ddot{\theta}_w = \ddot{\theta}_m \end{cases} \tag{3-35}$$

蜗轮的动力学方程为：

$$J_{w2}\ddot{\theta}_{wo} + b_{w2}\dot{\theta}_{wo} = T_{w2} - T_{wo} \tag{3-36}$$

其中，$\dot{\theta}_{wo}$ 表示蜗轮的角速度，$\ddot{\theta}_{wo}$ 表示蜗轮的角加速度，T_{w2} 表示蜗轮受到的转矩。由于蜗杆与蜗轮之间存在摩擦等损耗，因此蜗轮的输入功率小于蜗杆的输出功率，两者之间的比值等于蜗轮蜗杆的传动功率 η_w。另一方面，蜗轮与蜗杆的转角、角速度和角加速度之间的关系可以通过传动比 μ_w 获得，即：

$$\begin{cases} T_{w2}\dot{\theta}_{wo} = \eta_w T_{w1}\dot{\theta}_w \\ \theta_{wo} = \dfrac{\theta_w}{\mu_w}, \dot{\theta}_{wo} = \dfrac{\dot{\theta}_w}{\mu_w}, \ddot{\theta}_{wo} = \dfrac{\ddot{\theta}_w}{\mu_w} \end{cases} \tag{3-37}$$

由式（3-37）可得：

$$T_{w2} = \frac{\eta_w \dot{\theta}_w}{\dot{\theta}_{wo}} T_{w1} = \eta_w \mu_w T_{w1} \tag{3-38}$$

将式（3-38）代入式（3-36）得：

$$J_{w2}\ddot{\theta}_{wo} + b_{w2}\dot{\theta}_{wo} = \eta_w \mu_w T_{w1} - T_{wo} \tag{3-39}$$

综合式(3-34)、式(3-35)、式(3-37)、式(3-39)，整理后可得：

$$(\eta_w\mu_w^2 J_{w1}+J_{w2})\ddot{\theta}_{wo}+(\eta_w\mu_w^2 b_{w1}+b_{w2})\dot{\theta}_{wo}=\eta_w\mu_w T_w-T_{wo} \tag{3-40}$$

综上，蜗杆减速器整体的等效转动惯量 J_w 和等效阻尼 b_w 可以表达为：

$$\begin{cases} J_w=\eta_w\mu_w^2 J_{w1}+J_{w2} \\ b_w=\eta_w\mu_w^2 b_{w1}+b_{w2} \end{cases} \tag{3-41}$$

蜗杆减速器整体的动力学方程为：

$$J_w\ddot{\theta}_{wo}+b_w\dot{\theta}_{wo}=\eta_w\mu_w T_w-T_{wo} \tag{3-42}$$

其等效的动力学模型如图 3-27 所示。

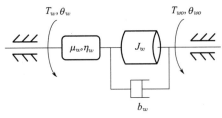

图 3-27 蜗杆减速器的等效动力学模型

滚子对凸轮的作用力相对于驱动器旋转中心的力矩就是图 3-25 中的非线性刚度机构等效弹性元件受到的力矩 T_r。又因为滚子安装在蜗轮上，所以 T_r 就等于蜗轮的输出力矩 T_{wo}，即：

$$T_r=T_{wo} \tag{3-43}$$

将式(3-35)、式(3-37)、式(3-41)、式(3-43)代入式(3-42)整理后得：

$$T_{mo}=\left(J_{w1}+\frac{1}{\eta_w\mu_w^2}J_{w2}\right)\ddot{\theta}_m+\left(b_{w1}+\frac{1}{\eta_w\mu_w^2}b_{w2}\right)\dot{\theta}_m+\frac{1}{\eta_w\mu_w}T_r \tag{3-44}$$

再将式(3-44)代入式(3-33)并整理后得到从直流旋转电机到非线性刚度机构等效弹性元件部分的系统动力学方程为：

$$J_{equ}\ddot{\theta}_m+b_{equ}\dot{\theta}_m=T_m-\frac{1}{\eta_w\mu_w}T_r \tag{3-45}$$

其中，J_{equ} 和 b_{equ} 分别表示这部分系统的等效惯量和等效阻尼，其表达式如下：

$$\begin{cases} J_{equ}=J_m+J_{w1}+\dfrac{1}{\eta_w\mu_w^2}J_{w2} \\ b_{equ}=b_m+b_{w1}+\dfrac{1}{\eta_w\mu_w^2}b_{w2} \end{cases} \tag{3-46}$$

负载端的动力学方程为：

$$J_a\ddot{\theta}_a+b_a\dot{\theta}_a=T_r-T_a \tag{3-47}$$

以上便是负载端自由的非线性刚度驱动器动力学模型的求解过程，其将对后续驱动器的动力学控制提供支撑。

3.4.2 驱动器控制系统搭建

驱动器的力矩控制需要有外负载存在。在现实应用中，出于对人机交互安全性的考虑，比较常见的且受关注较多的外负载模型是碰撞接触模型。为简单起见，可以将驱动器输出端固定，来模拟其与刚性体的碰撞接触情形。图 3-28 为非线性刚度驱动器输出端固定的动力学模型。其中，T_r 是非线性刚度机构等效弹性元件受到的力矩；θ_r 表示等效弹性元件的转角，其等于驱动器输出端与滚子之间的相对转角。由于在此处驱动器输出端固定，因此，驱动器输出端与滚子之间的相对转角就等于滚子和蜗轮的转角，即：

$$\theta_r = \theta_{wo} \tag{3-48}$$

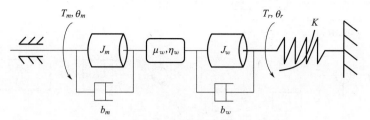

图 3-28 蜗杆减速器的等效动力学模型

根据功率传递的关系，图 3-28 所示系统的输入功率与蜗轮的输出功率之间的关系如下：

$$T_{wo}\dot{\theta}_{wo} = \eta_o\eta_w T_m\dot{\theta}_m \tag{3-49}$$

其中，η_o 表示电机与蜗轮之间除蜗轮蜗杆的传动效率 η_w 之外的机械效率。

将式(3-43)、式(3-48)代入式(3-49)，并结合式(3-35)、式(3-37)整理后可得下式：

$$T_r = \eta_o\eta_w \frac{\dot{\theta}_m}{\dot{\theta}_r} T_m = \eta_o\eta_w\mu_w T_m \tag{3-50}$$

再将式(3-50)代入式(3-45)，并结合式(3-35)、式(3-37)和式(3-48)可得：

$$\mu_w J_{equ}\ddot{\theta}_r + \mu_w b_{equ}\dot{\theta}_r = (1-\eta_o)T_m \tag{3-51}$$

图 3-28 所示动力学系统，其输入量为 T_m，输出量为 T_r，而 T_r 可以根据已知的力矩-转角函数关系通过 θ_r 求得。从 T_m 到 θ_r 之间的传递函数 $G(s)$ 可以根据式(3-51)推导得到：

$$G(s) = \frac{1-\eta_o}{\mu_w J_{equ}s^2 + \mu_w b_{equ}s} \tag{3-52}$$

直流旋转电机是通过调节电流 I_m 来控制转子产生的力矩 T_m 的大小，两者之间的关系为：

$$T_m = k_m I_m \tag{3-53}$$

其中，k_m 是直流旋转电机的转矩常数。

设非线性刚度机构等效弹性元件受到的力矩 T_r 的期望值为 T_d，则结合式(3-50)和式(3-53)可得电机的输入电流 I_m 与期望力矩的对应比例关系：

$$I_m = \frac{1}{k_m\eta_o\eta_w\mu_w}T_d \tag{3-54}$$

由于摩擦会带来能量损耗，从而造成力矩偏差。因此，采用比例微分（PD）反馈控制器来对力矩偏差进行补偿。

综上所述，可构建如图 3-29 所示的非线性刚度驱动器力矩闭环控制系统框图。

3.4.3 力矩阶跃响应实验

为了测试本章设计的非线性刚度驱动器的力矩动态响应性能，首先对其实物样机开展力矩阶跃响应实验。如图 3-30 所示为驱动器综合测试硬件平台的原理。其中，电机尾部的旋转编码器及磁栅尺编码器的信号经过 DSP 板卡（型号 TMS320F28335）的 QEP 模块和 GPIO 模块接收并处理后传输给 ESCON 驱动器，并由该驱动器发送 PWM 信号驱动电机。

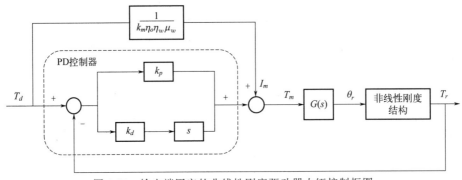

图 3-29 输出端固定的非线性刚度驱动器力矩控制框图

此外，编码器、磁栅尺传感器及力矩传感器的信号均被数据采集卡（型号 MPS-010602）采集并发送给 PC 机，便于进行数据分析和处理。需要指出的是，在力矩实验中，不需要电机编码器及磁栅尺编码器的参与。

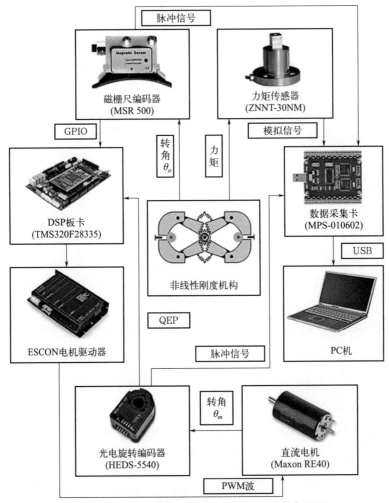

图 3-30 非线性刚度驱动器综合实验硬件平台原理

因为本章设计的非线性刚度驱动器具有"大负载下采用大刚度，小负载下采用小刚度"的特点，也就是说刚度会根据负载的变化而改变，而不同的刚度会对驱动器的动态响应性能产生不同的影响。所以，为了全面地测试驱动器在不同刚度水平的力矩动态响应性能，实验中采用了三组不同的期望负载力矩作为对照，它们可以分为小负载（2N·m）、中等负载（8N·m）和大负载（16N·m），根据式（3-27）的力矩-转角函数关系及式（3-28）的刚度-转角函数关系，三组不同程度的负载对应的驱动器刚度分别为5.4N·m/(°)、15.9N·m/(°)和27.8N·m/(°)。三组力矩阶跃响应的实验结果与期望力矩的对比如图3-31所示。

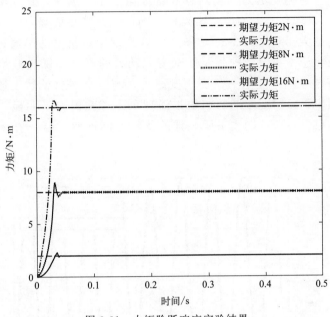

图3-31　力矩阶跃响应实验结果

根据图3-31所示的实验结果，在力矩跟踪的准确性方面，三条力矩响应曲线的最终稳态值均基本与期望值吻合，表明驱动器对恒定力矩跟踪的准确性较好。在响应速度方面，当期望力矩是2N·m、8N·m和16N·m时，阶跃响应的上升时间（即力矩响应曲线从开始时刻到首次达到稳态值所用的时间）分别为0.032s、0.029s和0.027s，表明驱动器在不同的负载水平下都能较快地进行力矩响应，而且响应速度随着负载（刚度）的增大而加快。同时，较快的响应速度也意味着系统具有较高的带宽。另一方面，三条力矩响应曲线的超调量（响应曲线的峰值与稳态值的差值）分别是0.31N·m（15.5%）、0.91N·m（11.4%）和0.72N·m（4.5%），但它们均很快被消除，使响应曲线稳定到期望值，这表明系统具有良好的力矩跟踪平稳性。同时，也可以看出随着期望力矩的增加，最大超调量的比例值逐渐减小，这是因为力矩的增大会使系统刚度增大，带宽升高。事实上，对于现实中大多数机械系统来说，为了保证响应速度，超调现象很难完全消除。在控制实验中，通过减小PD控制器的比例系数 k_p 或者增加微分系数 k_d，可以减小超调量。但是相应地，系统的响应速度会由于比例系数的减小和过大的微分系数而变慢。因此，在实际应用中，需要对比例系数和微分系数进行综合调节以获得理想的控制效果。

3.4.4　正弦力矩跟踪实验

在现实应用中，驱动器所受到的外负载往往是连续变化的，例如示教机器人在人手推其末端进行示教运动时其负载为动态连续变化，仅仅凭借跟踪恒定力矩的阶跃响应实验无法全面评价驱动器对连续变化力矩的动态响应性能。因此，本节在前面的基础上继续开展正弦力矩跟踪实验，对驱动器动态响应的准确性进行评估。

正弦力矩信号的主要特征参量包括峰值力矩和信号频率，因此，本书选取具有不同峰值（2N·m 和 8N·m）以及不同频率（1Hz 和 1/3Hz）的正弦信号进行对照，时间持续 9s，实验结果如图 3-32～图 3-34 所示。结果表明，各组实验的力矩响应信号与期望信号都较为吻合，但是力矩响应与期望值之间仍然存在着细微的相位迟滞，且程度有所不同。对比图 3-32 和图 3-34，发现频率大的信号比频率小的信号迟滞更明显，这与常识一致，即频率越大，相位延迟越大。对比图 3-33 和图 3-34，发现期望信号的幅值越大，相位迟滞现象越不明显，原因在于本章设计的非线性刚度驱动器的刚度是随负载增大而增大的。因此，力矩信号幅值越大则刚度越大，而刚度越大，响应自然也就越迅速。综合来看，在不同信号峰值和频率下，力矩跟踪的相位迟滞现象虽存在但均不明显，而且跟踪误差较小。因此，实验结果进一步证明本书所设计的非线性刚度驱动器具有良好的动态力矩控制性能。

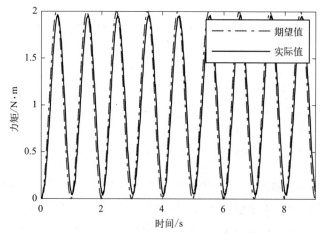

图 3-32　峰值为 2N·m，频率为 1Hz 的正弦力矩跟踪实验结果

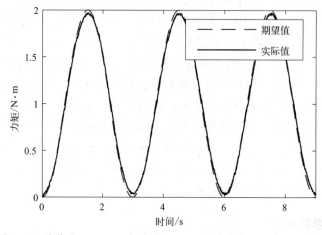

图 3-33　峰值为 2N·m，频率为 1/3Hz 的正弦力矩跟踪实验结果

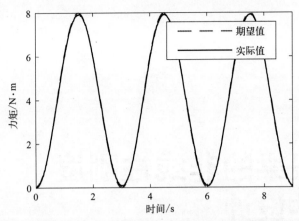

图 3-34　峰值为 8N·m，频率为 1/3Hz 的正弦力矩跟踪实验结果

参考文献

［1］　Kirtley C. Clinical gait analysis：Theory and practice［M］. New York：Churchill Livingstone，2006.

［2］　国家市场监督管理总局，国家标准化管理委员会 . 中国成年人人体尺寸：GB/T 10000—2023［S］. 北京：中国标准出版社，2023.

［3］　Thorson I，Caldwell D. A nonlinear series elastic actuator for highly dynamic motions［C］//2011 IEEE/RSJ International Conference on Intelligent Robots and Systems. IEEE，2011：390-394.

［4］　Accoto D，Tagliamonte N L，Carpino G，et al. pVEJ：A modular passive viscoelastic joint for assistive wearable robots［C］//2012 IEEE International Conference on Robotics and Automation. IEEE，2012：3361-3366.

［5］　Cummings J P，Ruiken D，Wilkinson E L，et al. A compact，modular series elastic actuator［J］. Journal of Mechanisms and Robotics，2016，8（4）：041016.

［6］　Schepelmann A，Geberth K A，Geyer H. Compact nonlinear springs with user defined torque-deflection profiles for series elastic actuators［C］//2014 ieee international conference on robotics and automation（icra）. IEEE，2014：3411-3416.

第 **4** 章

基于多段梁的非线性刚度柔顺元件设计

另一种整体式弹性结构产生非线性刚度的方法是利用受力方向的变化对多段梁产生不同的变形影响，根据旋转运动与扭力方向变化设计多段弹性梁的几何参数，进而获得预期的非线性刚度形态特征。多段弹性梁可以采用有限元方法，但不利于逆向设计，本章采用链式算法简化设计复杂性，可以作为一种简化设计方法。

4.1 柔性梁非线性刚度分析模型

4.1.1 概述

链式算法作为另一种常用的数值方法，也采用了基本梁单元和刚度矩阵理论，但其原理和推导过程较为简单明了，在许多应用场合求解更为便利。链式算法将目标离散成梁单元，每个单元都视为插入前一个单元末端的悬臂梁，再依次分析每个单元，如图 4-1 所示。通过多个梁单元的组合，可以实现对柔性曲梁的近似替代，从而在理论上通过给出梁单元的角度信息实现对未知曲线的拟合效果。这使得链式算法在分析等截面复杂形状的柔性梁方面有了得天独厚的优势。

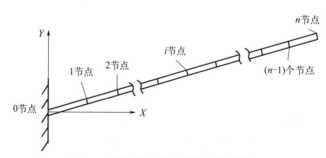

图 4-1 悬臂梁的链式算法离散化模型

因此，将链式算法选为研究的重点方向，其具体的计算方式见后续部分。当然，同其他柔顺机构分析方法一样，链式算法也有其不足之处。例如，在对柔顺机构大变形进行分析时会引入较大的误差，虽然可以通过载荷增加法、打靶法等方式逐步加载，进行迭代求解降低误差，但这样做又大大增加了计算量，降低了计算效率。结合柔顺机构的静力学分析理论（如伪刚体模型法）对其缺点进行改进也是工作的重点之一。

4.1.2 链式算法

链式算法与有限元分析类似，也采用了基本梁单元和刚度矩阵理论，与柔顺机构分析紧密结合，具有较高的计算效率。链式算法将目标柔性梁离散成依次相连的基本梁单元，将每单元都视为插入前一个单元末端的悬臂梁，然后按照悬臂梁刚度矩阵理论逐次分析各个单元并进行叠加，从而计算机构变形情况。下面将简要说明链式算法的分析流程。

将形如图 4-1 所示的柔顺悬臂梁离散成多个基本梁单元，从固定端开始依次编号。假定 1 号梁单元的起点就位于坐标系 XOY 的原点上。如图 4-2 所示，分析此段悬臂梁，并在其末端施加载荷，即可根据刚度矩阵理论求解 1 号梁单元的变形情况。梁单元末端的载荷情况见式(4-4)～式(4-7) 所示，载荷分析如图 4-3 所示。

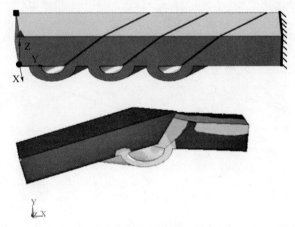

图 4-2　弯曲-扫掠柔顺机构

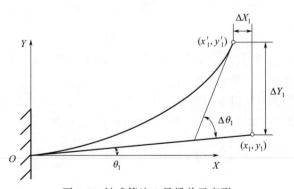

图 4-3　链式算法 1 号梁单元变形

由于悬臂梁单元轴向变形比横向变形小得多，可以忽略不计。将横向位移利用几何关系转化到系统坐标系中，假设 δ_{ax}、δ_{tr} 和 $\Delta\theta$ 分别为梁单元在末端节点处的轴向、横向位移和转角，可得 1 号梁单元末端节点处的位移量：

$$\Delta X_1 = -(\delta_{tr})_1 \sin(\theta_1 + \Delta\theta_1) \tag{4-1}$$

$$\Delta Y_1 = (\delta_{tr})_1 \cos(\theta_1 + \Delta\theta_1) \tag{4-2}$$

将 2 号梁单元视为插入 1 号梁单元末端的悬臂梁，求出其内力。为保证梁单元连续性，对 2 号梁单元及此后的梁单元做刚体转动，转过的角度与 1 号梁单元末端角位移相同。以此类推，对后续的各个梁单元重复此操作，直至最后一个单元。第 i 号梁单元变形情况如图 4-4 所示。

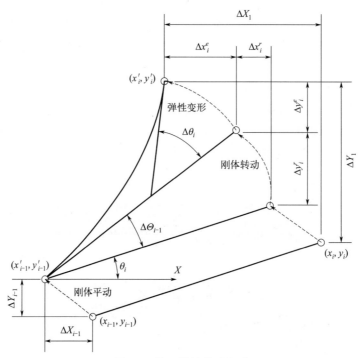

图 4-4 第 i 号梁单元变形

同样地，对于第 i 号梁单元根据刚度矩阵计算其末端变形情况：

$$\begin{bmatrix} \delta_{ax} \\ \delta_{tr} \\ \Delta\theta \end{bmatrix}_i = \boldsymbol{K}_i^{-1} \begin{bmatrix} \boldsymbol{P}_{ax} \\ \boldsymbol{P}_{tr} \\ \boldsymbol{M} \end{bmatrix}_i \tag{4-3}$$

其中，$\boldsymbol{P}_{ax}$、$\boldsymbol{P}_{tr}$ 和 $\boldsymbol{M}$ 分别为节点处的轴向力、横向力和力矩；$\boldsymbol{K}$ 为刚度矩阵，刚度矩阵的相关理论详情见附录。

此前根据静力平衡调节可以求出 2 号梁单元的内力，将其作用在 3 号梁单元上求出 3 号梁单元变形。依次类推，可以归纳总结出 i 号梁单元内力表达式为：

$$(\boldsymbol{P}_{ax})_i = \Big[\sum_{j=i}^{n} (\boldsymbol{f}_x)_j \Big] \cos\psi_i + \Big[\sum_{j=i}^{n} (\boldsymbol{f}_y)_j \Big] \sin\psi_i \tag{4-4}$$

$$(\boldsymbol{P}_{tr})_i = - \Big[\sum_{j=i}^{n} (\boldsymbol{f}_x)_j \Big] \sin\psi_i + \Big[\sum_{j=i}^{n} (\boldsymbol{f}_y)_j \Big] \cos\psi_i \tag{4-5}$$

$$\boldsymbol{M}_j = \sum_{j-i}^{n} \boldsymbol{m}_j + \sum_{j=i+1}^{n} \big[(\boldsymbol{f}_y)_j \Delta\widetilde{y}_{ji} \big] \tag{4-6}$$

$$\psi_i = \theta_i + \Delta\Theta_{i-1} \tag{4-7}$$

其中，$\Delta\Theta_{i-1}$ 是到前一个单元为止叠加的总角位移；$\boldsymbol{f}_x$ 和 $\boldsymbol{f}_y$ 是系统坐标系下坐标轴方向上的分力；$\Delta\widetilde{x}_{ji}$ 和 $\Delta\widetilde{y}_{ji}$ 是坐标系下两节点之间的距离。

由此将各单元轴向、横向及角位移叠加起来，得到机构末端变形后的坐标及转角。此时，总位移既包括梁单元自身的弹性变形，也包括前面单元依次叠加的刚体转动和位移，即：

$$\Delta X_i = \Delta X_{i-1} + \Delta x_i^r + \Delta x_i^e \tag{4-8}$$

$$\Delta Y_i = \Delta Y_{i-1} + \Delta y_i^r + \Delta y_i^e \tag{4-9}$$

$$\Delta \Theta_i = \Delta \Theta_{i-1} + \Delta \theta_i \tag{4-10}$$

柔顺机构的链式算法，将柔性梁划分为多个首尾相接的基本梁单元，借助刚度矩阵理论求解静态平衡方程，具有较高的计算效率。但式(4-4)~式(4-6)中力臂的计算结果可能引入较大的误差。这是由于该理论在对基本梁单元进行分析时，采用传统刚度矩阵理论，其计算是基于最新变形位置而不是最终变形位置进行的。在柔顺机构大变形过程中，由于机构转过的角度较大，最终平衡位置与初始变形位置之间的位移量较大，进而造成力臂计算的误差过大，影响整体的计算精度。

为减小上述误差，可以采用载荷增加技术。先施加一定的载荷，用链式算法求出其变形量；而后增加一定的载荷，再计算变形，此过程中的力臂则是根据上一次计算的情形按照两次载荷的比例估算得出的；直至完成载荷的增加工作。这种方式随着载荷增加次数的增多，能够明显改善链式算法的计算精度，在针对较大变形的柔顺机构刚度分析中尤为突出。但随着载荷增加次数的增长，计算量随之增大，大大降低了链式算法的计算效率。

4.1.3 伪刚体 2R 模型

伪刚体模型法作为借用刚体理论分析柔性机构的有力手段，由美国学者 Howell 等提出，用传统的刚性机构等效替代柔顺机构，借助刚性机构分析和设计的方法来分析柔顺机构。针对柔顺悬臂梁末端受力的情形，提出了伪刚体 1R 模型，将末端受力的悬臂梁等效为通过铰链连接在一起的刚性杆件，同时在关节处添加一个等效扭簧来近似模拟柔顺机构的弯曲刚度。这一模型能够较为准确地模拟柔顺杆末端轨迹，但不能模拟转角。

Kimball 等通过对柔性梁非线性变形的研究，在伪刚体 1R 模型的基础上，建立一端固定一端自由活动的 2R 伪刚体模型，如图 4-5 所示。这种伪刚体模型含有两个转动副，同时两个转动副增加了约束关系。通过大量数据优化得到模型中的特征系数，从而在一定范围内近似模拟柔顺杆件的变形。北京工业大学的研究团队，在此基础上进行优化，使得模型能够同时准确模拟柔顺杆件末端的轨迹和变形角度，推导柔顺杆件伪刚体模型变形时的应变能公式。

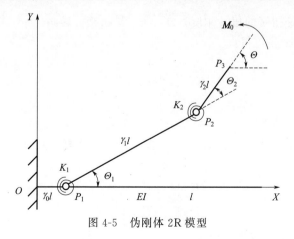

图 4-5　伪刚体 2R 模型

图 4-5 所示为柔性梁末端受力矩载荷时的伪刚体 2R 模型，Θ_1 和 Θ_2 是扭转弹簧的转角，三根伪刚体杆的特征半径系数是 γ_i（$i=0$，1，2）并且

$$\gamma_0 + \gamma_1 + \gamma_2 = 1 \tag{4-11}$$

则对于末端点 P_3（a，b）有：

$$\frac{a}{l} = \gamma_0 + \gamma_1 \cos\Theta_1 + \gamma_2 \cos\Theta \tag{4-12}$$

$$\frac{b}{l} = \gamma_1 \sin\Theta_1 + \gamma_2 \sin\Theta \tag{4-13}$$

$$\Theta = \Theta_1 + \Theta_2 \tag{4-14}$$

若已知末端点坐标，可求得各个伪刚体杆的转角 Θ_1、Θ_2。从点 P_1 到点 P_3 的矢量为：

$$\boldsymbol{P}_{13} = l\begin{bmatrix} P_x & P_y \end{bmatrix}^{\mathrm{T}} \tag{4-15}$$

即：

$$P_x = \frac{a}{l} - \gamma_0 \tag{4-16}$$

$$P_y = \frac{b}{l} \tag{4-17}$$

$$\Theta_2 = \arccos \frac{P_x^2 + P_y^2 - \gamma_1^2 - \gamma_2^2}{2\gamma_1\gamma_2} \tag{4-18}$$

$$\Theta_1 = \arccos \frac{P_x\gamma_1 + \gamma_2\cos\Theta_2 + P_y\gamma_2\sin\Theta_2}{\gamma_1^2 + \gamma_2^2 + 2\gamma_1\gamma_2\cos\Theta_2} \tag{4-19}$$

各个刚性杆的特征半径系数 γ_i 的允许值，可以通过变形角度的最大允许误差得到。

$$f(\Theta) = \left|\frac{\theta_e}{\theta_0}\right| = \left|\frac{\theta - \theta_0}{\theta_0}\right| \leqslant \left|\left(\frac{\theta - \theta_0}{\theta_0}\right)_{\max}\right| \tag{4-20}$$

其中，θ_0 为实际变形角度，θ_e 为变形角度误差。

结合大量实验数据，求得最优的特征半径系数组：

$$\gamma_0 = 0.16, \gamma_1 = 0.66, \gamma_2 = 0.18 \tag{4-21}$$

在伪刚体模型中，借助刚性机构理论分析柔性机构。已知运动链末端外载荷为 $\boldsymbol{M}_0$，则其等效扭簧的转角与转矩成正比关系，即：

$$\begin{bmatrix} K_1\Theta_1 \\ K_2\Theta_2 \end{bmatrix} = \boldsymbol{M}_0 \tag{4-22}$$

其中，K_1、K_2 是扭簧的扭转刚度，Θ_1、Θ_2 是扭簧的转角。

将式（4-22）稍作变换可得：

$$\begin{bmatrix} K_1 \\ K_2 \end{bmatrix} = \begin{bmatrix} \dfrac{1}{\Theta_1} & 0 \\ 0 & \dfrac{1}{\Theta_2} \end{bmatrix} \boldsymbol{M}_0 \tag{4-23}$$

柔顺杆的抗弯能力用扭簧系数 $K_{\Theta 1}$ 来表述，即刚度系数。由 K_i、$K_{\Theta 1}$、EI、l 之间的关系得：

$$\begin{bmatrix} K_1 \\ K_2 \end{bmatrix} = \begin{bmatrix} K_{\Theta 1} \\ K_{\Theta 2} \end{bmatrix} \times \frac{EI}{l} \tag{4-24}$$

根据线性梁理论，悬臂梁末端转角：

$$\theta_0 = \frac{M_0 l}{EI} \tag{4-25}$$

代入可得刚度系数的计算公式：

$$K_{\Theta 1} = \frac{\theta_0}{\Theta_1}, K_{\Theta 2} = \frac{\theta_0}{\Theta_2} \tag{4-26}$$

其具体取值可以借助大量实验数据，通过线性回归方法得到。在此，直接引用现有的理论分析结果如下：

$$K_{\Theta 1} = 2.0571, K_{\Theta 2} = 1.9175 \tag{4-27}$$

由此，在已知 $K_{\Theta 1}$、$K_{\Theta 2}$、EI 的条件下，可以得到 K_1、K_2。

至此，将求得的 K_i、γ_i 等参数代入式（4-12）～式（4-14）和式（4-22）中，即可求出梁末端点的坐标及转角。

为了验证伪刚体 2R 模型的准确性，结合实验数据和理论计算结果，将二者末端变形轨迹进行对比，并与伪刚体 1R 模型相对比，结果如图 4-6 所示。

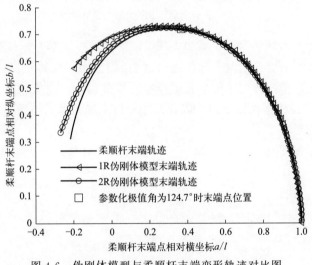

图 4-6　伪刚体模型与柔顺杆末端变形轨迹对比图

由图 4-6 可知，伪刚体 2R 模型在较大的变形范围内（尤其是 $0.4 \leqslant \frac{a}{l} \leqslant 1$）跟随效果良好，具有较高的准确性。且相较于伪刚体 1R 模型，2R 模型在大变形下的误差明显较小。应用伪刚体 2R 模型计算梁单元的变形情况具备良好的理论基础和可行性。

4.1.4　基于伪刚体 2R 模型的链式算法

（1）刚度分析模型

前面提到为避免传统链式算法在柔顺机构大变形过程中因力臂计算而产生的误差，在对基本梁单元变形的计算中采用伪刚体 2R 模型，同时所做计算过程均基于机构变形后最终的静力学平衡状态。现在，基于这样的思路，重新对柔顺悬臂梁末端受集中力的问题进行分析。

首先，参照传统链式算法将柔性梁离散成 N 个基本梁单元，由固定端依次编号为 1～N。

然后，对各基本梁单元建立伪刚体 2R 模型，对于 N 个梁单元，共有等效扭簧 $2N$ 个，同样由固定端依次编号为 $1 \sim 2N$。为便于求解柔性梁末端外力相对于各等效扭簧的力臂长度，以外力方向为 Y 轴正方向，建立系统坐标系 XOY，坐标原点设置在柔性梁的固定端。假设各基本梁单元变形前与 X 轴夹角为 $\varphi_n (n = 1, 2, \cdots, N)$，则该计算模型如图 4-7 所示。

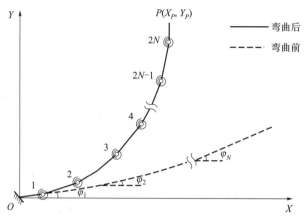

图 4-7　基于伪刚体 2R 模型的链式算法

至此，将柔性梁变形转化为由扭簧和连杆组成的刚性机构变形，只需求出各个等效扭簧的转角即可得到柔性梁的变形情况。而在伪刚体 2R 模型中，各等效扭簧的刚度已知，首先要对柔性梁链式算法模型的各基本梁单元进行静力学分析，求出等效扭簧所受的转矩大小。由于外力 F 的作用点位于柔性梁末端，因此首先分析末端梁单元的受力情况。

假定在柔性梁变形过程中，其末端运动速度较慢，忽略动力学效应的影响，即可假设机构一直处于静力学平衡状态。以最终的平衡状态为研究对象，分析柔性梁的受力情况，如图 4-8 所示。

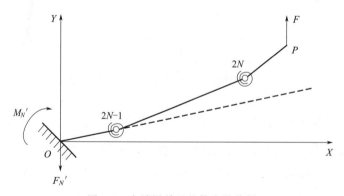

图 4-8　末端梁单元的静力学分析

由于在链式算法的模型中，后续的梁单元视为插入前一段末端的悬臂梁，可以根据静力平衡条件，分别列写力和力矩的平衡方程，可得固定端支反力和支反力矩分别为：

$$F'_N = F \tag{4-28}$$

$$M'_N = F \times (X_P - X_N) \tag{4-29}$$

其中，X_P、X_N 分别为末端点 P 和 N 号梁单元固定端的横坐标。由于坐标系 Y 轴正方向与外力方向相同，利用横坐标差可以较为方便地计算转矩的力臂长度。

同理可得，该梁单元内等效扭簧所受的转矩分别为：

$$T_{2N} = F(X_P - x_{2N}) \tag{4-30}$$

$$T_{2N-1} = F(X_P - x_{2N-1}) \tag{4-31}$$

其中，x_{2N}、x_{2N-1} 对应等效扭簧扭转中心的横坐标。又因为 N 号梁单元固定在 $N-1$ 号梁单元末端，由 N 号单元给出的边界条件，可得 $N-1$ 号单元受力情况：

$$F'_{N-1} = F \tag{4-32}$$

$$M'_{N-1} = M'_N + F(X_N - X_{N-1}) = F(X_P - X_{N-1}) \tag{4-33}$$

再由 $N-1$ 号单元推知 $N-2$ 号单元，依次类推。对所有基本梁单元，沿末端至固定端的顺序，重复上述步骤，可得 i 号等效扭簧所受的转矩为：

$$T_i = F(X_P - x_i) \tag{4-34}$$

假设该柔性梁为等截面梁且各个基本梁单元的梁长 l 相同，对伪刚体 2R 模型，各梁单元内实际上有两种刚度且相间分布的扭簧。可按其序号的奇偶进行划分，又根据伪刚体 2R 模型中式(4-24) 可得其刚度大小为：

$$\begin{bmatrix} K_{\mathrm{I}} \\ K_{\mathrm{II}} \end{bmatrix} = \begin{bmatrix} K_{\Theta_{\mathrm{I}}} \\ K_{\Theta_{\mathrm{II}}} \end{bmatrix} \frac{EI}{l} \tag{4-35}$$

第 n 号梁单元内扭簧的转角、刚度与所受力矩之间关系可表示为：

$$\begin{bmatrix} K_{\mathrm{I}} \\ K_{\mathrm{II}} \end{bmatrix} = \begin{bmatrix} \dfrac{1}{\Theta_{2n-1}} & 0 \\ 0 & \dfrac{1}{\Theta_{2n}} \end{bmatrix} \begin{bmatrix} T_{2n-1} \\ T_{2n} \end{bmatrix} \tag{4-36}$$

其中，K_{I}、K_{II} 为编号分别为奇数和偶数的两类等效扭簧刚度；Θ_{2n-1}、Θ_{2n} 为扭簧转角；T_{2n-1}、T_{2n} 为等效扭簧所受的转矩。

至此，要求扭簧转角，只需求出机构变形后末端点与扭簧旋转中心之间的横坐标差。为了得到各扭簧的横坐标表达式，对各梁单元变形情况进行分析。

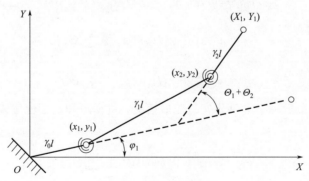

图 4-9　1 号梁单元变形

由于链式算法中，静力平衡时各基本梁单元的角位移从固定端开始依次叠加，因此优先分析 1 号梁单元内的等效扭簧坐标变化。如图 4-9 所示，可得 1 号梁单元内两个等效扭簧在变形后的坐标：

$$x_1 = \gamma_0 l \cos\varphi_1 \tag{4-37}$$

$$y_1 = \gamma_0 l \sin\varphi_1 \tag{4-38}$$

$$x_2 = x_1 + \gamma_1 l \cos(\varphi_1 + \Theta_1) \tag{4-39}$$

$$y_2 = y_1 + \gamma_1 l \sin(\varphi_1 + \Theta_1) \tag{4-40}$$

已知 1 号梁单元变形情况表达式，就可以求解 2 号梁单元。为了保证各个单元间的一致性、连续性，对 2 号及此后的梁单元均需要做一个刚体转动，保证前一段梁单元末端角位移与后一段梁单元起始端角位移相同。因此，对于后续梁单元，其总位移既包括自身的弹性变形，也包括前面单元依次叠加的刚体转动和位移，如式 (4-8)~式 (4-10)。由此，推导可得 n 号梁单元的变形情况，如图 4-10 所示。

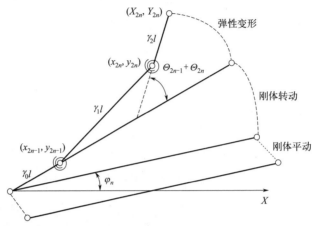

图 4-10 n 号梁单元变形

仍将模型中的等效扭簧按刚度分为两类，用编号的奇偶加以区分。由于梁单元的位移依次叠加，采用递推公式的形式较为简便。n 号梁单元中扭簧坐标可以表示为：

$$x_{2n-1} = x_{2n-2} + \gamma_2 l \cos\left(\varphi_{n-1} + \sum_{i=1}^{2n-2} \Theta_i\right) + \gamma_0 l \cos\left(\varphi_n + \sum_{i=1}^{2n-2} \Theta_i\right) \tag{4-41}$$

$$y_{2n-1} = y_{2n-2} + \gamma_2 l \sin\left(\varphi_{n-1} + \sum_{i=1}^{2n-2} \Theta_i\right) + \gamma_0 l \sin\left(\varphi_n + \sum_{i=1}^{2n-2} \Theta_i\right) \tag{4-42}$$

$$x_{2n} = x_{2n-1} + \gamma_1 l \cos\left(\varphi_n + \sum_{i=1}^{2n-1} \Theta_i\right) \tag{4-43}$$

$$y_{2n} = y_{2n-1} + \gamma_1 l \sin\left(\varphi_n + \sum_{i=1}^{2n-1} \Theta_i\right) \tag{4-44}$$

令 $n = N$，可得最后一个梁单元处的变形情况，进而可知，柔性梁末端点 P 的坐标递推公式为：

$$X_P = x_{2N} + \gamma_2 l \cos\left(\varphi_n + \sum_{i=1}^{2N} \Theta_i\right) \tag{4-45}$$

$$Y_P = y_{2N} + \gamma_2 l \sin\left(\varphi_n + \sum_{i=1}^{2N} \Theta_i\right) \tag{4-46}$$

而 P 点变形前的坐标为：

$$X_{P_0} = l \sum_{i=1}^{N} \cos\varphi_i \tag{4-47}$$

$$Y_{P_0} = l \sum_{i=1}^{N} \sin\varphi_i \tag{4-48}$$

将式(4-34)~式(4-36) 以及式(4-41)~式(4-48) 中的方程联立成为一个方程组，求解即可得到各扭簧的转角、转矩、坐标等信息以及柔性梁末端的位移量。由于方程组中包含大量三角函数等，故借助计算机软件求出其数值解集。

（2）有限元仿真验证

为验证该理论的准确性，以包含 3 个基本梁单元的悬臂梁为例，进行静力学仿真验证。悬臂梁的材料选为不锈钢，末端受力大小为 0~2N，方向沿 y 轴正方向，其余尺寸参数见表 4-1。建立该悬臂梁的三维模型，进行有限元仿真，取位于悬臂梁末端面中心处的有限元单元格的横纵位移量作为输出变量，与理论计算得到的结果进行对比分析，具体结果见图 4-11 和图 4-12。

表 4-1　悬臂梁尺寸参数

参数名称	参数值
横截面宽度 b	1mm
横截面高度 h	0.5mm
梁单元长度 l	10mm
1 号梁单元初始偏角 φ_1	0°
2 号梁单元初始偏角 φ_2	10°
3 号梁单元初始偏角 φ_3	20°

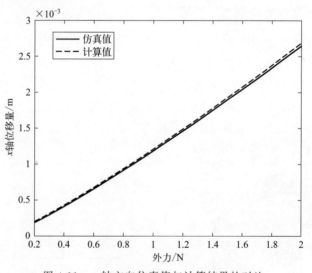

图 4-11　x 轴方向仿真值与计算结果的对比

仿真实验表明，理论计算结果与仿真结果较为吻合，仿真值与计算值间的误差随着变形程度的增大而略有增加，其最大误差在两坐标轴方向上分别为：

$$e_x = 0.044\text{mm} \tag{4-49}$$

$$e_y = 0.068\text{mm} \tag{4-50}$$

可以看到，仿真结果的总体误差很小，最大相对误差约为 1.02%。误差的来源可能包括伪刚体 2R 模型自身的误差（尤其是对梁末端转角计算误差）以及方程组数值求解引入的误差等。这一结果说明在误差允许的范围内，本书提出的基于伪刚体 2R 模型的链式算法，对于柔顺悬臂梁变形情况的分析具有较高的准确性。

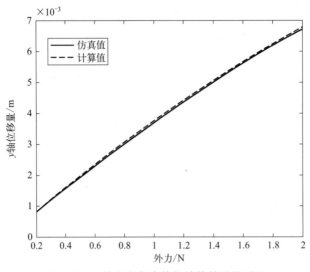

图 4-12　y 轴方向仿真值与计算结果的对比

4.2　面向非线性刚度驱动器的柔顺元件刚度分析

4.2.1　柔顺元件刚度分析模型

（1）非线性刚度分析模型

串联弹性驱动器（SEA）自提出以来经历了长足的发展，有别于传统的刚性驱动器，SEA 通过位于电机和负载之间的串联弹性元件，将力控制问题转换为位置控制问题，提高了力控准确性和稳定性。串联扭转柔顺元件的主要结构可以划分为三部分，分别与电机轴和负载相连的内、外环形支架（本书中统一简称为柔顺元件的内圈和外圈）以及位于二者之间发生弯曲变形的柔性梁，如图 4-13 所示。

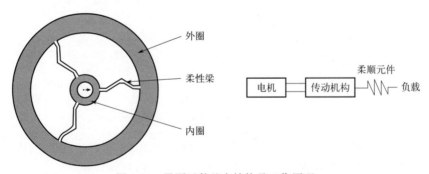

图 4-13　柔顺元件基本结构及工作原理

在实际工作情况下，内圈与外圈之间在电机的带动下产生转矩，柔性梁在其作用下发生弯曲变形。由于内、外圈在变形过程中未参与变形表现出刚性，机构整体刚度特性取决于柔性梁在一端固定一端受牵引下的刚度特征。至此，柔顺元件整体的刚度问题就可以简化为多个悬臂梁末端受载荷的刚度分析问题。

在扭转柔顺元件中往往包括多个柔性梁，各柔性梁性质相同，位置呈中心对称以保证机构受力时的稳定性。在此，以其中的一条柔性梁为对象进行分析，建立基于伪刚体 2R 模型的链式计算模型。

借助力和运动的相对性，可以假定机构内圈固定，外圈受到外转矩作用，将柔性梁视为一端固定在内圈上的悬臂梁。由于柔性梁与内、外圈均为固结，柔性梁与外圈相连的一端同时受到支反力 F 和支反力矩 m 的作用，其大小和方向均未知。假设静力平衡时未知支反力 F 的方向与机构变形前的整体坐标系的夹角为 Ψ_F，参照前文给出的分析方法，以 F 的方向为 Y' 轴正方向建立新的坐标系 $X'OY'$，将各等效扭簧依次编号，分析计算各扭簧的变形情况并依次叠加，联立方程组求解：

$$
\begin{cases}
x'_{2n-1} = x'_{2n-2} + \gamma_2 l \cos\left(\varphi'_{n-1} + \sum\limits_{i=1}^{2n-2}\Theta_i\right) + \gamma_0 l \cos\left(\varphi'_n + \sum\limits_{i=1}^{2n-2}\Theta_i\right) \\[2mm]
x'_{2n} = x'_{2n-1} + \gamma_1 l \cos\left(\varphi'_n + \sum\limits_{i=1}^{2n-1}\Theta_i\right) \\[2mm]
X'_P = x'_{2N} + \gamma_2 l \cos\left(\varphi'_n + \sum\limits_{i=1}^{2N}\Theta_i\right) \\[2mm]
\begin{bmatrix} K_{\text{I}} \\ K_{\text{II}} \end{bmatrix} = \begin{bmatrix} \dfrac{1}{\Theta_{\text{I}}} & 0 \\ 0 & \dfrac{1}{\Theta_{\text{II}}} \end{bmatrix} \begin{bmatrix} T_{2n-1} \\ T_{2n} \end{bmatrix} \\[4mm]
T_i = F(X'_P - x'_i) + m
\end{cases}
\tag{4-51}
$$

其中，x'_{2n-1}、x'_{2n} 和 X_P 分别为各等效扭簧和柔性梁末端点 P 在新坐标系 $X'OY'$ 下的横坐标；K_{I}、K_{II} 分别为编号为奇数和偶数的等效扭簧刚度，在基本梁单元划分完成后视为已知量，其取值见式(4-35)。方程组中的 $\varphi'_n (n=1, 2, \cdots, N)$ 为变形前各基本梁单元与新坐标系 X' 轴的夹角，其取值可由梁单元与机构整体坐标系 X 轴夹角减去 Ψ_F 得到：

$$
\varphi'_i = \varphi_i - \Psi_F
\tag{4-52}
$$

在该方程组中，包含力矩方程 $2N$ 个、横坐标方程 $(2N+1)$ 个以及扭簧的角位移方程 $2N$ 个，共计 $(6N+1)$ 个方程。而未知数有外力的大小方向、外力矩、各扭簧的横坐标、所受力矩和转角以及梁末端横坐标，共计 $(6N+4)$ 个，比方程数多 3 个。考虑到柔性梁的末端始终与外圈结构刚性连接，因此梁的末端点在任意时刻均应当位于圆周上，由此可以补足机构的几何约束，即末端点的横纵坐标共 2 组约束方程。显然，现有的已知条件仍然不足以得出方程的解。

为简化柔顺元件刚度分析问题，对现有的一体式扭转柔顺元件进行了改进，将柔性梁与外圈之间的连接改为铰链连接，柔顺元件整体分为外圈和内圈加柔性梁两部分，不再采用一体化的构型。其结构如图 4-14 所示。

这样做的目的在于减少链式算法刚度分析方程组的未知量个数，简化静力学模型便于求解。对于理想的铰链转动副，其造成的摩擦阻力视为 0，因而只对柔性梁末端产生支反力作用。

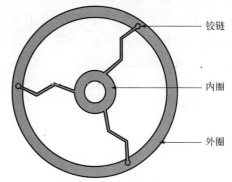

图 4-14　铰链式扭转柔顺元件结构示意图

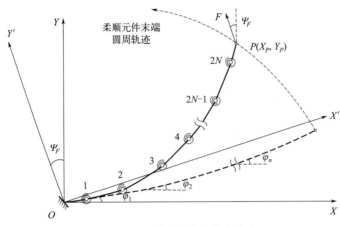

图 4-15　柔顺元件链式算法模型

此时，柔性梁一端固定在内圈上，另一端只受到支反力的作用，其大小方向未知。仿照之前的做法，建立基于伪刚体 2R 模型的链式算法模型，以 F 的方向为纵轴正方向建立新的坐标系 $X'OY'$，将各等效扭簧依次编号，如图 4-15 所示，分析计算各扭簧的变形情况并依次叠加，联立方程组求解。与式（4-51）相比，方程组减少了支反力矩这一变量：

$$
\begin{cases}
x'_{2n-1}=x'_{2n-2}+\gamma_2 l\cos\left(\varphi'_{n-1}+\sum_{i=1}^{2n-2}\Theta_i\right)+\gamma_0 l\cos\left(\varphi'_n+\sum_{i=1}^{2n-2}\Theta_i\right) \\[2mm]
x'_{2n}=x'_{2n-1}+\gamma_1 l\cos\left(\varphi'_n+\sum_{i=1}^{2n-1}\Theta_i\right) \\[2mm]
X'_P=x'_{2N}+\gamma_2 l\cos\left(\varphi'_n+\sum_{i=1}^{2N}\Theta_i\right) \\[2mm]
T_i=F(X'_P-x'_i) \\[2mm]
\begin{bmatrix}K_{\mathrm{I}}\\ K_{\mathrm{II}}\end{bmatrix}=\begin{bmatrix}\dfrac{1}{\Theta_{\mathrm{I}}} & 0\\ 0 & \dfrac{1}{\Theta_{\mathrm{II}}}\end{bmatrix}\begin{bmatrix}\boldsymbol{T}_{2n-1}\\ \boldsymbol{T}_{2n}\end{bmatrix} \\[4mm]
\varphi'_n=\varphi_n-\Psi_F
\end{cases}
\tag{4-53}
$$

其中，φ'_n 为 n 号梁单元变形前与坐标系 X' 轴的夹角，φ_n 则为其与原整体坐标系 X 轴夹角。为建立柔顺元件转角与转矩间的关系，在柔性梁末端受力未知的情况下，可以根据柔性梁末端点始终位于柔顺元件外圈这一几何约束，补充约束方程。

（2）几何约束条件

柔顺元件的几何约束如图 4-16 所示。首先，在原整体坐标系下求出变形前柔性梁末端点 P 的坐标：

$$
X_{P_0}=l\sum_{i=1}^{N}\cos\varphi_i
\tag{4-54}
$$

$$
Y_{P_0}=l\sum_{i=1}^{N}\sin\varphi_i
\tag{4-55}
$$

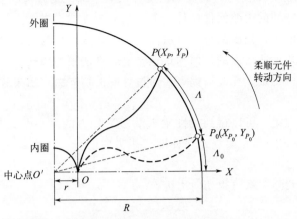

图 4-16　柔顺元件几何约束

由此可得柔性梁末端的圆形运动轨迹的半径为：

$$R=\sqrt{(X_{P_0}+r)^2+Y_{P_0}^2}\qquad(4\text{-}56)$$

其中，r 为柔顺元件内圈结构的半径。

柔性梁末端在机构变形前相对整体坐标系 X 轴的偏角为：

$$\Lambda_0=\arctan\frac{Y_{P_0}}{X_{P_0}+r}\qquad(4\text{-}57)$$

假定柔顺元件整体转角为 λ，某时刻柔顺元件在某处达到了静力平衡状态，设此时机构整体转角 $\lambda=\Lambda$，则可以得出柔性梁末端在整体坐标系 XOY 下的横纵坐标变化量：

$$\Delta x=R\cos(\Lambda+\Lambda_0)-R\cos\Lambda_0\qquad(4\text{-}58)$$

$$\Delta y=R\sin(\Lambda+\Lambda_0)-R\sin\Lambda_0\qquad(4\text{-}59)$$

因此，变形后 P 在整体坐标系 XOY 下的坐标为：

$$X_P=X_{P_0}+\Delta x\qquad(4\text{-}60)$$

$$Y_P=Y_{P_0}+\Delta y\qquad(4\text{-}61)$$

借助坐标变换矩阵，很容易得到 P 在新坐标系 $X'OY'$ 下的坐标：

$$\begin{bmatrix}X'_P\\Y'_P\end{bmatrix}=\begin{bmatrix}\cos\psi_F&\sin\psi_F\\-\sin\psi_F&\cos\psi_F\end{bmatrix}\begin{bmatrix}X_P\\Y_P\end{bmatrix}\qquad(4\text{-}62)$$

在式（4-53）中，已经给出了变形后 P 点及各等效扭簧旋转中心的横坐标递推计算公式。实际上，当各等效扭簧的角位移确定时，其横纵坐标便同时确定下来，其纵坐标的计算方式与横坐标相似，同样是依次叠加。为补足在横纵两方向的几何约束，给出纵坐标的计算公式如下：

$$y'_{2n\,1}=y'_{2n\,2}+\gamma_2 l\sin\Big(\varphi'_{n\,1}+\sum_{i=1}^{2n-2}\Theta_i\Big)+\gamma_0 l\sin\Big(\varphi'_n+\sum_{i=1}^{2n-2}\Theta_i\Big)\qquad(4\text{-}63)$$

$$y'_{2n}=y'_{2n-1}+\gamma_1 l\sin\Big(\varphi'_n+\sum_{i=1}^{2n-1}\Theta_i\Big)\qquad(4\text{-}64)$$

$$Y'_P=y'_{2N}+\gamma_2 l\sin\Big(\varphi'_n+\sum_{i=1}^{2N}\Theta_i\Big)\qquad(4\text{-}65)$$

至此，将式（4-53）～式（4-65）的各方程联立成为一个大的方程组，即可求解当机构整

体低速转过 Λ 角达到静力平衡时，柔性梁的变形及其末端的受力情况。

为实现给定刚度特性的柔顺元件设计，需要建立柔性梁末端受力与柔顺元件所受转矩之间的关系。需要注意的是，提出的分析方法需要将扭转角度作为已知量，转矩作为未知量处理。这是因为，扭转角度所给出的几何约束包含链式算法模型中横纵坐标位移量两个已知条件，而转矩则只包含一个量。在此前提下，通过外圈的切向力求出柔顺元件所受的转矩，建立转矩与转角关系。

通过计算平衡方程组，可以得到柔性梁末端所受外力的大小及其与整体坐标系中 Y 轴的夹角 ψ_F，从而求得该外力在柔顺元件外圈切线方向的分力大小，进而建立起柔性梁受力与柔顺元件所受转矩之间的关系。

由静力平衡时的几何关系可得切向力为：

$$F_{\tau} = F\cos(\psi_F - \Lambda - \Lambda_0) \tag{4-66}$$

则可知此时柔顺元件所受外转矩为：

$$M = CF_{\tau}R \tag{4-67}$$

式中，C 为力矩标定系数，作为柔顺元件中实际力矩与实际力之间的系数。

4.2.2　柔顺元件刚度仿真验证

为验证柔顺元件刚度分析结果，以三段基本梁单元构成的链式算法模型为实例，进行仿真验证。该仿真模型包含三条中心对称分布的柔性梁结构，具体的设计建模参数如表 4-2 所示。

表 4-2　仿真柔顺元件结构参数

参数名称	参数值
横截面宽度	2mm
横截面厚度	1mm
梁单元长度	10mm
内圈直径	10mm
1 号梁单元初始偏角	20°
2 号梁单元初始偏角	−30°
3 号梁单元初始偏角	25°

柔顺元件内圈设置为机架，负载为施加在外圈上的转矩，分步加载，选取机构最外侧的单元格，读取其横纵坐标位移量。对柔性梁的链式算法模型进行数值求解，求出不同转角下的力矩大小，获得力矩-转角的曲线图。将计算结果与仿真结果进行对比分析。

由图 4-17 可知，计算结果与有限元分析结果基本吻合，最大相对误差约为 1.68%，说明柔顺元件刚度模型在扭转柔顺元件中的应用具有较高的准确性。

4.2.3　非线性刚度产生机理分析

在进行给定刚度特性的柔顺元件设计之前，需要选择合适的设计变量。已知链式算法模型下的几何参数包括：横截面的形状（宽度 b 和高度 h）、梁单元的长度 l 以及各梁单元变形前的偏转角度 φ_n。为了尽可能地保证求得的柔顺元件的非线性刚度性能，就需要研究各个变量对机构非线性刚度的影响，找出柔顺元件非线性刚度的成因。

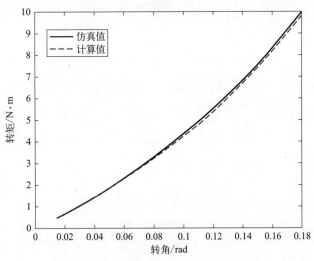

图 4-17 柔顺元件力矩-转角曲线仿真结果

研究非线性刚度产生的原因，首先要确定给出的柔顺元件结构具有非线性刚度。为证明这一点，设计了许多不同结构特点的扭转柔顺元件，如单一直梁、包含两段互相垂直的悬臂梁、梁的方向沿径向（或切向）等，并进行了大量仿真实验，如图 4-18 所示。

图 4-18　几种不同特点的柔顺元件实例

仿真实验的结果显示，这些不同的柔顺元件大多具有不同程度的"非线性特征"。在具体的数学模型层面，给出了柔性梁的静力平衡方程组。虽然方程组较为复杂，难以给出解析解形式，但我们可以从功能关系的角度验证柔顺元件的非线性特性。

分析柔顺元件的非线性特性，即分析输入量与输出量间的非线性数学关系。输入量即为外界转矩，输出量即为柔顺元件转角。针对柔顺元件的变形过程，输入量只有外界的力矩，柔顺元件在外力矩推动下发生变形。假设柔顺元件在变形过程中始终处于低速的静力平衡状态，忽略其动力学效应，机构的整体动能视为 0。因此，外力矩所做的功全部转化为柔顺元件内部储存的弹性势能。基于给出的伪刚体链式算法模型，这部分弹性势能全都储存在等效扭簧中。在求解柔性梁静力学平衡方程组的过程中，可以得到许多中间变量，其中就包括各扭簧的角位移解集 Θ_i。由此，可以求出等效扭簧中的弹性势能为：

$$E = \frac{1}{2} K_i (\Theta_i)^2 \tag{4-68}$$

其中，K_i 为各等效扭簧的刚度，按照编号的奇偶分为两类，其取值大小见式(4-35)。

而等式的另一边，外转矩所做的功为：

$$W = \int_0^{\Lambda} \boldsymbol{M} \mathrm{d}\lambda \tag{4-69}$$

假设该柔顺元件一共包含了 C 条中心对称的柔性梁支链，由功能关系可得：

$$\int_0^\Lambda \boldsymbol{M}\,\mathrm{d}\lambda = \frac{C}{2}\sum_{i=1}^{2N}K_i(\Theta_i)^2 \tag{4-70}$$

式（4-70）为机构整体转角为 Λ 时的功能关系定积分形式。实际上，等式的右侧为柔性梁内存储的弹性势能，其中的 Θ_i 即各扭簧的角位移，根据几何关系，应当是一个关于机构转角 λ 的函数，可记作 $\boldsymbol{\Theta}_i(\lambda)$。对于非线性结构，柔顺元件的整体刚度 $\boldsymbol{K}(\lambda)$ 同样是关于机构转角 λ 的函数。于是，式（4-70）可以写成：

$$\int \boldsymbol{K}(\lambda)\lambda\,\mathrm{d}\lambda = \frac{C}{2}\sum_{i=1}^{2N}K_i\big[\boldsymbol{\Theta}_i(\lambda)\big]^2 \tag{4-71}$$

若该柔顺元件具有线性刚度，即 $\boldsymbol{K}(\lambda)$ 恒等于一个常数 k，求解上式的不定积分可得：

$$k\lambda^2 + C_1 = C\sum_{i=1}^{2N}K_i\big[\boldsymbol{\Theta}_i(\lambda)\big]^2 \tag{4-72}$$

其中，C_1 为积分常数。将上式中的各常数项进一步化简可得：

$$a\lambda^2 + b = \sum_{i=1}^{2N}K_i\big[\boldsymbol{\Theta}_i(\lambda)\big]^2 \tag{4-73}$$

由此可得，当且仅当等式右侧恰好符合二次函数关系时，柔顺元件才表现为线性刚度。因此，在大多数情况下，柔顺元件都具有一定程度的非线性刚度特性。

所谓"非线性柔顺元件"是指其受力与变形呈非线性关系，在目前的研究领域，通常有两种手段实现柔顺元件的非线性：一是采用具有非线性力学特性的特殊材料，如橡胶、形状记忆合金等等；二是通过机构拓扑结构设计或传动设计来实现。

本书所提出的柔顺元件刚度分析设计方法并不是针对某种特殊材料的，所选材料不要求具备非线性力学特性。柔顺元件的非线性刚度主要依赖于柔性梁之间的几何关系。为验证这种几何关系对机构刚度的影响，选择只包含了两段梁单元的柔顺元件，改变其柔性梁的偏转角度，进行仿真实验，如图 4-19 所示。其柔性梁变形相较于 X 轴的偏转角度见表 4-3。

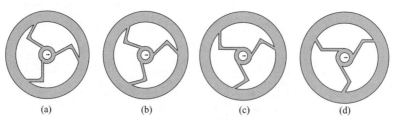

图 4-19　柔性梁偏角不同的柔顺元件

表 4-3　柔顺元件柔性梁偏角

柔顺元件序号	1 号梁单元偏角	2 号梁单元偏角
a	30°	−60°
b	45°	−45°
c	60°	−30°
d	60°	0°

由仿真结果（图 4-20）可以看出，不同的梁单元偏角组合对柔顺元件的刚度有显著影响。对于 a、b、c 号柔顺元件，虽然其梁单元初始角度不同，但两个梁单元间的初始夹角均

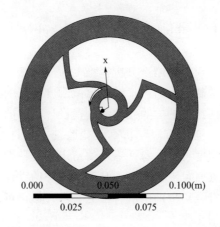

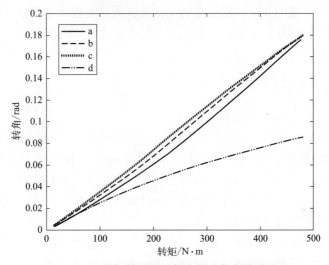

图 4-20　几种扭转柔顺元件有限元仿真结果对比

为 90°，柔顺元件的整体刚度相差不大。而 d 号柔顺元件两个梁单元间成 120°角，其刚度明显高于另外 3 个柔顺元件。这是因为，在仅包含两段悬臂梁的柔顺单元中，由于等效力矩的分布规律，靠近内圈的悬臂梁变形量更大，对机构整体转角的影响也更大。而两个梁单元间初始夹角均为 90°时，外转矩传递给内侧悬臂梁的横向分力更大，因而在相同转矩下产生了更大的变形，整体刚度明显较低。这说明，柔顺元件梁单元间彼此的几何关系影响各梁单元间的传动关系，这是影响机构刚度的重要因素。

在柔性梁大变形过程中，梁单元间的夹角等几何位置关系不断发生变化，参照伪刚体链式模型，柔性梁末端所受外力与各基本梁单元间的夹角不断变化，改变了各段梁单元内部的轴向力大小以及等效扭簧所受的力矩。而在柔顺元件旋转过程中，柔性梁末端始终在绕机构中心做圆周运动，而各等效扭簧则绕各自前一个扭簧转动，这也使得机构整体转角与扭簧的转角之间存在非线性关系。

此外，观察式(4-71)，该式实际上说明柔顺元件的整体刚度与等效扭簧的转角函数 $\Theta_i(\lambda)$ 之间存在隐函数关系。而扭簧的转角与机构转角间的函数关系 $\Theta_i(\lambda)$ 由梁单元间的几何关系决定，这也印证了几何非线性在柔顺元件非线性刚度形成中起到了关键性的作用。

4.3　基于多段梁的非线性刚度柔顺机构设计

本书建立了准确的扭转柔顺元件刚度分析模型，对应用于柔顺驱动器中的扭转柔顺元件进行非线性刚度分析。在此基础上，给出了针对离散刚度特征的扭转柔顺元件结构参数设计方法。而后，以符合 3 个刚度特征的柔顺元件为例，设计机构的结构参数，实现了给定非线性刚度的扭转柔顺元件设计，通过有限元仿真实验验证了设计方法的可行性。最后试制样机，完成样机实验，测量其刚度特性，验证提出的给定刚度特性柔顺元件设计方法。柔顺元件设计在机构整体刚度特性方面，提出了更加具体、精确的设计要求，所提出的刚度设计方法虽然仅能使扭转柔顺元件符合离散的刚度特征的要求，但仍可以通过增加刚度点数目等方式，提高机构刚度设计的精细化程度。

在应用层面，多段梁的非线性刚度柔顺元件设计方法有望使柔顺元件根据负载的变化表现出预期的非线性刚度特性，提高柔顺驱动器的任务适应性，改善其控制性能，同时也为给定刚度柔顺机构的设计提供了一种可行的思路。

4.3.1　多段梁结构参数设计

（1）设计变量的选取与求解方法

所谓"给定刚度特性"的结构设计，是指设计得到的柔顺元件的整体刚度符合预先给定的特征，通常是力矩-转角曲线。提出的设计方法中，进行分析的着力点在某一时刻的机构静力学平衡方程，对应于曲线上一个个离散的状态点，称为刚度特征点。通过设计符合这些刚度特征点的柔顺元件，使柔顺元件整体刚度特性贴近目标刚度曲线。又或者直接以刚度特征点为设计目标，进行离散化的刚度设计。

在柔性梁链式算法刚度分析中，将柔顺元件分为多个基本梁单元，其中的结构参数主要包括：梁单元的长度、横截面形状以及梁单元变形前的初始偏转角度。前面分析了柔顺元件非线性刚度的主要成因是变形过程中的几何非线性。在柔顺元件的结构参数中，梁单元的偏转角度直接影响了变形过程中的几何非线性关系，进而成为影响柔顺元件刚度非线性性能的主要因素。而梁单元的尺寸则主要影响了机构的整体尺寸以及刚度的整体区间，尺寸参数不合理可能导致机构刚度整体偏离设计目标，使得优化方程组无解。

为了尽可能地保证柔顺元件非线性刚度性能，将基本梁单元的初始位置参数（即变形前的偏角）选为设计变量，预先给出合理的截面形状、尺寸以及梁单元长度。

假设设计目标共提出了 β 个刚度特征点的设计要求，针对各个刚度特征点对应的转角，分别列写出对应的静力学平衡方程组，具体形式见式(4-53)～式(4-65)以及式(4-70)～式(4-71)。优化的对象为梁单元的初始位置信息，即变形前与 X 轴的夹角 φ_i，共 N 个。将各个方程组联立成一个整体，在该方程组中，共有（$9\beta N + 9\beta + 4$）个方程，（$9\beta N + 8\beta + N + 4$）个未知量。显然，仅当刚度特征点数与梁单元数相等，即 $\beta = N$ 时，方程组可能存在唯一解。因此，在实际计算中，针对 β 个刚度特征点的设计要求，可以直接采用包含 β 个基本梁单元的链式算法模型，列写各个平衡状态下的静力学方程组，联立求解。方程组数学形式复杂，难以直接给出精确的解析解，借助 Matlab 软件求近似数值解，即可得到柔顺元件相应的结构参数。若方程组没有得到收敛解，则重新检验梁单元尺寸参数的取值（通常为截面矩取值），再次求解。对所得的计算结果进行强度校核，并建立三维模型进行仿真验证。

（2）多段梁尺寸参数设计方法

在分析了非线性扭转柔顺元件的设计方法后，选择梁单元的初始偏角为设计变量，采用联立各刚度点处平衡方程的办法求解。这就要求在计算前给出机构的其他几何参数，主要包括柔性梁截面尺寸、柔顺元件内圈半径和梁单元的长度。实际上，这些参数的取值并不唯一，不同的取值对应了不同的梁单元偏角解集，但总体上受到柔顺驱动器总体结构尺寸的限制。因此，需要提前给出合理的尺寸参数取值。为便于柔顺元件的设计及加工，截面的形状确定为恒定的矩形截面，主要考虑以下的约束条件：

① 整体尺寸限制。在实际的设计过程中，考虑到整体的紧凑性及与柔顺驱动器间的干涉、配合等因素，对柔顺元件的厚度和直径等均有尺寸限制。机构内圈直径 r 通常与柔顺驱动器的连接件尺寸相关，可直接给定。而柔顺元件的外圈整体直径不超过 R_0，则对于 N 个梁单元的链式算法模型，有：

$$l \leqslant \frac{R_0 - r}{N} \tag{4-74}$$

柔顺元件整体厚度不超过 b_0，对于铰链式柔顺元件为保证结构强度有：

$$b \leqslant \frac{b_0}{2} \tag{4-75}$$

② 机构整体刚度区间。梁单元的尺寸大小会直接影响机构的整体刚度区间，在伪刚体 2R 模型中体现在等效扭簧的刚度上。因而，需要根据机构整体目标刚度区间对尺寸进行校核，初步给出梁单元尺寸的取值。这样做的目的在于避免该尺寸的柔性梁刚度与设计目标偏差过大，导致平衡方程组无解。

在此，给出的方法是借助链式算法以及 ANSYS 软件大致估计柔顺元件的刚度区间。由于截面尺寸的设计先于其他参数优化，各基本梁单元的偏角均未知。在实际设计过程中，以一组近似的偏角估计值为代表，进行估算和仿真验证。选取一个目标刚度点数据代入方程组，得到截面矩 I 的初始估值。再根据柔顺元件尺寸约束、机构干涉等因素，合理分配横截面宽度 b 和高度 h 的取值。对矩形等截面有：

$$I = \frac{bh^3}{12} \tag{4-76}$$

综上所述，扭转柔顺元件参数设计流程为：

- 依据刚度特征点的数目确定弹性元件梁单元数 N，结合整体尺寸限制，初步给出梁单元长度 l 取值。
- 以一组近似的偏角估计值为代表，进行估算和仿真验证。选取一个目标刚度点数据代入方程组，得到截面矩 I 的初始估值。结合 ANSYS 软件仿真结果调整机构的整体刚度区间，根据弹性元件的厚度和加工工艺的限制合理分配横截面宽度 b 和高度 h 的取值。
- 建立基于伪刚体 2R 模型的链式计算模型。列出对应各个刚度特征点的平衡方程，联立成整体方程组进行数值求解，得到各梁单元偏角 φ_i 的近似值。若未能得到有效解，则调整截面矩的大小，重新进行计算，直至得出一组符合设计目标要求的有效解。
- 对柔性梁的弯曲强度进行校核，以所得参数建立机构三维模型，并进行仿真验证。

4.3.2　基于多段梁的柔顺机构设计实例

（1）尺寸参数设计

以过 3 个刚度特征点的柔顺元件设计为应用实例，验证提出的设计方法。3 个刚度特征点的取值及柔顺元件整体设计要求见表 4-4。考虑到加工工艺及成本限制，为方便对不同的柔顺元件设计进行实验验证，柔顺元件样机采用 3D 打印技术一体化成型，选择的加工材料为光敏树脂，其具体的材料性能如表 4-5 所示。

表 4-4　柔顺元件样机综合设计目标

参数名称	目标值
整体高度	$<10\text{mm}$
外圈直径	$<80\text{mm}$
内圈直径	20mm
柔顺元件最大转角	$>0.3\text{rad}$
1 号刚度特征点坐标	$(0.1\text{rad}, 0.04\text{N}\cdot\text{m})$
2 号刚度特征点坐标	$(0.2\text{rad}, 0.08\text{N}\cdot\text{m})$
3 号刚度特征点坐标	$(0.3\text{rad}, 0.15\text{N}\cdot\text{m})$

表 4-5　光敏树脂材料性能

参数名称	参数值/MPa
弹性模量	2200
抗拉屈服强度	47.6
抗弯强度	67.8

由此根据经验公式可以求出许用拉应力 $[\sigma]$ 和许用剪切应力 $[\tau]$：

$$[\sigma] = \frac{\sigma_s}{n_s} = 61.64\text{MPa} \tag{4-77}$$

$$[\tau] = 0.6[\sigma] = 36.98\text{MPa} \tag{4-78}$$

其中，σ_s 为安全系数，在此取为 1.1。

针对 3 个刚度特征点的设计需求，提出了包含 3 个基本梁单元的柔顺元件构型，综合考虑机构运动的稳定性和整体刚度，设计柔顺元件共包含 3 条中心对称、互相间隔 $120°$ 的柔性梁支链。根据给出的截面设计方法，初步选取截面尺寸参数，并利用 ANSYS 软件进行有限元仿真，验证机构的整体刚度范围。梁单元的具体尺寸参数初步选取如表 4-6 所示。

表 4-6　梁单元的尺寸参数

参数名称	参数值/mm
梁单元长度	10
梁单元宽度	4
梁单元高度	1

参照提出的柔顺元件刚度分析方法，列写 3 个平衡状态下的静力学方程组，联立求解，

利用 Matlab R2016b 软件计算其数值解集。考虑到加工精度的限制，将解得的梁单元初始偏角保留 4 位小数，作为柔顺元件的结构参数取值。具体计算结果如表 4-7 所示。

表 4-7　柔性梁各梁单元初始偏转角度

参数名称	参数值/rad
1 号梁单元偏角	1.0021
2 号梁单元偏角	−0.5178
3 号梁单元偏角	0.3529

在实验过程中，柔性梁受外力作用发生了大变形弯曲，考虑到本次样机实验所选材料相较于金属材料强度较低，难以承受较大载荷。为防止机构失效，需要根据材料的力学性能，对柔性梁进行强度校核。

① 弯曲正应力校核。机构最大正应力发生在最大弯矩截面的上下边缘，即柔性梁与柔顺元件内圈连接处的上下沿，其最大正应力为：

$$\sigma = \frac{M_{\max}}{W_z} = \frac{6M_{\max}}{bh^2} \tag{4-79}$$

其中，$M_{\max}$ 为最大弯矩，其大小为：

$$M_{\max} = FX_P' \tag{4-80}$$

将柔顺元件静力学平衡方程组解集中的取值代入，找出 $M_{\max}$，得：

$$\sigma = 60.19\text{MPa} \leqslant [\sigma] \tag{4-81}$$

② 弯曲切应力校核。对于矩形截面梁，根据材料力学的相关知识，可得其最大切应力为：

$$\tau = \frac{Fh^2}{8I_z} \tag{4-82}$$

其中，h 为截面的高；I_z 为惯性矩，其计算公式为：

$$I_z = \frac{bh^3}{12} \tag{4-83}$$

将式（4-83）代入式（4-82）中，可得：

$$\tau = \frac{3F}{2bh} = 5.25\text{MPa} \leqslant [\tau] \tag{4-84}$$

至此，柔顺元件尺寸参数设计、校核完成。其他尺寸参数见表 4-8。为进一步进行仿真实验和样机加工，建立其三维模型，如图 4-21 所示。

表 4-8　柔顺元件样机尺寸参数

参数名称	参数值/mm
外圈直径	76
外圈厚度	4
外圈销孔直径	5.5
内圈销孔直径	2
铰链连接轴直径	2
内圈中心孔直径	10

（2）扭转柔顺元件刚度特性仿真

利用 ANSYS 软件进行有限元仿真验证，将柔性梁末端连接设置为理想铰链，以外转矩为输入负载，分别加载读取不同转矩下的机构整体转角，与刚度特征点进行对比分析。仿真结果如图 4-22 所示。

图 4-21　柔顺元件样机三维模型

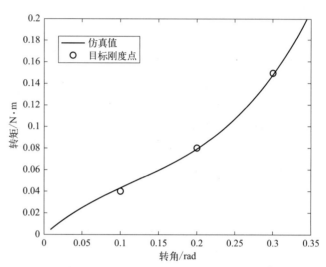

图 4-22　有限元仿真结果对比

仿真结果在给定的刚度特征点处与设计预期基本吻合，仿真结果在 3 个刚度特征点处的误差分别约为 0.01rad、0.0002rad、0.0022rad，仍在可以接受的范围内。这说明提出的给定刚度特性的柔顺元件设计方法具有较高的准确性和可靠性。

为证明该实例并不是特例，提出的设计方法对其他情况的刚度点具有较为广泛的适用性，再次选择两组不同刚度点作为对照，如表 4-9，其对应的函数类型分别为对数函数和指数函数。为了便于比较，刚度点力矩、转角范围相近，重新进行参数选取，并进行力矩-转角特性的仿真分析，其结果见图 4-23 和图 4-24。

表 4-9　两组刚度特征点取值

序号	刚度点编号	坐标值
A	1	$(0.1\text{rad}, 0.025\text{N}\cdot\text{m})$
	2	$(0.2\text{rad}, 0.075\text{N}\cdot\text{m})$
	3	$(0.3\text{rad}, 0.175\text{N}\cdot\text{m})$
B	1	$(0.06\text{rad}, 0.04\text{N}\cdot\text{m})$
	2	$(0.12\text{rad}, 0.1\text{N}\cdot\text{m})$
	3	$(0.18\text{rad}, 0.19\text{N}\cdot\text{m})$

可以看到，不同刚度点的仿真结果与预期值均十分接近，其在刚度点处的最大误差分别为 0.0064rad 和 0.0026rad。这表明，提出的柔顺元件设计方法可以较好地实现给定刚度特性的机构设计，且具有较好的适用性。

需要注意的是，提出的设计方法仅针对离散的刚度特征点进行分析，得出的机构设计方

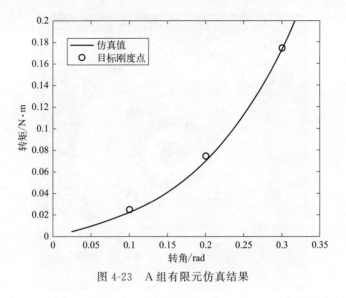

图 4-23 A 组有限元仿真结果

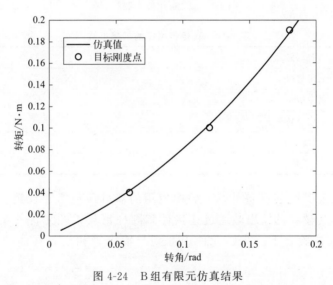

图 4-24 B 组有限元仿真结果

案不能保证其余转角或负载下的刚度表现。但是，可以通过增加刚度特征点数目的方法，提高对柔顺元件刚度要求的精细化程度，使其更加接近理想刚度曲线。

4.3.3 柔顺元件刚度特性实验验证

为进一步测试提出的柔顺元件设计方法的可靠性，采用 3D 打印的方式加工实物，对其刚度特性进行实验分析。图 4-25 为实物样机。

实验主要的测量量有两个：一是柔顺元件所受的外转矩 M；二是柔顺元件转过的角度 λ。柔顺元件的转角用安装在转轴和机架间的电容式角度编码器测量。测量的角度和转矩由 STM32F103ZET6 控制板采集，由 PC 进行处理。外转矩的测量则依靠转矩传感器，实验中所选的转矩传感器自带显示器，可以直接读出转矩大小，其灵敏度最高可达小数点后 4 位。其他关键参数见表 4-10。

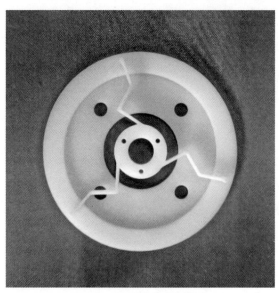

图 4-25　柔顺元件实物样机

表 4-10　转矩传感器的规格参数

参数名称	参数值
转矩量程	±1N·m 或 ±100N·m
转矩精度	±0.5％
转轴中心高度	55mm
同轴度要求	0.10mm
过载量	≤120％

除两种传感器及其配套设备外，实验中使用的器材还包括圆柱销、固定支架、输出轴连接件等。转矩传感器的输出端通过连接件和圆柱销与柔顺元件外圈相连，另一端用垫片卡死，固定在试验台上。柔顺元件内圈则与输出轴相连。具体的样机实验装置如图 4-26 所示。

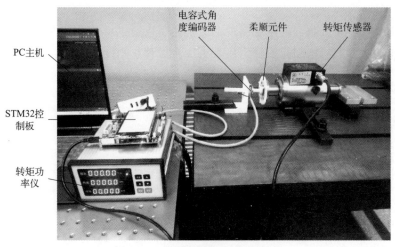

图 4-26　柔顺元件样机实验装置

实验时转动角度编码器附近的输出轴，带动柔顺元件转动，在电脑中记录下控制板采集到的转角和力矩信息，绘制转角-力矩曲线，将其与有限元仿真结果以及目标刚度点相对比，如图 4-27 所示。

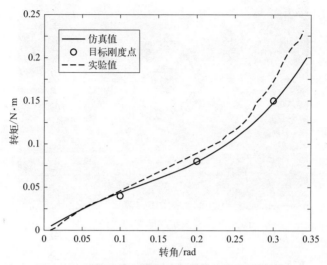

图 4-27　柔顺元件刚度特性仿真值与实验结果对比

从图 4-27 中可以看出，与有限元仿真结果相比，实验结果的刚度整体偏大，在刚度特征点所在的偏转角度下，其力矩的最大相对误差约为 15.87%。且随着柔顺元件转角的增大，实验结果的误差呈现增大的趋势。这样的误差对于机构设计而言超出了可接受的范围。此外，实验结果与横轴间存在截距，即转过一定的角度时转矩传感器示数仍为 0，这可能与实验装置在装配过程中留有缝隙有关。

分析实验误差产生的原因，加工精度、装配精度、测量误差等都是重要的现实因素。而在理论层面主要是由于在理论模型建模和仿真过程中，柔性梁末端铰链均视为理想铰链，其摩擦阻力被忽略不计，而在实物样机实验中，这种摩擦力是切实存在的。柔性梁末端力 F 实际上就是铰链孔内壁与连接轴表面间的压力，摩擦阻力随着 F 的变化而变化。根据方程组的求解结果，随着柔顺元件转角的增大，F 的值也呈现增大的趋势，这使得铰链处的摩擦阻力逐渐增大，提高了柔顺元件整体的扭转刚度。

针对这一问题，可以考虑通过添加滚动轴承，减小铰链处摩擦力的影响，从而降低整体误差。为验证这一想法的准确性，采用了内径 2mm 的深沟球轴承，重新制作安装了轴承的实物样机，如图 4-28 所示。再次测量新样机的刚度特性，进行对比验证，结果如图 4-29 所示。

可以看出，在采用滚动轴承降低铰链摩擦力之后，样机刚度特性与仿真和计算结果之间的误差有所减小，说明铰链处的摩擦力的确是此前实体样机刚度误差的来源之一。在刚度特征点处的最大相对误差约为 5.67%，考虑到实验结果的横截距，对实验数据整体平移后，相对误差约为 10.47%，改进后的柔顺元件，虽然仍有一定的误差，但其整体刚度与仿真结果相近，本书提出的柔顺元件逆向设计方法具备一定的实用价值。实验误差主要是由样机的加工误差、实验设备及操作等原因产生的。

在实际应用中，当柔顺元件的转动速度发生大幅度变化时，其动力学效应便也不可忽略，可能导致机构呈现的整体刚度不符合设计预期。虽然在理论上有望通过将上述影响因素添加到柔顺元件模型中进行分析设计，以提高理论模型的精确度，但是，这样做会大大增加

图 4-28　安装轴承的柔顺元件样机

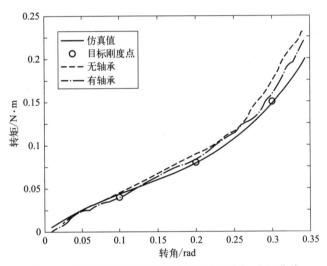

图 4-29　使用滚动轴承的柔顺元件样机转角-力矩曲线

问题的复杂程度，且现有误差尚在可接受范围内，因此本书不对此展开分析。仿真及样机实验的结果表明，本书提出的给定非线性刚度特性的扭转柔顺元件设计方法，能够较好地实现符合离散刚度特征点的柔顺元件设计，并对不同分布形式的刚度特征点具有一定的适用性。对于更加精细化的刚度设计需求，可以采用增加刚度特征点数目的办法逼近设计目标，但同时，由于梁单元数目随刚度特征点数增多，也会导致方程数目增多求解困难、误差逐级累积等问题。

参考文献

[1]　Hill T C，Midha A. A graphical user-driven Newton-Raphson technique for use in the analysis and design of compliant mechanisms [J]. Journal of Mechanical Design Asme，1990，112（1）：123-130.

［2］ Harrison H B. Post-buckling analysis of non-uniform elastic columns ［J］. International Journal for Numerical Methods in Engineering，1973：195-210.

［3］ Coulter，B A，Miller R E. Numerical analysis of a generalized plane elastic with non-linear material behavior ［J］. International Journal for Numerical Methods in Engineering，1988，26（3）：617-630.

［4］ Howell L L. Compliant mechanisms ［M］. New York：John Wiley & Sons，2001.

［5］ 李莉莉. 大变形的链式算法及其在柔顺机构分析中的应用 ［D］. 西安：西安电子科技大学，2012.

［6］ Her I. Methodology for compliant mechanisms design ［D］. West Lafayette，IN：Purdue University，1986.

［7］ Kimball C，Tsai L W. Modeling of flexural beams subjected to arbitrary end loads ［J］. Journal of Mechanical Design，2002，124（2）：223-235.

［8］ 冯忠磊，余跃庆，王雯静. 模拟柔顺机构中柔顺杆件末端特征的 2R 伪刚体模型 ［J］. 机械工程学报，2011，47（01）：36-42.

第**5**章

基于滚子-凸轮悬臂梁机构的非线性刚度柔顺驱动器

本章介绍了一种基于滚子-凸轮悬臂梁机构的非线性刚度柔顺驱动器，可以根据给定的非线性刚度形态进行准确设计。由于悬臂梁在小变形范围内的刚度形态容易建模，同时也满足柔顺驱动器弹性元件变形，因此提出采用凸轮与悬臂梁结构作为弹性单元，采用滚子压迫凸轮轮廓实现给定刚度形态的非线性刚度特性。

5.1 基于滚子-凸轮悬臂梁机构的非线性刚度柔顺机构设计

非线性刚度柔顺驱动器相比其他类型的串联驱动器而言，主要特征在于设计的弹性结构所表现的力与位移的关系是非线性的。这种非线性关系符合本书提出的"小负载，低刚度；大负载，高刚度"的机器人与外界环境的交互刚度特征。因此，设计非线性串联弹性驱动器的核心是非线性刚度弹性结构的设计。本节提出了满足非线性特性的弹性元件的拓扑构型，并对非线性刚度设计原理进行分析。

5.1.1 弹性元件拓扑设计

柔顺结构的设计在微机电系统及微电子制造领域讨论比较广泛，然而由于不少研究针对柔顺结构输入输出关系的定性分析采用较复杂的拓扑构型，因此，难以实现其在刚度方面设计的准确性。笔者提出了由滚子和具有曲面轮廓的弹性元件组成的拓扑结构。弹性元件采用最基本的弹性单元拓扑为基本弹性结构，即弹性悬臂梁单元，该结构在弹性力学计算方面简单且具有较好精度。拓扑设计的核心是提出了带有曲面特征的接触单元。这两部分共同构成了本设计的拓扑结构的弹性元件。

弹性元件接触单元的曲面与滚子相接触，滚子推动弹性元件的接触单元朝特定方向运动以获得特定的力学性能。滚子与弹性元件在运动过程中时刻保持接触，且接触点在滚子轮廓上连续，这要求曲面轮廓连续且单调。如图 5-1 所示，曲面在平面上的形状有 a、b、c、d 四种类型，滚子可以跟每种曲面的凸面和凹面接触。然而，滚子在 a、b 的凸面接触沿 y 轴负方

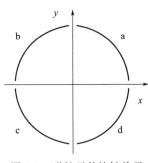

图 5-1 弹性元件接触单元曲面的四种轮廓

向运动与在 c、d 的凸面接触沿 y 轴正方向运动的效果一样。因此，滚子与曲面的接触有四种不同的类型。当滚子沿 y 轴负方向运动时，滚子与 a、b 的凸面接触，与 c、d 的凹面接触。

　　弹性悬臂梁单元可以分别与每种曲面的两端相连接，弹性结构的拓扑组合形式有图 5-2 所示八种形式。

　　滚子竖直向下运动，弹性元件受到来自滚子的作用力而产生向下的挠度和顺时针的挠角。为了保证弹性元件在弹性范围内工作，弹性元件的变形量较小。同时，为了使得滚子与弹性元件接触单元的曲面有较好的接触情形，希望有较长的接触曲线轮廓。

　　拓扑 a（1）、b（1）、a（2）和 b（2）中的弹性元件接触单元的接触曲面是凸轮廓，由于弹性元件的变形量和滚子的位移量小，两凸轮廓接触形成的接触轮廓的长度短，不宜采用。拓扑 c（1）中，滚子向下运动，弹性元件受到来自滚子的作用力，竖直向下的分力使得悬臂梁弹性单元产生向下的形变，水平向左的分力使得接触单元有逆时针旋转的趋势。通过有限元软件的初步分析，弹性悬臂梁单元与接触单元连接处的转角位置有较大的应力，导致弹性元件结构可靠性下降。拓扑 c（2），弹性元件受到的竖直向下的分力使得悬臂梁弹性单元产

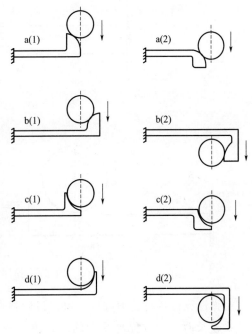

图 5-2　弹性结构的八种拓扑形式

生向下的形变，来自滚子的水平向左的分力使弹性元件继续向下变形，高的刚度要求导致弹性元件发生应力集中。拓扑 d（2），其结构相对复杂，难以获得双向对称的刚度特征。对于拓扑 d（1），其接触弧较长，且滚子在小位移量的情况下能使接触点的切线斜率在无穷大到零的范围变化，弹性元件应力分布合理，能够满足预期刚度的要求。此外，添加一个对称的弹性元件可以实现驱动器的双向运动。因此，选择拓扑 d（1）作为非线性弹性驱动器弹性结构的拓扑。

5.1.2　非线性刚度形成原理

　　分析弹性结构的非线性原理，即分析弹性结构的输入量与输出量的关系，弹性结构的输入量为滚子竖直方向的位移，输出量为滚子受到的竖直方向的作用力。

　　如图 5-3 所示，弹性元件由弹性悬臂梁单元和接触单元组成，弹性悬臂梁单元是恒定截面的悬臂梁，弹性悬臂梁单元的自由端与具有曲面轮廓的接触单元连接。把接触单元看成刚性体，滚子对弹性元件的作用力使弹性元件产生形变，此时，弹性悬臂梁单元自由端产生一个挠度和一个挠角。与弹性悬臂梁单元自由端连接的接触单元随之产生与挠度方向相同的位移和与挠角方向相同的转角。通过分析，弹性悬臂梁单元产生的挠角和挠度使得接触单元发生平移和旋转。因此，把弹性悬臂梁单元产生形变的作用等效为一个弹簧和一个扭簧的共同作用，弹簧产生平移，扭簧产生旋转。图 5-4 是弹性元件的等效示意图。

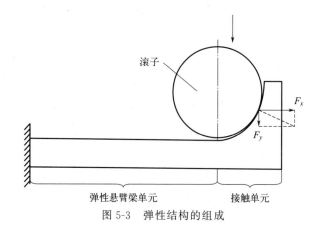

滚子

F_x

F_y

弹性悬臂梁单元   接触单元

图 5-3   弹性结构的组成

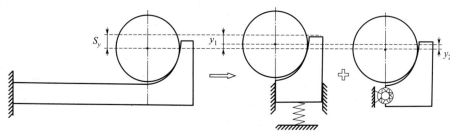

S_y y_1 y_2

图 5-4   弹性元件等效示意图

对弹性元件进行受力分析，可以得到弹性悬臂梁单元自由端的挠度 ν 和挠角 θ。当弹性悬臂梁较长时，弹性元件受到的来自滚子的 y 轴方向上的力可近似与挠度 ν 和挠角 θ 成正比。此时，弹簧刚度系数为常数，扭簧的刚度系数也为常数。

在本弹性结构中，滚子受到的竖直方向上的力与滚子在该方向上位移的微分为弹性结构的刚度。如图 5-3 与图 5-4 所示，当滚子在竖直方向上受到的力为 F_y 时，线性弹簧由于力 F_y 从而产生 y_1 形变量，F_y 与 y_1 成线性关系。与此同时，由于 F_y 的作用，接触单元产生一个转动，与接触单元转角 θ 近似成线性关系。在接触单元的转动过程中，为了保证滚子与接触单元时刻保持接触，滚子在竖直方向上平移 y_2，将 y_2 称为空行程，y_2 的数值与接触点处的斜率和接触单元的转角有关。一般情况下，y_2 与 F_y 不成比例关系。在 F_y 的作用下，滚子的总位移为 s_y，其包含弹簧产生的位移量 y_1 和扭簧作用产生的位移量 y_2。由于 y_1 与 F_y 成正比，而 y_2 与 F_y 成非线性关系，因此 s_y 与 F_y 成非线性关系，即弹性结构实现变刚度。

相比弹性悬臂梁单元自由端的挠度 ν 引起滚子的移动，将接触单元的转动导致滚子产生向下的位移称为空行程，空行程使得弹性结构能够实现变刚度。而接触单元的曲面轮廓则决定了空行程的大小，影响着刚度变化数值。接触单元的接触面轮廓可分为直线面轮廓和曲面轮廓。

（1）接触单元接触面为直线面

接触面为直线面，表现为接触轮廓是直线。如图 5-5 所示，建立直角坐标系，以 O 为坐标原点，水平向右方向为 x 轴正方向，竖直向上方向为 y 轴正方向。接触线与滚子接触，其绕转动中心 O 做圆周运动，半径为 r 的滚子沿 y 轴方向运动，滚子圆心与 y 轴的偏距为

L。虚线表示滚子与接触线的初始接触位置，此时接触线与 x 轴的夹角为 γ。接触线顺时针转动 φ 到达实线位置，即扭簧受到力 F_y 产生转角 φ。扭簧的刚度系数为常数，F_y 与 φ 成正比。滚子圆心 C 的坐标为

$$\begin{cases} x_C = L \\ y_C = L\tan(\gamma-\varphi) + \dfrac{r}{\cos(\gamma-\varphi)} \end{cases} \tag{5-1}$$

由于 F_y 与 φ 成正比，F_y 与滚子圆心的位移量 s_y 的关系可以转化为 φ 与 s_y 的关系。在不失一般性的情况下，各参数选取如下数值，$L=6\text{mm}$，$r=5\text{mm}$，$\gamma=75°$。

图 5-6(a) 是滚子位移量与接触线转过角度的关系，接触单元的转角与滚子的位移量成非线性关系。曲线的 y 轴数值表现出连续递增的状态，同时 y 轴数值最开始变化很快，随后逐渐趋于平缓。这表明，随着转角数值 φ 的增加，滚子位移量逐渐增加，同时其增加量逐步减少。在接触面是直线面的情况下，随着接触面转动幅度的增加，相同转角变化量引起的滚子的位移即空行程数值逐渐减小。

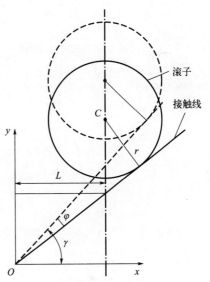

图 5-5　接触线轮廓为直线的运动分析

以 s_y 为横坐标，φ 为纵坐标作图，如图 5-6(b) 所示，得到 φ 与 s_y 的关系。由于 F_y 与 φ 成正比，图中 φ 与 s_y 的关系可以看成是 F_y 与 s_y 的关系，其斜率表示滚子与接触单元构成的系统刚度。图 5-7 是图 5-6(b) 上的曲线各点处的斜率，可以看出曲线的斜率不断增加，反映了滚子与接触单元组成的系统刚度是非线性的，并且是递增的。

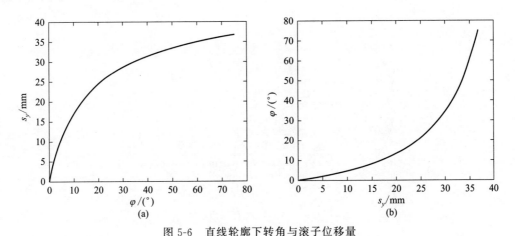

图 5-6　直线轮廓下转角与滚子位移量

（2）接触单元接触面为曲面

接触面是曲面，其表现为接触轮廓在平面上是曲线，曲线的特征在于曲线各点处斜率是变化的。图 5-8 是接触线轮廓为曲线时滚子运动情况，水平向右为 x 轴的正方向，竖直向上为 y 轴的正方向。用两段斜率不同的直线段组成的折线代替接触曲线进行滚子运动的分析，接近旋转中心的直线段斜率比远离旋转中心的直线段斜率小，两直线段所形成的锐角为 ϕ。

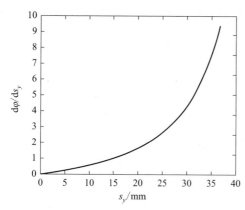

图 5-7　直线轮廓下滚子位移相对转角的变化率

滚子竖直向下运动，为简化分析，滚子圆心设在 y 轴上。黑色虚线表示滚子与接触线的初始位置，此时，接触线接近旋转中心的直线段与 x 轴的夹角为 γ，r_1 是接触线接近旋转中心的直线段的长度。图 5-8 中，滚子与两直线段组成的折线接触时存在三个阶段。

开始阶段，如图 5-8 黑色实线所示，滚子与远离旋转中心 O 的直线段接触。滚子圆心的坐标可表示为

$$\begin{cases} x_C = 0 \\ y_C = l_1 + l_2 + l_3 \end{cases} \tag{5-2}$$

其中，

$$\begin{cases} l_1 = r\cos(\phi + \gamma - \varphi), (\varphi + \gamma - \varphi) < 90° \\ l_2 = \left[r\sin(\phi + \gamma - \varphi) - r_1\cos(\gamma - \varphi) \right] \tan(\phi + \gamma - \varphi) \\ l_3 = r_1\sin(\gamma - \varphi) \end{cases} \tag{5-3}$$

过渡状态，如图 5-8 浅灰色实线所示，滚子与两直线段同时接触。该状态有如下的关系式

$$r\tan(\gamma - \varphi) + r\tan\frac{\phi}{2} = r_1 \tag{5-4}$$

在此状态下接触线转过的角度为

$$\varphi = \gamma - \arctan\left(\frac{r_1}{r} - \tan\frac{\phi}{2} \right) \tag{5-5}$$

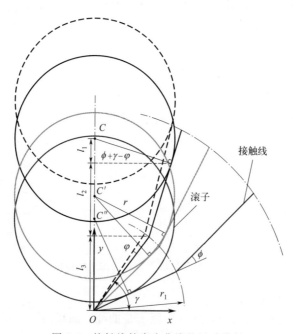

图 5-8　接触线轮廓为曲线的运动分析

后面阶段，如图 5-8 深灰色实线所示，滚子与接近转动中心 O 的直线段接触。滚子圆心

C 的 y 轴坐标为

$$y_{C''} = \frac{r}{\cos(\gamma - \varphi)} \quad (5-6)$$

在这里，选取系统的各参数为：$r = 5\text{mm}$，$r_1 = 6\text{mm}$，$\gamma = 65°$，$\phi = 5°$。

图 5-9 是接触单元转动角度 φ 与滚子竖直位移量 s_y 的关系，实线是开始阶段滚子的位移量，虚线是后面阶段滚子的位移量，实线和虚线的交接处是滚子同时与接触线的两直线段接触的过渡状态。由于 F_y 与 φ 成正比，图 5-9 曲线的斜率值反映了滚子和接触单元组成的系统的刚度。图 5-10 是图 5-9 曲线各点处的斜率值，可以看出滚子和接触单元组成的系统刚度变化情况。图 5-10 中，曲线 y 轴数值在实线与虚线的交接处发生突变，表明滚子和接触单元组成的系统的刚度在此刻发生突变。通过上述的分析，改变接触线的斜率可以改变系统刚度变化的速度。

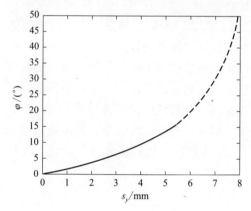

图 5-9　曲线轮廓下转角与滚子位移量

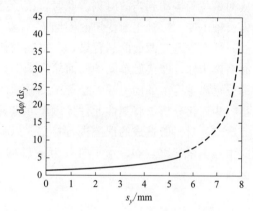

图 5-10　曲线轮廓下滚子位移相对转角的变化率

从上述分析可知，滚子推动弹性元件运动的过程中，弹性元件接触单元发生转动是弹性结构实现非线性刚度的根本原因，接触单元的曲线轮廓则是调节弹性结构刚度变化速度的关键，可以实现滚子在小位移量下大量程的刚度变化。

5.2　非线性刚度驱动器弹性元件设计和仿真验证

柔顺驱动器主要包含动力源、传动系统、弹性结构、传感器和控制系统，弹性结构是实现非线性刚度的关键，本质是柔顺驱动器弹性元件的设计。本节根据给定的驱动器的力学性能，设计核心部件弹性结构中弹性元件的形状，并在仿真软件中验证弹性元件设计的准确性。

5.2.1　驱动器弹性元件设计

弹性元件是柔顺驱动器的核心零件，弹性元件的尺寸直接影响柔顺驱动器的力学性能。因此，对弹性元件进行设计是柔顺驱动器结构设计的关键。弹性元件包含弹性悬臂梁单元和接触单元。自然地，弹性元件的设计也包含两部分，一部分是弹性悬臂梁单元的尺寸设计，另一部分是接触单元曲面轮廓设计。

（1）弹性元件的材料选择

弹性元件在柔顺驱动器运动中反复受到不断变化的作用力，材料选择上要求要有较好的力学性能，有较高的疲劳强度和屈服强度。合金弹簧钢具有较高的弹性极限和抗疲劳性能，可以保证弹性元件有足够的弹性形变能力并能承受较大的载荷。本书中的弹性元件采用的材料为50CrVA合金弹簧钢，材料的主要力学性能如表5-1所示。

表5-1 50CrVA的材料属性

密度	弹性模量	泊松比	屈服强度
7850kg/m³	206GPa	0.29	1230MPa

（2）弹性元件的运动与受力分析

图5-11是弹性元件运动过程中的受力分析图。图5-11（a）是弹性结构在弹性元件平面的运动过程及弹性元件受力分析，图5-11（b）是滚子在外筒的径向平面运动图。图中虚线表示弹性元件与滚子的初始位置，此时弹性元件的变形量为零。实线表示滚子挤压弹性元件从初始位置运动到当前时刻。此时，滚子绕外筒的轴心 O' 转动 β，在图5-11（a）平面上表现为长轴不变，短轴逐渐变短的椭圆 C 沿着 y 轴竖直向下运动一定的位移量。本书设计的弹性元件实质是变截面的悬臂梁，考虑到变截面悬臂梁的计算非常复杂且由于变截面部分的截面高度未知，即接触单元的曲面轮廓未知，无法进行变截面悬臂梁求解。同时，由于变截面部位远离悬臂梁的固定端，悬臂梁变截面的高度数值比恒定截面部分的大，变截面部位应变小。为简化分析，将弹性元件接触单元（悬臂梁变截面部分）看成刚性体进行受力分析，后面章节将对其所造成的误差进行补偿。以弹性元件初始位置，弹性悬臂梁单元自由端竖直方向中点为坐标原点 O，水平向右为 x 轴的正方向，竖直向上为 y 轴的正方向，建立直角坐标系。

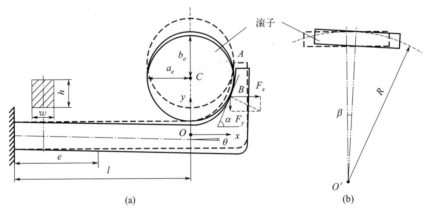

图5-11 弹性元件的受力分析

在当前时刻，滚子受到外负载 τ 的作用产生转角 β。弹性元件与滚子的接触点为 B，弹性元件在接触点 B 处受到的作用力为 $F(F_x, F_y)$。作用力与外负载的关系为

$$\tau = qF_y R \tag{5-7}$$

其中，R 为滚子绕外筒轴心 O' 的旋转半径，q 为柔顺驱动器包含弹性结构的个数。

由于接触单元体被视为刚性体，将接触点 B 处的两个分力转移到弹性悬臂梁单元自由端竖直方向的中心。由于力的转移而产生的力矩为

$$M_0 = -(F_y x + yF_y \tan\alpha) \tag{5-8}$$

其中，(x, y) 是当前接触点 B 的坐标，α 是曲面轮廓在接触点 B 处的切线与 x 轴的

夹角。

因此，弹性悬臂梁单元自由端受到的力和力矩为 F_y 和 M_0。距离固定端 e 的弹性悬臂梁单元的横截面受到的力矩为

$$M_e = - \left[F_y x + y \tan\alpha F_y + F_y (l-e) \right] \tag{5-9}$$

其中，l 是弹性悬臂梁单元的长度。

在图 5-11(a) 中，考虑到内外筒相对转角很小，弹性元件的变形量不大，分析中采用挠曲线近似微分方程描述弹性元件的形变特征。根据挠曲线近似微分方程，可以得到弹性悬臂梁单元横截面处的挠度 ν_e 和挠角 θ_e

$$\begin{cases} \nu_e = -\dfrac{1}{EI} \iint \left[F_y x + y F_y \tan\alpha + F_y (l-e) \right] \mathrm{d}e\, \mathrm{d}e \\ \theta_e = -\dfrac{1}{EI} \int \left[F_y x + y F_y \tan\alpha + F_y (l-e) \right] \mathrm{d}e \end{cases} \tag{5-10}$$

其中，E 是材料的弹性模量，I 是弹性悬臂梁单元横截面关于 z 轴的惯性矩，z 轴遵守右手定则。

弹性悬臂梁单元自由端处的挠度 ν 和挠角 θ 分别为

$$\begin{cases} \nu = -\dfrac{1}{EI} \left[(F_y x + y F_y \tan\alpha) \dfrac{l^2}{2} + F_y \dfrac{l^3}{3} \right] \\ \theta = -\dfrac{1}{EI} \left[(F_y x + y F_y \tan\alpha) l + F_y \dfrac{l^2}{2} \right] \end{cases} \tag{5-11}$$

当前接触点 B 是弹性元件变形后在接触轮廓上的点，该接触点在弹性元件未变形时的坐标为 (m_i, n_i)，接触点 B 在弹性元件变形前后的坐标关系可以表示为

$$\begin{cases} x = m_i \cos\theta - n_i \sin\theta \\ y = m_i \sin\theta + n_i \cos\theta + \nu \end{cases} \tag{5-12}$$

此外，接触点 B 不仅位于接触单元的接触轮廓上，同时也在滚子的圆周上。所以：

$$\begin{cases} x - x_C = a_e \cos\psi \\ y_C - y = b_e \sin\psi \end{cases} \tag{5-13}$$

其中，(x_C, y_C) 是当前时刻滚子上顶面圆心 C 的坐标，ψ 是椭圆参数方程的角度。a_e 是椭圆的长半轴，b_e 是椭圆的短半轴。

在弹性元件未变形时接触点 B 处的切线角度为 $(\alpha - \theta)$，因此，弹性元件未变形时该点处切线的斜率可以表示为

$$\tan(\alpha - \theta) = \frac{n_{i-1} - n_i}{m_{i-1} - m_i} \tag{5-14}$$

其中，(m_{i-1}, n_{i-1}) 是前一时刻滚子与弹性元件的接触点 A 在弹性元件变形前的坐标。

根据式 (5-13)，当前接触点 B 在弹性元件变形后的切线斜率可以表示为

$$\tan\alpha = \frac{b_e}{a_e} \cot\psi \tag{5-15}$$

椭圆 C 的长半轴与短半轴可以表示如下

$$\begin{cases} a_e = r \\ b_e = r \cos\beta \end{cases} \tag{5-16}$$

其中，r 为滚子的半径。

当滚子绕轴心做圆周运动时，圆心的坐标为

$$\begin{cases} x_C = 0 \\ y_C = y_0 - R\sin\beta \end{cases} \tag{5-17}$$

（3）弹性结构的基刚度

根据上面章节弹性结构非线性刚度原理的分析，非线性刚度是由接触单元的转动导致滚子产生向下的空行程。据此，在弹性元件变形量小的情况下，当滚子与弹性元件的弹性悬臂梁单元接触时，滚子的空行程为零，弹性结构的刚度最大，最大刚度近似为弹性悬臂梁单元自由端在 y 轴方向上的刚度，此刚度为弹性结构的基刚度。在柔顺驱动器结构确定的情况下，柔顺驱动器的刚度量程取决于弹性结构的基刚度。

上述涉及的刚度有柔顺驱动器的刚度，弹性结构的刚度，弹性结构的基刚度以及弹性悬臂梁单元自由端竖直方向的刚度。

柔顺驱动器的刚度 k_j 定义为柔顺驱动器受到的外负载 τ 与由于外负载的作用产生的转角 β 的导数。

$$k_j = \frac{\partial \tau}{\partial \beta} \tag{5-18}$$

弹性结构的刚度 k_e 定义为弹性结构的滚子受到的 y 轴方向的作用力与该力作用下滚子在 y 轴方向的位移量 s_C 的偏导数。由于滚子在 y 轴上的位移量 s_y 是力 F_x 和 F_y 共同作用的结果，所以 s_y 比 s_C 大。因此，

$$k_e = \frac{\partial F_y}{\partial s_C} > \frac{\partial F_y}{\partial s_y} \tag{5-19}$$

根据弹性元件的运动分析，滚子转动过程中，滚子的上顶面在俯视图上形状由圆逐渐变成椭圆，椭圆的长轴为 a_e，短轴为 b_e。滚子转动 β 时在弹性元件平面上 y 轴方向的位移量为

$$s_y = R\sin\beta \tag{5-20}$$

弹性悬臂梁单元自由端竖直方向的刚度为

$$k_l = \frac{\partial F_y}{\partial s_\nu} > \frac{\partial F_y}{\partial \nu} \tag{5-21}$$

其中，s_ν 是弹性元件仅在 F_y 作用下弹性悬臂梁自由端的挠度。

当材料一定时，弹性悬臂梁单元的尺寸决定了弹性悬臂梁单元自由端在竖直方向上的刚度。当弹性悬臂梁单元的尺寸确定，其自由端竖直方向的刚度固定，即 k_l 为常数。

根据 5.1.2 节的分析，由于空行程的存在，对于负载增量 ∂F_y，弹性悬臂梁单元的挠度 ∂s_ν 与滚子竖直方向的位移增量 ∂s_C 存在如下的关系

$$\partial s_\nu \leqslant \partial s_C \tag{5-22}$$

因此，可得

$$\frac{\partial F_y}{\partial s_\nu} \geqslant \frac{\partial F_y}{\partial s_C} \tag{5-23}$$

即弹性悬臂梁单元自由端竖直方向的刚度 k_l 大于等于弹性结构的刚度 k_e。弹性结构的基刚度即为弹性悬臂梁单元自由端竖直方向的刚度 k_l。

根据式（5-7）、式（5-18）、式（5-19）以及式（5-20）得柔顺驱动器刚度 k_j 与弹性结构刚

度 k_e 的关系

$$k_j < qk_eR^2 \tag{5-24}$$

上述公式表明了弹性结构的基刚度决定了柔顺驱动器的刚度量程。

（4）给定的力矩位移关系

机器人与外界环境的交互刚度满足"小负载，低刚度；大负载，高刚度"。为了验证根据力矩-位移曲线逆向设计柔顺驱动器弹性元件方法的有效性，柔顺驱动器的力矩位移关系必须预先给定，给定的力矩位移关系满足"小负载，低刚度；大负载，高刚度"。

柔顺驱动器受到外负载会产生相对转角 β，相对转角的产生使得驱动器在运动的过程中出现位置误差，较小的相对转角量程，以确保位置误差在小范围内。式（5-25）是给定柔顺驱动器的力矩位移方程，其系数可根据实际需要调整。方程中相对转角 β 的单位是角度，最大相对转角为 $1.8°$。

$$\tau = 0.54\beta^5 - 0.75\beta^4 + 5\beta^3 + 2.1\beta, \beta \leqslant 1.8° \tag{5-25}$$

根据式（5-25）通过微分可以得到柔顺驱动器在不同相对转角下的刚度，如式（5-26）所示。

$$k_j = 2.7\beta^4 - 3\beta^3 + 15\beta^2 + 2.1, \beta \leqslant 1.8° \tag{5-26}$$

图 5-12 是通过力矩方程（5-25）得到的柔顺驱动器的力矩位移曲线，最大力矩值为 $35\text{N} \cdot \text{m}$。图 5-13 是通过方程（5-26）得到的柔顺驱动器的刚度曲线，可以看出刚度值不断增加，满足"小负载，低刚度；大负载，高刚度"的要求。

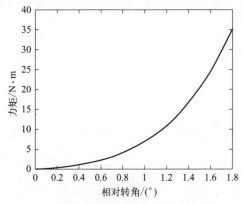

图 5-12　柔顺驱动器的力矩位移曲线

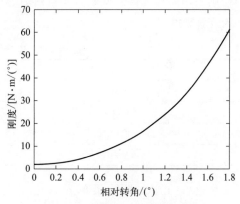

图 5-13　柔顺驱动器的刚度曲线

（5）弹性悬臂梁单元尺寸优化

在上述的分析中，柔顺驱动器的最大刚度取决于弹性结构的基刚度，即弹性悬臂梁单元自由端竖直方向上的刚度。弹性悬臂梁单元自由端竖直方向上的刚度与材料和弹性悬臂梁单元的尺寸有关。为了能够使柔顺驱动器的最大刚度满足设计要求，必须优先对弹性悬臂梁单元的尺寸进行设计。此外，弹性悬臂梁单元的设计受到材料许用应力和装配空间的约束。因此，弹性悬臂梁单元的尺寸优化设计是在实现要求的基刚度尺寸里寻找满足约束条件的最优尺寸。

弹性结构在柔顺驱动器中以 $120°$ 的夹角分布在内外筒的圆周上，使内外筒的受力较为均匀平稳。每个弹性结构所承受的外负载如式（5-27）所示。

$$\tau_e = 0.18\beta^5 - 0.25\beta^4 + 1.67\beta^3 + 0.7\beta, \beta \leqslant 1.8° \tag{5-27}$$

单个弹性结构在柔顺驱动器中分担的最大外负载为 11.8N·m，根据式(5-7)，弹性元件受到的 y 轴方向的最大力为 352N，考虑到弹性元件还受到 x 轴方向的力，此时，设定等效作用在弹性悬臂梁单元 y 轴方向的最大力为 500N。弹性元件的刚度为 20N·m/(°)，根据式(5-24)，单个弹性结构的基刚度不小于 1020N/mm，选取基刚度为 1430N/mm。

表 5-2 是弹性悬臂梁单元的优化参数。在弹性悬臂梁单元的尺寸优化设计中，以弹性悬臂梁单元自由端竖直方向的刚度为优化目标，寻找接近弹性结构基刚度的刚度值。弹性悬臂梁单元的长宽高为设计变量，弹性悬臂梁单元的长、宽、高受到装配空间的约束。根据弹性悬臂梁单元材料的屈服强度，考虑安全系统，取材料的许用应力为 900MPa，以弹性材料的许用应力为约束条件。

表 5-2 弹性悬臂梁单元的优化参数

优化目标	刚度		接近基刚度(1430N/mm)
设计变量		长度 l	23mm<l<25mm
		宽度 w	3mm<w<3.5mm
		高度 h	3mm<h<5mm
约束条件		应力 σ	≤900MPa

根据优化目标、设计变量以及约束条件，利用 ANSYS Workbench 进行弹性悬臂梁尺寸优化分析，把优化目标上的刚度转化为弹性悬臂梁单元自由端在竖直方向上受到 500N 力的作用下，寻找弹性悬臂梁单元自由端的挠度为 0.35mm。采用遗传算法，得到的优化结果如表 5-3 所示。

表 5-3 弹性悬臂梁单元的优化结果

参数	优化值
长度 l	24.4mm
宽度 w	3.4mm
高度 h	4.9mm
基刚度	1420N/mm

优化后的弹性悬臂梁单元自由端在竖直方向上受到 500N 的作用下，最大的应力为 892MPa。

(6) 接触单元曲面轮廓求解流程图

接触单元的设计本质上是求解接触单元的曲面轮廓。弹性悬臂梁单元形状的确定以及滚子与弹性悬臂梁单元的位置关系是设计接触单元的前提条件。上述部分已经根据给定的力矩-位移曲线确定了弹性结构的基刚度，并设计了弹性悬臂梁单元的尺寸。滚子竖直向下运动，接触点到滚子圆周的下端点时，弹性结构的刚度应达到基刚度值，此时滚子与弹性元件弹性悬臂梁单元自由端接触。因此，滚子的圆心 x 轴坐标与弹性悬臂梁单元自由端位置一致。

本章节对弹性元件的受力分析是求解接触单元曲面轮廓的关键。分析过程由弹性结构的初始位置开始直至弹性结构最大位移量，据此，曲面轮廓由弹性结构初始位置时的初始接触点开始进行求解。分析中，由于曲面轮廓未知，接触点的斜率用距离很小的两个临近点的斜率进行逼近。利用迭代的方法，通过前一接触点的位置求解当前接触点的位置，从而实现接触单元曲面轮廓的求解。

图 5-14 是利用 Matlab 软件求解接触单元曲面轮廓的程序流程图。在完成初始化后，求解程序主要分为两部分，第一部分是确定初始接触点的位置，第二部分是求解各接触点的坐标即接触单元的曲面轮廓。弹性元件与滚子在初始接触位置，接触点处没有相互作用力，初始刚度与初始接触点切线的斜率成特定关系，初始接触点的斜率可以根据接触点在滚子圆周上这一条件进行求解。初始刚度为零时，初始接触点在滚子的右侧端点，此时接触点的斜率为无穷大。

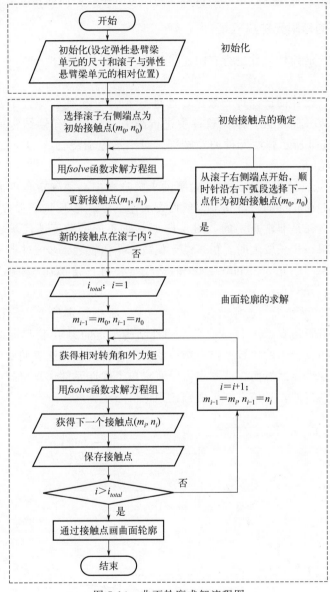

图 5-14　曲面轮廓求解流程图

当初始刚度不为零，初始接触点在滚子的右下半圆弧线上。首次选择滚子的右侧端点作为初始接触点，求解下一接触点。由于下一接触点的力的数值给定，当初始接触点未到初始刚度对应的接触点时，接触点的横纵坐标数值较理论值大，根据式(5-11)，弹性元件的挠度比较大，这就导致下一个接触点在未发生变形的状态下的坐标在滚子内。通过判断下一个接触点在未发生变形时的坐标是否在滚子内确定是否是初始刚度对应的初始接触点。

初始接触点确定后，根据角度迭代步长和角度变化范围设定迭代总次数 i_{total}。角度迭代步长的选取直接影响曲面轮廓的求解精度，迭代步长越小，曲面轮廓的精度就越高。迭代总次数确定后，根据当前迭代的次数确定对应的相对转角和外力矩，利用 $fsolve$ 函数对由式(5-7)、式(5-11)～式(5-17)所组成的方程组进行求解，得到接触点变形前后的坐标。判断迭代次数，当小于给定的迭代总次数时，以现在的接触点为基础，进行下一个接触点的求解。否则退出程序，并根据求解得到的接触点画出接触单元的曲面轮廓。

5.2.2 弹性元件的有限元仿真验证

对上一节所设计的弹性元件进行有限元仿真，以验证其准确性。

（1）仿真分析

根据第 3 章弹性元件的设计得到数据，通过 SolidWorks 建立弹性结构的三维模型，并将其导入 ANSYS Workbench 有限元软件中进行静力学分析。弹性结构外形规整，采用六面体网格。固定图 5-3 所示弹性元件的左端部，对滚子施加绕轴心 O' 的旋转位移，求解弹性元件承受的负载值。

① 迭代步长的选择。接触单元曲面轮廓的求解过程中必须确定角度的迭代步长，小的迭代步长可以确保曲面轮廓的求解精度。然而，太小的迭代步长将会造成过长的求解时间。因此，迭代步长的选择是非常重要的。图 5-15 是根据不同的角度迭代步长求解得到的弹性元件进行的仿真结果，步长较大时，仿真结果偏离理论值较大；步长小到一定的程度，仿真结果趋向于稳定值。图中 0.001° 和 0.0005° 的迭代步长仿真结果基本一致，为减少计算量，选择 0.001° 作为迭代步长值。

② 有限元仿真结果分析。选择迭代步长 0.001°，根据预定的力矩位移关系设计弹性元件，并对弹性元件进行仿真。图 5-16 是单个弹性结构预定的力矩-位移曲线与根据上述要求得到的弹性元件的仿真结果的比较。仿真结果值在理论值附近，这表明所设计的弹性元件基本能实现预定的力学性能。然而，从图中可以看出单个弹性元件仿真得到的力矩值与理论力矩值之间存在一定的误差，且仿真结果值都比理论值略小。

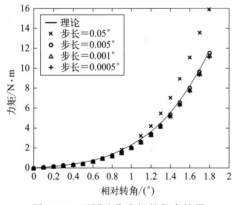
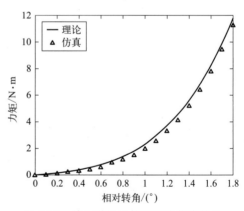

图 5-15　不同迭代步长的仿真结果　　　　图 5-16　单个弹性元件的初次仿真结果

在设计弹性元件的接触单元时，对弹性元件进行受力分析，将弹性元件的接触单元看成刚性体。但是，实际上，接触单元是弹性体，其受到外力时会在横向和纵向上发生微小变形。因此，在计算时，将接触单元看成刚体进行受力分析存在误差，图 5-16 的仿真结果验证了误差的存在。

图 5-17 是滚子与接触单元分别为刚性体和弹性体的弹性元件在受到相同外力矩时的运动效果图。虚线表示接触单元为刚性体时弹性结构的状态，等同于利用上述的数学模型求解的结果。实线表示接触单元为弹性体时弹性结构的状态，等同于仿真得到的结果。滚子与刚性的接触单元接触，受到外力矩的作用沿 y 轴负方向运动，滚子的圆心移动至 C 处。当接触单元为弹性体，接触单元受到来自滚子的作用力沿 x 轴的正方向和 y 轴的负方向发生弹性变形。此时滚子将从 C 处沿 y 轴负方向移动至 C' 处。对于相同的外力矩，接触单元为弹性体时滚子的位移量相比接触单元为刚性体时大。利用上述数学模型求解得到的弹性元件所表现的力学性能与预期的力学性能有差距，主要表现为设计的弹性元件仿真获得的力矩-位移曲线在理论力矩-位移曲线的右侧。

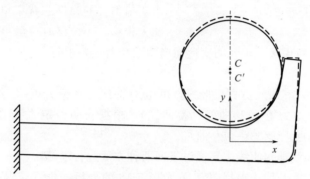

图 5-17   相同力矩接触单元分别为刚性和弹性的运动效果

图 5-18 是滚子与接触单元分别为刚性体和弹性体的弹性元件在相同的位置时的运动效果图。虚线是接触单元为刚性体时弹性结构的状态。实线是接触单元为弹性体时弹性结构的状态。当接触单元由刚性体转为弹性体，接触单元受到来自滚子的力而发生形变。若滚子位置可变，此时滚子将向下运动。滚子的位置不变，为保持滚子与弹性元件接触，则弹性元件的形变量减少，此时滚子受到的外力矩较小。此误差分析表现为设计的弹性元件仿真获得的力矩-位移曲线在理论力矩-位移曲线的下面。

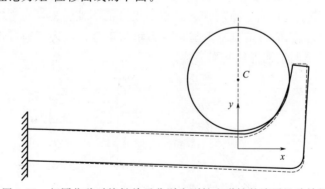

图 5-18   相同位移时接触单元分别为刚性和弹性的滚子运动效果

上述的误差评定可以用相对误差来表示，定义相对误差 e_r

$$e_r = \frac{|\tau_s - \tau_d|}{\tau_d} \tag{5-28}$$

其中，τ_d 是理论力矩值，τ_s 是仿真的力矩值。

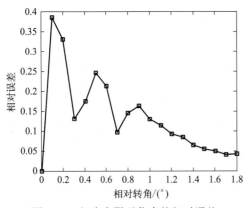

图 5-19　初次有限元仿真的相对误差

图 5-19 是有限元仿真获得的力矩值与理论力矩值的相对误差，相对误差值大体呈递减的趋势。最大的相对误差为 0.4，最小的相对误差为 0.043。在小位移时相对误差较大，主要有两方面的原因。第一，小位移时力矩的理论值很小，相对误差的分母数值小。相同的绝对误差值在小位移时表现为更大的相对误差。第二，在小位移时，接触点在接触单元曲面轮廓的上面部分，接触单元在 x 轴方向的厚度较小，容易发生变形。同时，在小位移时，小的力矩值引起的弹性悬臂梁单元的形变量小。相比大位移，小位移时接触单元变形占弹性元件变形的比重较大，未考虑接触单元的变形而产生的相对误差也较大。

（2）误差补偿

根据上述的分析，有限元仿真获得的力矩-位移曲线与理论力矩-位移曲线存在误差。为了减少误差，构建新的力矩-位移曲线（伪曲线），根据新的力矩-位移曲线设计弹性元件，使仿真结果进一步接近理论力矩-位移曲线。

新的力矩-位移曲线即伪曲线主要通过下面两种方法进行求解。

① 位移修正的误差补偿。根据图 5-16 及图 5-18 的分析，仿真获得的力矩-位移曲线与理论力矩-位移曲线在同一力矩情况下存在位移误差 $\Delta\beta$，如图 5-20 所示。这个误差值在接触单元变形较小的范围内可近似看成线性变化，也就是说，仿真获得的力矩-位移曲线同理论力矩-位移曲线的误差在给定力矩情况下成比例关系，因此，可以根据这个比例关系获得新的力矩-位移曲线。为方便计算，我们使新力矩-位移曲线与期望力矩-位移曲线的误差在同力矩下与仿真结果的力矩-位移曲线和期望力矩-位移曲线位移差值等值。

图 5-20 中点画线是根据理论的力矩-位移曲线与仿真的力矩-位移曲线的位移差值构建的新的力矩-位移曲线，用于公式计算。通过修正的力矩-位移关系计算出接触单元的曲线轮廓。图 5-21 是利用修正位移差值进行误差补偿后设计的弹性元件经过有限元仿真得到的力矩值，图 5-21 中仿真得到的力矩值基本与理论力矩值重合，这表明通过误差补偿后的弹性元件所表现的力学性能与预期性能基本一致。

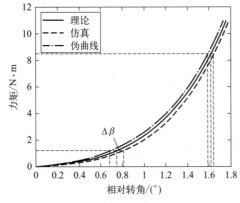

图 5-20　修正位移差值进行误差补偿

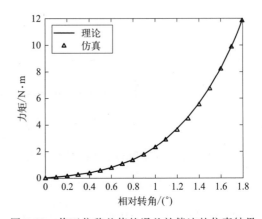

图 5-21　修正位移差值的误差补偿法的仿真结果

图 5-22 是误差补偿前后有限元仿真获得的力矩与理论力矩的相对误差，补偿后相对误差的最大值为 0.124，最小相对误差为 0.0002，相对误差值基本维持在 0.05 以下。相比于添加相同位移偏差值的方法构建新的力矩-位移曲线进行误差补偿可以大幅度降低误差值。

② 力矩修正的误差补偿。根据图 5-16 及图 5-18 的分析，仿真获得的力矩-位移曲线与理论力矩-位移曲线在同一位移情况下存在力矩误差 $\Delta\tau$，如图 5-23 所示。这个力矩偏差值在接触单元形变变化量较小的范围内可近似看成线性变化，也就是说，仿真获得的力矩-位移曲线同理论力矩-位移曲线的误差在给定位移情况下成比例关系。因此，可以根据这个比例关系获得新的力矩-位移曲线，为方便计算，我们使新力矩-位移曲线与期望力矩-位移曲线的误差在同位移下与仿真结果的力矩-位移曲线和期望力矩-位移曲线力矩差值相等。

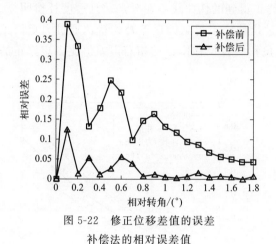

图 5-22　修正位移差值的误差
补偿法的相对误差值

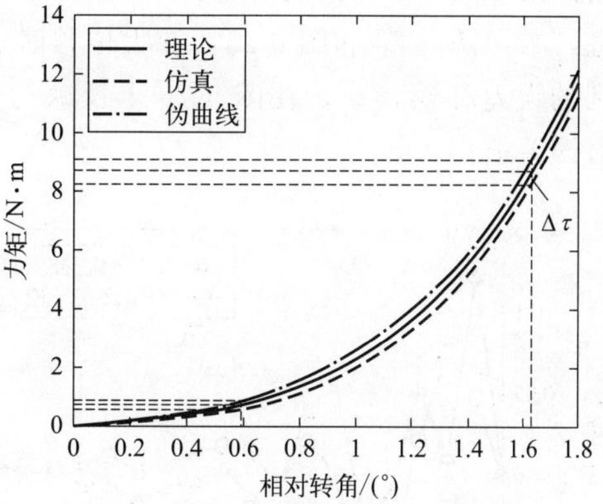

图 5-23　修正力矩差值进行误差补偿

图 5-23 中的点画线是根据理论的力矩-位移曲线与仿真的力矩-位移曲线的力矩差值构建的新的力矩-位移曲线，用于公式计算。通过修正的力矩位移关系计算出接触单元的曲线轮廓。图 5-24 是通过上述误差补偿方法得到的有限元仿真结果，仿真得到的力矩-位移曲线与期望的力矩-位移曲线基本一致。

图 5-25 是利用修正力矩差值的误差补偿法的前后仿真，获得力矩与期望力矩之间的相对误差，误差补偿的最大相对误差为 0.09，最小相对误差为 0.001，上述的误差补偿大幅度降低了相对误差值，提高了弹性元件的设计精度。

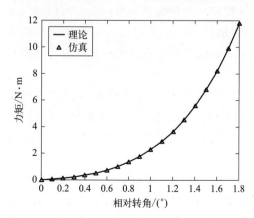

图 5-24　修正力矩差值的误差补偿法的仿真结果

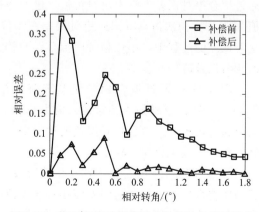

图 5-25　修正力矩差值的误差补偿法的相对误差

③ 两种误差补偿方法的对比。上述两种误差补偿方法都能大幅度地减小相对误差值，下面是对两种误差补偿方法的比较。图 5-26 是两种误差补偿方法所得到的相对误差值，为了更好地对两种误差补偿方法得到的相对误差值进行对比，图 5-26 的相对误差值设置为实数值。在小位移阶段，利用修正位移差值进行误差补偿获得的相对误差值曲线在利用修正力矩差值进行误差补偿获得的相对误差值曲线上面，且仿真后得到的相对误差值基本为正值，通过修正位移差值进行误差补偿的方法在小位移阶段会形成过度误差补偿，如图 5-27 所示，位移修正所得到的伪曲线在力矩修正得到的伪曲线的上方。参照图 5-20 和图 5-23，小位移时力矩-位移曲线变化比较平缓，同一力矩下理论位移与初次仿真结果的位移差值比较大。然而，同一位移下理论力矩与初次仿真结果的力矩差值比较小，通过两种误差补偿方法得到的伪曲线如图 5-27 所示。在初始位置，位移修正得到的伪曲线不在零点，且过度补偿明显。依理，参照图 5-20 和图 5-23，在大位移时通过位移修正得到的误差补偿量比通过力矩修正得到的误差补偿量小，在图 5-26 上反映为大位移阶段位移修正的相对误差值比力矩修正的相对误差值小。

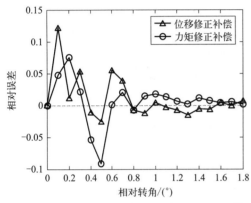

图 5-26　两种误差补偿方法得到的相对误差值

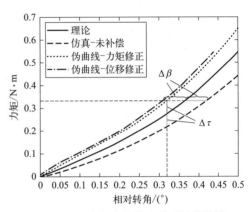

图 5-27　两种误差补偿法得到的伪曲线

根据上述分析，考虑位移修正在小位移阶段会存在过大的误差补偿，本书选取力矩修正方法进行误差补偿。

在进行力矩修正的过程中，可以通过拟合仿真得到的力矩位移曲线求解力矩差值。图 5-25 是通过上述方法进行误差补偿得到的相对误差值，最大相对误差为 0.09。图 5-28 是通过拟合绝对误差求解力矩修正值，进而进行误差补偿得到的相对误差值，最大的相对误差值为 0.13。初次仿真得到的绝对误差在小位移阶段数值较小，大位移阶段数值较大。拟合绝对误差的过程中，小位移阶段拟合误差较大，从而导致误差修正后在小位移阶段仿真得到的相对误差值较大。

图 5-29 是通过拟合相对误差求解力矩补偿值进行误差修正得到的相对误差，相比图 5-28，图 5-29 的最大相对误差值为 0.063。初次仿真得到的相对误差在小位移阶段较大，大位移阶段较小。拟合相对误差的过程中，小位移阶段的拟合误差较小，误差修正后仿真得到的相对误差值也相对较小。

综合图 5-28 与图 5-29，在小位移阶段，根据初次仿真得到的相对误差值拟合得到的修正力矩仿真后得到的相对误差较小；在大位移阶段，根据初次仿真得到的绝对误差值拟合得到的修正力矩仿真后得到的相对误差较小。图 5-30 是小位移根据相对误差值拟合得到的修正力矩以及大位移阶段根据绝对误差值拟合得到的修正力矩，进行误差补偿后得到的相对误差值，最大相对误差为 0.067。

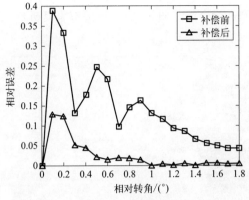
图 5-28　绝对误差拟合仿真得到的相对误差

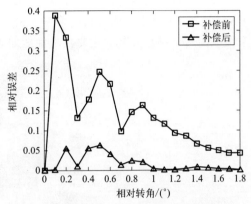
图 5-29　相对误差拟合仿真得到的相对误差

根据上述分析，与拟合初次仿真的相对误差求解修正力矩和小位移时拟合相对误差相比，大位移时拟合绝对误差得到的修正力矩具有较高的精度。

（3）接触单元曲面轮廓的非唯一性

弹性悬臂梁单元的形状固定，弹性结构的基刚度随之确定。给定力矩位移曲线，接触单元的接触轮廓与滚子半径的大小有关。

图 5-31 是滚子半径为 6.5mm、8.5mm、10mm 求得的接触单元的曲线轮廓，随着滚子半径的增大，接触单元的曲线轮廓的弧长逐渐变长。根据有限元软件仿真得知不同的滚子半径求得的弹性元件都能较好地实现给定的力学性能。这说明给定同一力矩-位移曲线，不同滚子半径，能够得到不同的接触单元曲面轮廓。

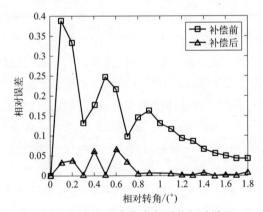
图 5-30　分段拟合仿真得到的相对误差

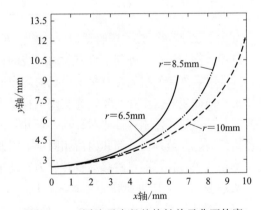
图 5-31　不同滚子半径的接触单元曲面轮廓

5.3　非线性刚度驱动器结构设计和样机设计

本节基于前述分析，设计了非线性刚度驱动器的结构，对关键零部件选型，搭建了样机及其硬件系统。

5.3.1 结构设计

非线性刚度驱动器的机械设计以天津大学现代机构学与机器人学国际中心研发的三自由度 RRP 构型肩关节康复机器人的第一个关节为例进行介绍（图 5-32），肩关节康复机器人第一个关节为转动副。关节的主要技术性能如表 5-4 所示。

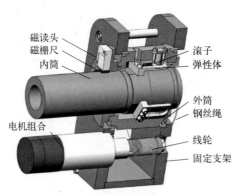

图 5-32　柔顺驱动器的整体结构

表 5-4　柔顺驱动器的主要技术性能

性能参数	数值
最大输出力矩	36N·m
长度	200mm
直径	100mm
质量	4.3kg
柔顺转角	±1.8°
关节转角	0°～300°

如图 5-32 所示，该柔顺驱动器的结构主要由电机、钢丝绳、内外筒、弹性结构以及磁栅尺传感器五部分构成。外筒上设有反向缠绕的钢丝绳，钢丝绳一端与外筒固接，另一端与线轮固接。同时，外筒侧壁固定有多根沿径向均布的滚子轴，滚子轴在外筒内侧安装有滚子。内筒外壁沿径向固定有多个弹性体，为实现双向的柔顺驱动，弹性体由两个对称的弹性元件构成。装配时，接触滚子位于弹性体对称轴上，并与两个弹性元件相接触。磁栅尺传感器由磁读头和磁栅尺组成，其分别与外筒和内筒相固定，因此可以检测内外筒相对运动，磁栅尺传感器通常用来测量直线位移，通过将移动量转换为转动量，也可以测量一定半径下的角位移量。

柔顺驱动器采用电机作为驱动源，图 5-32 所示的电机组合包含编码器、电机和减速器，电机经过减速器带动线轮转动，线轮通过钢丝绳将运动传递到外筒。滚子跟随外筒绕相同的轴线旋转。滚子与弹性体保持接触，滚子的转动将带动固联在内筒上的弹性体运动。同时，内筒跟随弹性体一起转动。当内筒不受外负载时，滚子与弹性体不存在相互作用力，此时，内筒与外筒保持同步转动。当内筒受到外负载时，弹性体与滚子存在相互作用力，弹性体产生形变，外筒与内筒将出现相对的转动。弹性体与滚子组成的弹性结构的力学性能确定时，弹性体形变量与内外筒相对转角存在相对应的关系，通过磁栅尺传感器检测内外筒的相对转角，可以间接测得内筒所受到的外负载大小。

对于内外筒直径过小的情形，弹性体与滚子可采用图 5-33 的布置方式。内外筒端部分别固联圆盘，弹性体与滚子分别安装在内外筒的圆盘上，此时，滚子与弹性体在同一平面上运动。采用滑轨与导向块，可以将关节的转动转为移动。

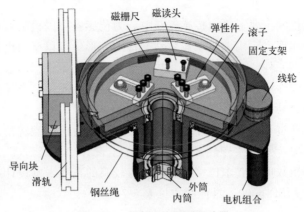

图 5-33　小直径的柔顺驱动器

在下面的分析过程中，采用图 5-32 所示的柔顺驱动器结构作为分析对象。

5.3.2　驱动器关键零部件选型

（1）电机组合系统

柔顺驱动器采用电机作为动力源，结构紧凑，反应灵敏，控制精度较高。选择 maxon 公司生产的直流无刷电机，型号为 397172，电机规格如表 5-5 所示。

表 5-5　电机规格

技术参数	数值
额定电压	24V
额定转矩	128N·m
额定转速	4860r/min
转子惯量	181g·cm²
最大效率	85%
质量	140g

电机的传动系统由齿轮箱和钢丝绳组成，齿轮箱一端与电机输出轴连接，另一端与线轮连接。选择与上述 maxon 电机相配套的齿轮箱，其规格如表 5-6 所示。

表 5-6　减速箱规格

技术参数	数值
减速比	66∶1
最大连续转矩	15N·m
惯量	15g·cm²
最大效率	72%
质量	460g

设计中丝传动的减速比为 5∶1。由电机经减速器、钢丝绳传递到外筒的最大转矩为

$$T_{\max}=0.128×66×5=42.240\text{N}·\text{m} \tag{5-29}$$

这表明所选择的电机能够满足柔顺驱动器最大输出力矩 36N·m 的要求。

（2）传感器

刚性关节外力的检测主要通过力传感器获取，力传感器可以检测力作用大小，但难以知道力的作用效果。相比而言，柔顺驱动器弹性元件的变形量可以反映出外力的作用效果，通过位移传感器检测弹性元件产生的变形量间接知道柔顺驱动器外力的数值。直接通过位移传感器测量本书设计的弹性元件的变形量难以实现，但是弹性元件变形导致的柔顺驱动器内外筒的相对转角可以很容易检测到。

柔顺驱动器在运动过程中，受到外力的作用将产生相对的柔顺转角。实际中，为减小柔顺转角导致的位置误差，要求柔顺转角数值较小，本设计中不超过 4°。通过检测小数值的柔顺转角来获取外力矩数值，要求位移传感器具有较高的精度，本设计中位移传感器选用磁栅尺传感器，型号为 MSR 5000，具体参数见表 5-7。

表 5-7 磁栅尺传感器规格

技术参数	数值
工作电压	±5V
分辨力	5μm
磁极距	5mm

磁栅尺传感器一般用于直线位移量的检测，通过将位移量转为转动量，可以测量小转动量的转角。设计中，磁栅尺固定在柔顺驱动器的内筒，磁读头固定在外筒上，两者处于同一平面且最小间距小于 5mm。

（3）丝传动设计

机械系统可以采用齿轮减速器或者钢丝绳进行力和运动的传递。对于多关节的机器人而言，下一级关节的齿轮减速器是上一级关节的额外负载。为了减轻关节的重量，本书设计的柔顺驱动器采用钢丝绳传递运动。同时，采用钢丝绳传动可以使关节布置更加灵活。根据柔顺驱动器的最大输出力矩以及关节外筒的尺寸，钢丝绳承受的最大轴向力为 720N，选用 304 不锈钢钢丝绳，其直径为 1.5mm，最大承受重量为 1480N。

5.3.3 驱动器样机设计

图 5-34 是柔顺驱动器的实验装置，主要包含柔顺驱动器、外部杆件、力传感器、信号采集卡。实验中，柔顺驱动器的外筒固定，内筒连接一外部杆件，通过外部杆件对内筒施加负载。力传感器检测外负载的数值，磁栅尺传感器检测内外筒的相对转角。通过信号采集卡获取两个传感器的信号，利用 Matlab 处理所采集的数据获得外负载与内外筒相对转角的关系，从而实现柔顺驱动器力学性能的检测。

选取 MPS-010602 多功能 USB 信号采集卡用于传感器信号的采集，该采集卡具有 16 路单端模拟信号采集和 8 路数字信号输入/输出，满足信号采集需要。MPS-010602 与计算机结合，支持多种软件编程方式，可以对信号进行分析、处理、显示与记录。本书采用 LabView 软件编程实现信号的处理与记录。

选取 TJL-1 S 型拉压测试传感器进行外力的采集，其最大量程为 200N。拉压测试传感

器搭配 TB3J1-12-V1 传感器放大器进行使用。

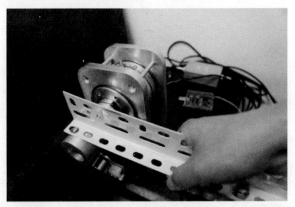

图 5-34 实验装置图

5.4 非线性刚度驱动器给定刚度仿真与实验验证

根据理论方法设计的弹性元件被加工成零件并安装在柔顺驱动器上，以开展实验验证力学性能。

在刚度满足"小负载，低刚度；大负载，高刚度"的情况下，对不同的刚度类型进行讨论，根据刚度的变化情况可以分为刚度变化率单调递增，刚度变化率单调递减以及刚度变化率先减后增或先增后减这三种情形。

前面给定的力矩-位移曲线属于刚度变化率单调递增的情形。图 5-35 是其余两种刚度类型曲线。

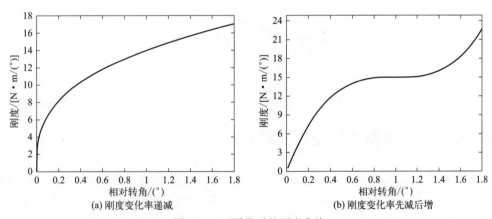

图 5-35 不同类型的刚度曲线

① 刚度变化率递减，选取刚度方程为

$$k_j = 14\beta^{\frac{1}{3}} \tag{5-30}$$

② 刚度变化率先减后增的刚度曲线，选取刚度方程为

$$k_j = 15(\beta - 1)^3 + 15 \tag{5-31}$$

图 5-36 是与图 5-35 相对应的力矩-位移曲线及其仿真结果，可以看出这两种不同类型的力矩-位移曲线的仿真结果与理论期望值吻合度高。这表明本书提出的非线性柔顺驱动器的

设计方法对于"小负载，低刚度；大负载，高刚度"的情形具有普遍适用性。

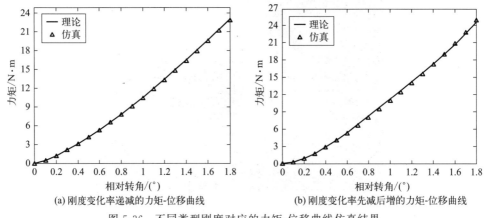

(a) 刚度变化率递减的力矩-位移曲线   (b) 刚度变化率先减后增的力矩-位移曲线

图 5-36   不同类型刚度对应的力矩-位移曲线仿真结果

图 5-37 是通过上述实验装置测量得到的柔顺驱动器的力矩-位移曲线。图中实验结果值与理论值很接近，可以看出所设计加工得到的弹性元件装配在柔顺驱动器中能较好地满足力学性能的要求。

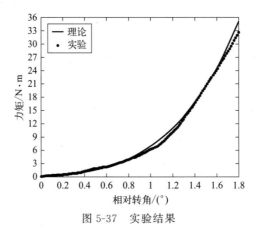

图 5-37   实验结果

5.5   非线性刚度驱动器控制性能分析

柔顺驱动器在人机交互中表现的动力学性能和安全性能等直接影响驱动器的应用价值。最基本的，驱动器要能够完成所需的运动，其中快速性、准确性和稳定性等是非常重要的性能。驱动器要具有高的带宽性能以保证驱动器可以准确且快速地输出需要的力矩/位置，而在此过程中驱动器要保证响应的稳定性以减小振荡，提高交互的平稳性和安全性。虽然NLSEA（nonlinear series elastic actuator，非线性刚度串联弹性驱动器，可简称非线性刚度驱动器）这种非线性刚度的驱动器具有不同的刚度，在低刚度时可以提高驱动器响应的平稳性和安全性，在高刚度时提高了驱动器的带宽等性能，但由于驱动器的刚度随着负载自动变化，在驱动器一次响应的过程中驱动器的刚度在不同区域内变化，尤其在大负载时，NLSEA 的刚度在负载响应的过程由低到高变化，所以与高刚度的 SEA 相比，NLSEA 的带宽性能是否有明显的优势依然值得研究。不仅是在大负载条件下，NLSEA 与同等级刚度的

SEA 的性能在同样的负载下的异同依然需要探讨。本节将从仿真和试验两个方面对 NLSEA 的控制性能进行评价，并从力矩控制带宽、力矩响应的平稳性和准确性等方面详细探讨变刚度的驱动器与不同刚度的 SEA 相比在控制性能方面的优劣，为非线性刚度柔顺驱动器的刚度设计和应用范围提供客观的参考，为变刚度驱动器刚度的优化提供一定的基础。

另外，与传统的驱动器不同，用于人机交互领域的柔顺驱动器要具有足够高的安全性。本章将基于 NLSEA 的头部损伤标准（head injury criterion，HIC）分析 NLSEA 的安全性能以保证人机交互的安全性。

5.5.1 驱动器力矩控制性能分析

图 5-38 所示为末端固定的 NLSEA 的运动模型图。J_m、b_m 和 J_g、b_g 分别代表电机和减速器的惯量和阻尼。R_1 为电机减速比。外筒的惯量和阻尼分别用 J_o 和 b_o 表示。外筒与减速器之间的运动通过钢丝绳传递，传动比为 R，钢丝绳施加在外筒上的力矩为 τ_o，外筒转过的角度为 θ_o。电机和减速器力矩 τ_m、τ_g 以及外筒上的力矩 τ_o 和滚子/内筒施加在弹性元件上的力矩 τ_e 之间的关系可以用式(5-32)～式(5-35) 表示。

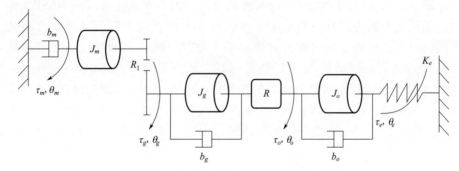

图 5-38 末端固定的 NLSEA 的运动模型图

$$\tau_m - \tau_g = J_m \ddot{\theta}_m + b_m \dot{\theta}_m \tag{5-32}$$

$$\tau_g - \frac{\tau_o}{R} = J_g \ddot{\theta}_g + b_g \dot{\theta}_g \tag{5-33}$$

$$\tau_o - \tau_e = J_o \ddot{\theta}_o + b_o \dot{\theta}_o \tag{5-34}$$

$$\frac{\dot{\theta}_m}{\dot{\theta}_g} = R_1 \tag{5-35}$$

其中，θ_m 和 θ_g 分别表示电机和减速器的转角。滚子的位移即内外筒的相对转角为 θ_e，NLSEA 的力矩-形变关系即非线性刚度关系为：

$$\tau_e = 0.15\theta_e^5 - 0.23\theta_e^4 + 1.78\theta_e^3 + 0.67\theta_e = K_e\theta_e \tag{5-36}$$

其中，$K_e = 0.15\theta_e^4 - 0.23\theta_e^3 + 1.78\theta_e^2 + 0.67$。

联合式(5-32)～式(5-35)，可以得到

$$(J_{mc}R^2 + J_o)\ddot{\theta}_o + (b_{mc}R^2 + b_o)\dot{\theta}_o = R\tau_m - \tau_e \tag{5-37}$$

其中，$J_{mc} = J_m R_1 + J_g$ 和 $b_{mc} = b_m R_1 + b_g$ 分别为电机组合等效惯量和阻尼。

令 $\theta_1 = \theta_o$，$\theta_2 = \dot{\theta}_o$，式(5-37) 可以写为

$$\dot{\theta}_1 = \theta_2$$
$$\dot{\theta}_2 = -\frac{b}{J}\theta_2 - \frac{R}{J}\tau_m - \frac{K_e}{J}\theta_e \tag{5-38}$$

其中，$J = J_{mc}R^2 + J_o$ 和 $b = b_{mc}R^2 + b_o$ 分别表示 NLSEA 系统的等效惯量和阻尼。

由于 NLSEA 末端固定，所以可以认为 $\theta_e = \theta_1$，$\dot{\theta}_e = \theta_2$，令 $x_1 = K_e\theta_1 = \tau_e$，$x_2 = \theta_2$。$x_1$ 的微分可以表示为下列形式

$$\dot{x}_1 = \frac{\partial \tau_e}{\partial \theta_1}\dot{\theta}_1 = (0.75\theta_e^4 - 0.92\theta_e^3 + 5.34\theta_e^2 + 0.67)x_2 \tag{5-39}$$

因此，式(5-38)可以表示为

$$\dot{x}_1 = g(x_1)x_2$$
$$\dot{x}_2 = -\frac{1}{J}x_1 - \frac{b}{J}x_2 - \frac{R}{J}u \tag{5-40}$$

其中，$g(x_1) = 0.75(x_1^{-1})^4 - 0.92(x_1^{-1})^3 + 5.34(x_1^{-1})^2 + 0.67$，$u = \tau_m$。

与传统的 SEA 不同的是 NLSEA 的刚度随力矩的大小变化，所以在 NLSEA 的力矩响应过程中，不同大小的力矩对应的刚度工作区间也不同。而典型的阶跃响应的最大超调量和上升时间直观地反映了驱动器的力矩跟踪平稳性、准确性和响应速度等性能，阶跃响应的上升时间越短，驱动器的控制带宽越高。比例微分（proportional plus derivative, PD）反馈控制器广泛应用于柔顺驱动器的控制中。本章采用 PD 控制器对 NLSEA 进行力矩跟踪误差和响应速度的调节以提高 NLSEA 的人机交互效果。图 5-39 显示了末端固定的 NLSEA 的控制框图。τ_d 为期望的驱动器输出力矩，K_p 和 K_d 分别为比例系数和微分系数。

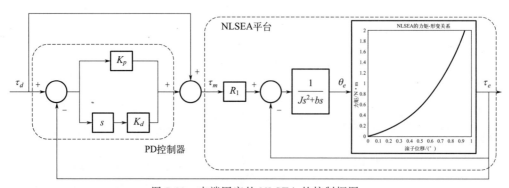

图 5-39　末端固定的 NLSEA 的控制框图

通过对上述仿真结果的分析，用户可以直观地评估理想机械条件下 NLSEA 的控制性能，如控制带宽、力矩响应的平稳性和准确性等，但在样机的实际应用中，NLSEA 是否能在不同的人机交互任务中，快速、平稳而准确地追踪用户所需的力矩依然值得探讨，而 NLSEA 的力矩控制试验结果直接反映了 NLSEA 的应用可行性。本节首先使 NLSEA 在试验中跟踪小负载来评估 NLSEA 的低刚度区间表现出的控制带宽和力矩响应平稳性等控制性能，PD 参数与仿真调试出的参数相同，即 $K_p = 3$，$K_d = 0.01$。NLSEA 保持末端固定的运动过程中，在 0.2s 时给定固定的负载 2N·m，DSP 根据采集的传感器信号通过 ESCON 驱动器调节电机力矩以消除力矩跟踪误差使驱动器尽快达到期望的力矩。试验结果如图 5-40(a) 所

示。然后保持相同的控制条件，在0.2s时将施加的负载改为8N·m以评估NLSEA在高刚度区间所表现的力矩跟踪性能，结果如图5-40(b)所示。

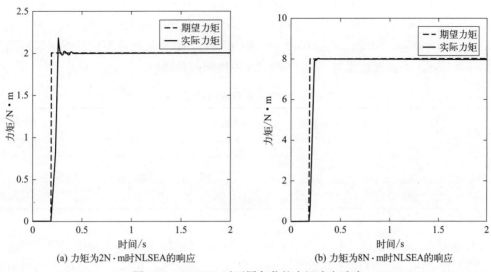

(a) 力矩为2N·m时NLSEA的响应　　　　　(b) 力矩为8N·m时NLSEA的响应

图5-40　NLSEA对不同负载的力矩响应试验

　　当所施加的负载为2N·m时，由于此时人机交互力矩较小，驱动器在响应过程中存在轻微的振荡，产生的最大超调量为0.180N·m，预示着驱动器跟踪2N·m的负载过程中的最大跟踪误差为9%，但此误差可以通过PD控制器很快地消除，从而准确地达到期望的力矩。虽然NLSEA在试验过程中的响应速度（上升时间64.5ms）与理想条件下存在差异，但考虑到实际的机械间隙以及非线性引起的迟滞等不可避免的影响因素，我们依然可以认为NLSEA的响应速度较快，具有较高的控制带宽特性。NLSEA跟踪8N·m的负载的试验效果如图5-40(b)表示，在大负载时，NLSEA响应过程较平稳，几乎不存在振荡。另外，NLSEA的上升时间可达50ms，相对于小负载的响应时间明显变短，这是由于NLSEA的刚度随着负载的增大而增大，在大负载时，NLSEA所表现出的刚度更大，所以NLSEA对大负载的响应速度更快，具有更高的控制带宽。从以上的试验结果分析可得，无论人机交互负载较大还是较小，NLSEA均可快速而准确地达到力矩要求以适应不同的人机交互任务。同时在对大负载的交互过程中，NLSEA的响应不存在振荡现象，可以保持高的响应平稳性和控制带宽性能。

5.5.2　驱动器与不同刚度的串联弹性驱动器性能对比

　　由于NLSEA的刚度随负载变化，所以其在不同的负载条件即在不同的刚度区间所表现的性能也存在差异，且由于其刚度不断变化，所以与相对应的不同刚度等级的SEA相比，NLSEA在同样的负载下表现出的性能优劣依然需详细研究。当将NLSEA的弹性元件设计成固定刚度时，NLSEA可以认为是固定刚度的SEA，所以本节将以所设计的NLSEA的机械系统为基础，在仿真中将NLSEA的非线性刚度替换为设定的SEA的刚度即可得到同等条件下SEA的性能，如控制带宽、力矩响应的平稳性和准确性等。通过响应结果对不同负载末端固定的NLSEA的控制性能和相同系统条件下不同刚度SEA的性能进行分析比较。表5-8显示了采用的NLSEA和SEA的模型参数。

　　考虑到人机交互的安全性以及驱动器的柔顺性能，人体对负载的承受能力一般小于10N·m，所以在很多柔顺驱动器的研究中都将柔顺驱动器的应用范围限制在 $0 \sim 10 \mathrm{N} \cdot \mathrm{m}$。考虑到驱动器全部的应用范围，从而使结果更有说服性，本节将讨论 NLSEA 在 $0 \sim 10 \mathrm{N} \cdot \mathrm{m}$ 的力矩范围内的人机交互性能。负载在 $0 \sim 10 \mathrm{N} \cdot \mathrm{m}$ 变化时，NLSEA 的弹性元件的刚度在 $38.4 \sim 528.84 \mathrm{N} \cdot \mathrm{m} / \mathrm{rad}$ 间变化。所以本节选取对应固定刚度的 SEA 的低、中、高三种级别的刚度分别为 $39 \mathrm{N} \cdot \mathrm{m} / \mathrm{rad}$、$320 \mathrm{N} \cdot \mathrm{m} / \mathrm{rad}$、$530 \mathrm{N} \cdot \mathrm{m} / \mathrm{rad}$，以分析比较不同负载（即不同刚度区间）下 NLSEA 的控制性能与不同刚度 SEA 的性能的异同。

表 5-8　NLSEA 和 SEA 的模型参数

驱动器模型	电机惯量 /(kg·m²)	减速器惯量 /(kg·m²)	外筒惯量 /(kg·m²)	减速比	传动比	刚度 /(N·m/rad)
NLSEA	1.81×10^{-5}	1.50×10^{-6}	1.34×10^{-3}	66	5	$38.4 \sim 528.84$
SEA	1.81×10^{-5}	1.50×10^{-6}	1.34×10^{-3}	66	5	39、320、530

注：本书中仿真时忽略电机、减速器、外筒的阻尼。

负载分别为 $2 \mathrm{N} \cdot \mathrm{m}$、$4 \mathrm{N} \cdot \mathrm{m}$、$6 \mathrm{N} \cdot \mathrm{m}$、$8 \mathrm{N} \cdot \mathrm{m}$、$10 \mathrm{N} \cdot \mathrm{m}$ 时，NLSEA 和低刚度、中刚度、高刚度的 SEA 的响应结果如图 5-41（a）～（e）和表 5-9 所示，经过多次调节对比之后，PD 参数取 $K_p = 3$，$K_d = 0.01$ 时两种驱动器的驱动效果均较好，所以在此次仿真中 K_p 和 K_d 分别取 3 和 0.01。期望力矩分别为 $2 \mathrm{N} \cdot \mathrm{m}$、$4 \mathrm{N} \cdot \mathrm{m}$、$6 \mathrm{N} \cdot \mathrm{m}$、$8 \mathrm{N} \cdot \mathrm{m}$、$10 \mathrm{N} \cdot \mathrm{m}$ 时，NLSEA 产生的最大超调量分别为 $0.610 \mathrm{N} \cdot \mathrm{m}$（$30.50\%$）、$0.809 \mathrm{N} \cdot \mathrm{m}$（$20.22\%$）、$0.803 \mathrm{N} \cdot \mathrm{m}$（$13.38\%$）、$0.582 \mathrm{N} \cdot \mathrm{m}$（$7.275\%$）和 $0.310 \mathrm{N} \cdot \mathrm{m}$（$3.100\%$），上升时间分别为 $5.363 \mathrm{ms}$、$4.499 \mathrm{ms}$、$4.085 \mathrm{ms}$、$3.998 \mathrm{ms}$ 和 $3.984 \mathrm{ms}$。随着响应力矩的增大，NLSEA 响应产生的最大超调量逐渐减小，上升时间逐渐变短，说明负载越大，NLSEA 响应的平稳性越好，控制带宽越高，响应速度越快。这是由于力矩较大时 NLSEA 具有较高的刚度，所以其响应速度较快，控制带宽增高，同时 NLSEA 能够尽快调节力矩误差，准确而平稳地达到期望的力矩。

低刚度（$39 \mathrm{N} \cdot \mathrm{m} / \mathrm{rad}$）的 SEA 对 $2 \mathrm{N} \cdot \mathrm{m}$、$4 \mathrm{N} \cdot \mathrm{m}$、$6 \mathrm{N} \cdot \mathrm{m}$、$8 \mathrm{N} \cdot \mathrm{m}$、$10 \mathrm{N} \cdot \mathrm{m}$ 的力

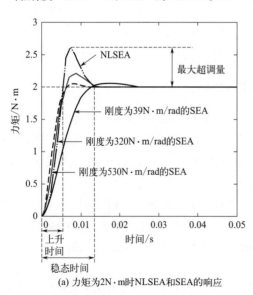

(a) 力矩为2N·m时NLSEA和SEA的响应　　　(b) 力矩为4N·m时NLSEA和SEA的响应

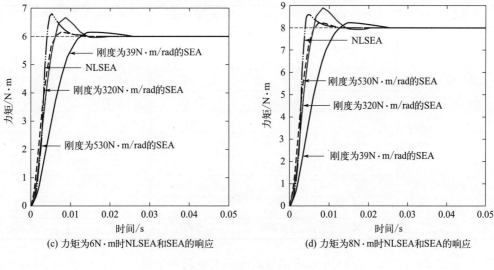

(c) 力矩为6N·m时NLSEA和SEA的响应　　　　(d) 力矩为8N·m时NLSEA和SEA的响应

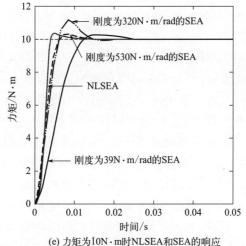

(e) 力矩为10N·m时NLSEA和SEA的响应

图 5-41　NLSEA 和不同刚度的 SEA 对不同负载的响应

矩响应所产生的最大超调量分别为 0.054N·m（2.700%）、0.107N·m（2.675%）、0.167N·m（2.783%）、0.225N·m（2.812%）以及 0.280N·m（2.800%），上升时间分别为 12.35ms、12.52ms、12.65ms、12.63ms 以及 12.70ms。由表 5-9 可知在相同的系统参数和控制条件下，NLSEA 产生的最大超调量与低刚度的 SEA 产生的最大超调量的差距随着负载的减小而增大，负载较小时，低刚度的 SEA 的力矩响应平稳性能更强，但其上升时间较长，响应速度大大减慢，控制带宽性能较 NLSEA 大大降低。同时 NLSEA 能更快速地调节产生的较大超调量，达到稳态的时间远低于低刚度的 SEA。且在时间常数范围内，NLSEA 的响应曲线斜率远大于低刚度的 SEA 的响应曲线的斜率，说明在相同的力矩响应过程中，NLSEA 能够比低刚度的 SEA 更快地做出响应，虽然 NLSEA 的刚度是逐渐增大的，但 NLSEA 比低刚度的 SEA 具有更高的带宽。因此，与低刚度的 SEA 相比，虽然 NLSEA 对相同负载响应的最大超调量较大，响应平稳性较差，但 NLSEA 在人机交互过程中具有更快的响应速度，更高的控制带宽，能够更快速地调节大的力矩误差以准确地达到稳定的期望力矩。

表 5-9　NLSEA 和 SEA 的控制性能

参数	力矩/N·m	NLSEA	低刚度 SEA	中刚度 SEA	高刚度 SEA
上升时间/ms	2	5.363	12.35	6.226	6.298
	4	4.499	12.52	6.109	6.109
	6	4.085	12.65	6.186	6.337
	8	3.998	12.63	6.144	6.269
	10	3.984	12.70	6.124	6.313
最大超调量/%	2	30.50	2.700	10.70	2.600
	4	20.22	2.675	10.42	3.025
	6	13.38	2.783	11.10	2.617
	8	7.275	2.812	11.21	2.600
	10	3.100	2.800	11.20	2.800

刚度为 320N·m/rad 的 SEA 对不同负载的最大超调量分别为 0.214N·m（10.70%）、0.417N·m（10.42%）、0.666N·m（11.10%）、0.897N·m（11.21%）和 1.120N·m（11.20%），上升时间分别为 6.226ms、6.109ms、6.186ms、6.144ms 和 6.124ms。期望的力矩在 0～6N·m 范围内时，相同负载下，中刚度的 SEA 的最大超调量较低，响应过程更平稳，之后随着期望力矩的增大，NLSEA 对大负载响应的最大超调量大大减小，响应的平稳性大大增强。这是由于在力矩小于 6N·m 时，与中刚度的 SEA 相比，NLSEA 表现的刚度均较低，所以其最大超调量较大，NLSEA 对较小的力矩响应的平稳性会比对应的 SEA 的平稳性能差。但在对同一负载的响应过程中，NLSEA 的上升时间更短，NLSEA 具有更好的控制带宽性能，可以更快地达到期望的力矩，而且两种驱动器上升时间的差异随着负载的增大而增大，负载越大，NLSEA 的控制带宽性能优势越明显。这是由于 NLSEA 的刚度随着负载的增大而增大，在负载超过 6N·m 时，其刚度比所选的 SEA 的刚度大，所以 NLSEA 对大负载的响应所表现出的快速性和控制带宽性能优势越明显。综上，虽然中刚度的 SEA 在小负载的人机交互任务中具有更高的平稳性，但固定刚度的 SEA 的局限性会随着负载的增大而越来越明显，在大负载的人机交互任务中 NLSEA 在控制带宽和力矩响应平稳性等动力学性能方面具有更突出的优势。

刚度为 530N·m/rad 的 SEA 对 2～10N·m 的力矩响应的最大超调量分别为 0.052N·m（2.600%）、0.121N·m（3.025%）、0.157N·m（2.617%）、0.208N·m（2.600%）以及 0.280N·m（2.800%），上升时间分别为 6.298ms、6.109ms、6.337ms、6.269ms 以及 6.313ms。高刚度的 SEA 在人机交互过程中产生的最大超调量较小，具有更好的力矩响应平稳性能，而由于 NLSEA 在整个力矩响应范围内表现的刚度均小于 530N·m/rad，所以 NLSEA 的平稳性能比高刚度的 SEA 的平稳性能稍差。但是，NLSEA 在刚度较低的情况下依然能保持响应的快速性，表现出较高的控制带宽性能。这是因为在响应初始阶段 NLSEA 的刚度远远小于高刚度的 SEA，NLSEA 能够更灵敏地捕捉到力矩的微小变化，从而可以及时做出响应以快速地调整 NLSEA 的输出力矩使其达到期望的值。NLSEA 的最大超调量与高刚度的 SEA 的最大超调量在对小负载的响应过程中差距较明显，高刚度的 SEA 具有更平稳的响应，但两者的最大超调量差距随着负载的增大而逐渐减小，在大负载时 SEA 在响应平稳性方面并没有明显的竞争优势。相反，NLSEA 在整个人机交互过程中都具有更高的控制带宽。

如图 5-42 所示，虽然 NLSEA 在人机交互过程中对交互力矩的响应平稳性比低刚度和高刚度的 SEA 差，但在相同条件下 NLSEA 具有更高的控制带宽以及更短的上升时间，NLSEA 能更快地调节力矩跟踪误差以使系统快速而准确地达到期望的力矩。更具有竞争力的是，NLSEA 在小负载时能够在实现高安全性的同时保持相对高的控制带宽性能，随着人机交互力矩增大，也就是 NLSEA 的刚度增大，NLSEA 的平稳性能增强，控制带宽性能的优势也更加明显。

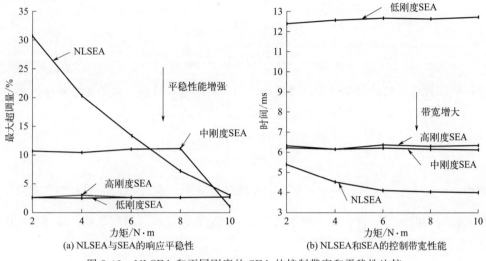

图 5-42　NLSEA 和不同刚度的 SEA 的控制带宽和平稳性比较

5.5.3　驱动器安全性能分析

与传统的驱动器不同的是，除了动力学性能外，用于人机交互领域的柔顺驱动器要保证人机交互的安全性能，只有保证了人机交互过程中的安全性，柔顺驱动器才有应用价值。在人机交互机器人的安全性研究中，可以通过计算人体与机器人碰撞过程中的损伤直观地评估机器人的安全性能，头部损伤标准（head injury criterion，HIC）经常作为评价标准，一般要求人机交互领域的 HIC 的安全性界限为 100，HIC 的模型为

$$\text{HIC} = T \left[\frac{1}{T} \int_0^T \hat{a}(\tau) \mathrm{d}\tau \right]^{2.5} \tag{5-41}$$

其中，T 为人体头部与机器人撞击的时间，$\hat{a}$ 为碰撞过程中人头部的加速度。

$$\hat{a} = \frac{a}{g} \tag{5-42}$$

图 5-43 为人机交互过程中人体头部受 NLSEA 撞击的模型，假设撞击发生之前人静止，NLSEA 与人体碰撞前匀速运动，速度为 v。惯量为 J_i，质量为 m_i，杆长为 l 的 NLSEA 末端以一定的速度撞击质量为 m_h 的人的头部以致人头部发生 x_h 的位移，NLSEA 末端的转角和位移分别为 θ_i 和 x_i，碰撞时的接触刚度和阻尼分别为 K_c 和 D_c。根据图 5-43 建立碰撞过程中人体和 NLSEA 的动力学方程：

$$\tau_e - lK_c(x_i - x_h) - lD_c(\dot{x}_i - \dot{x}_h) = J_i \ddot{\theta}_i + b_i \dot{\theta}_i \tag{5-43}$$

$$m_h \ddot{x}_h = K_c(x_i - x_h) + D_c(\dot{x}_i - \dot{x}_h) \tag{5-44}$$

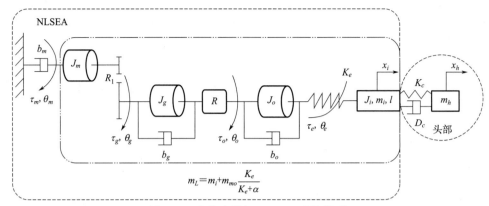

图 5-43　人体头部与 NLSEA 碰撞模型

根据碰撞过程中的动力学分析以及碰撞之前各自的运动分析，如果忽略碰撞过程中的接触阻尼，可以得到 NLSEA 末端以一定速度撞击人体头部的 HIC 为：

$$HIC = 0.0038\left(\frac{K_c}{m_h}\right)^{\frac{3}{4}}\left(\frac{m_L}{m_L+m_h}\right)^{\frac{7}{4}}v^{\frac{5}{2}} \tag{5-45}$$

其中，$m_L = m_i + m_{mo}\dfrac{K_e}{K_e+\alpha}$ 为 NLSEA 的等效质量，包含 NLSEA 末端的质量 m_i 以及弹性元件前端的电机组合、外筒的等效质量 m_{mo}，α 为等效的刚度系数。取 $K_c = 5kN/m$ 和 $m_h = 4.5kg$，由 HIC < 100 可得：

$$\left(\frac{m_L}{m_L+m_h}\right)^{\frac{7}{4}}v^{\frac{5}{2}} < 153.73 \tag{5-46}$$

在柔顺机器人的研究中人们一般将人机交互频率规定在 0～10Hz，若以此为机器人的运动的边界，NLSEA 运动速度的边界为 2.1m/s，且 NLSEA 的最大质量约为 4.3kg。假设 NLSEA 以 2.1m/s 的速度撞击人体头部，得到 HIC 大约为 1.05，远远小于安全边界，可以证明 NLSEA 具有较高的安全性。

参考文献

[1]　Howell L L. Compliant mechanisms [M]. New York：John Wiley & Sons，2001.

[2]　Yong Y K，Lu T F，Handley D C. Review of circular flexure hinge design equations and derivation of empirical formulations [J]. Precision engineering，2008，32（2）：63-70.

[3]　Perai S. Methodology of compliant mechanisms and its current developments in applications：A review [J]. American Journal of Applied Sciences，2007，4（3）：160-167.

[4]　于靖军，裴旭，毕树生，等. 柔性铰链机构设计方法的研究进展 [J]. 机械工程学报，2010，46（13）：12.

[5]　Lobontiu N. Compliant mechanisms：Design of flexure hinges [M]. Boca Raton：CRC press，2002.

[6]　Wang F，Liang C，Tian Y，et al. Design and control of a compliant micro gripper with a large amplification ratio for high-speed micro manipulation [J]. IEEE/ASME Transactions on Mechatronics，2016，21（3）：1262-1271.

[7]　Schepelmann A，Geberth K A，Geyer H. Compact nonlinear springs with user defined torque-deflection profiles for series elastic actuators [C]. Robotics and Automation（ICRA），2014 IEEE International Conference on IEEE，2014：3411-3416.

[8]　Losey D P，Erwin A，Mcdonald C G，et al. A time-domain approach to control of series elastic actuators：Adaptive

torque and passivity-based impedance control [J]. IEEE/ASME Transactions on Mechatronics, 2016, 21 (4): 2085-2096.

[9] Austin J, Schepelmann A, Geyer H. Control and evaluation of series elastic actuators with nonlinear rubber springs [C]. IEEE/RSJ International Conference on Intelligent Robots and Systems, Hamburg, Germany: IEEE, 2015: 6563-6568.

[10] Sergi F, O' Malley M K. On the stability and accuracy of high stiffness rendering in non-back drivable actuators through series elasticity [J]. Mechatronics, 2015, 26: 64-75.

[11] López-Martínez J, García-Vallejo D, Torres J L, et al. Role of link flexibility and variable stiffness actuator on collision safety for service robots [J]. Mechanisms & Machine Science, 2013, 7: 499-507.

[12] Versace, John. A review of the severity index. No. 710881. SAE Technical Paper, 1971.

[13] Bicchi A, Tonietti G. Fast and " soft-arm" tactics [robot arm design] [J]. Robotics & Automation Magazine IEEE, 2004, 11 (2): 22-33.

[14] Andersson G B J, Winters J M. Role of muscle in postural tasks: Spinal loading and postural stability [M]. Multiple Muscle Systems. New York: Springer, 1990: 377-395.

第**6**章

基于滚子-凸轮板簧机构的非线性刚度驱动器控制策略

对于可变刚度驱动器（VSA），其刚度和交互力分别控制的特点在机器人与人或环境的交互中并不能发挥出应有的优势，但同时却增大了驱动器本身的尺寸、重量，并使其结构复杂，造价高昂。基于前面所提出的"小负载，低刚度；大负载，高刚度"的交互理念与对可变刚度驱动器的优化方案，本章介绍了一款基于滚子-凸轮板簧机构的专为交互式机器人实现人机柔顺交互的驱动器，即非线性刚度驱动器（NSCA）。在交互力小时表现低刚度以获得精确的力矩分辨力，在交互力大时表现高刚度以获得较大带宽，从而实现更加柔顺精确的人机交互。具体而言，首先建立非线性刚度驱动器的运动学模型，并对其进行位置控制，对其位置精度与响应速度等方面进行分析和优化。其次进行动力学建模，再针对该模型使用Simulink进行力矩控制仿真，通过对比分析实验数据，总结非线性刚度驱动器的动力学控制性能。最后利用阻抗控制算法模拟实际交互环境，通过对比数据得到驱动器的性能结论以及接下来的优化方向。

6.1 非线性刚度驱动器控制策略

6.1.1 位置控制策略及验证

（1）非线性刚度驱动器运动学模型

精确的位置控制不仅是对机器人的必然要求，同时也是评估柔顺驱动器性能的重要指标，因为柔顺驱动器一般会牺牲部分位置精度以达到柔顺交互的目的。因此，位置跟踪实验通常用来评估柔顺驱动器和其他驱动器的性能。本节所涉及的两个非线性刚度驱动器位置实验就旨在检验非线性刚度驱动器的位置控制性能。

实现精确位置控制的必要条件是建立精确的非线性刚度驱动器的系统运动学模型。该驱动器可以分为动力系统、传动系统、弹性元件和外负载。动力系统即电机组合，主要包括电机转子和齿轮减速器。电机与减速器刚性连接，因此两者的角度存在如下关系：

$$\frac{\ddot{\theta}_r}{\ddot{\theta}_g} = \frac{\dot{\theta}_r}{\dot{\theta}_g} = \frac{\theta_r}{\theta_g} = N_1 \tag{6-1}$$

其中，θ_r、θ_g 分别是电机转子和齿轮减速器转角。在丝传动过程中，钢丝绳两边的力相等，因此：

$$\frac{\tau_w}{\tau_g} = \frac{F_{wire}r_w}{F_{wire}r_g} = N_2 \tag{6-2}$$

其中，F_{wire} 是钢丝绳拉力，r_w 和 r_g 分别代表外转筒和电机输出轴半径，N_2 为钢丝绳的传动比。假设钢丝绳在传动过程中不发生形变，那么电机组合输出轴的角速度与外转筒的角速度的关系为：

$$\frac{\ddot{\theta}_r}{\ddot{\theta}_w} = \frac{\dot{\theta}_r}{\dot{\theta}_w} = \frac{\theta_r}{\theta_w} = N_1 N_2 \tag{6-3}$$

其中，θ_w 是非线性刚度驱动器外转筒转角。至此已求得驱动器电机至输出轴的传动关系，即该非线性刚度驱动器运动学模型，如图 6-1 所示。

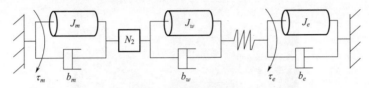

图 6-1　带外负载的非线性刚度驱动器模型

（2）运动学模型实验验证

结合上述建立的运动学模型，需进一步验证理论模型与实际样机之间的误差，通过修正该误差，实现更加精准的位置控制，为非线性刚度驱动器达到控制性能要求打下良好的基础。为达到此目的，首先进行的测试是位置阶跃响应实验。通过分析动态性能指标，如超调量、衰减比、上升时间、调节时间和峰值时间等，调节相应适合的 PID（proportional plus integral plus derivative，比例积分微分）参数，改善系统性能，最终达到预期的控制效果。阶跃响应的实验结果可用于评价闭环系统的性能。PID 控制算法作为十分成熟的工控策略可用于优化系统的响应性能。给定参考信号使非线性刚度驱动器输出轴顺时针旋转 30°，调整一系列的比例增益参数，选取使系统性能最好的一组参数，记录数据并绘制成图，实验结果如图 6-2 所示。在 0.4s 时给定系统参考信号，驱动器系统迅速做出响应，经过超调在内的三次振荡后，响应信号趋于稳定，而稳态误差在 0.09° 的范围内，误差率为 0.3%。

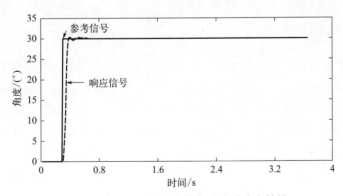

图 6-2　非线性刚度驱动器位置阶跃响应结果

通过 PID 参数调节之后，非线性刚度驱动器表现出很好的性能。为了充分展示并探究非线性刚度驱动器的高级性能，本书设计实施了一个用以评估其位置跟踪性能的更具挑战性的实验，同时也展示了非线性刚度驱动器的反向驱动能力，即任意转动非线性刚度驱动器末端输出轴，电机随动的过程中保证弹性元件不发生任何形变，如图 6-3 所示。实验结果如图 6-4 所示，两条曲线分别为驱动器电机转角和驱动器末端转角，两条曲线的偏差即弹性元件的受力变形，所以两条曲线的重合度就成为评价其动态响应性能和反向驱动性能的参照。设定输出轴的初始位置为 0，转动输出轴执行随机旋转，记录电机与输出轴转动角度。

图 6-3　转动非线性刚度驱动器

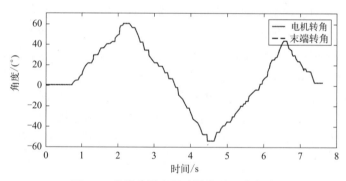

图 6-4　非线性刚度驱动器位置跟踪实验

　　此实验的关键是需要保持弹性元件不产生任何变形，这就需要非线性刚度驱动器的控制系统具有很强的调整能力。理论上弹性元件工作在低刚度区时应有巨大的柔顺性和响应速度慢的结构特征。但实验结果表明非线性刚度驱动器具有较好的反向驱动能力，并且表现出非常快的调节速度，保证驱动器始终工作在低刚度区间，也就意味着弹性元件基本上没有发生任何形变。此外，输出轴和测试者手的惯性可看作干扰。然而，令人惊讶的是实验结果表明：两曲线重合度非常高，电机的旋转角度与输出轴的旋转角度基本相同，并且其参考轨迹是不规则的，具有一般性。也就是说，弹性元件在这段时间内几乎没有变形。可以证明该非线性刚度驱动器具有良好的位置跟踪性能和反向驱动能力。最终非线性刚度驱动器达到了良好的位置控制性能。

6.1.2 力矩控制策略及验证

(1) 非线性刚度驱动器动力学模型

作为一种应用于人机交互的柔顺驱动器，仅仅对其进行运动学建模测试及修正还远远不能达到期望的要求，因为精确的位置控制并不能满足力交互以及安全性等一系列要求，所以为了能够探求其在力输出方面的性能并进行优化，动力学控制就变得尤为重要，首先针对驱动器建立其动力学模型：电机组合的等效转动惯量可以根据电机组合的动力学模型求得。非线性刚度驱动器系统可以分为动力系统、传动系统、弹性元件和外负载。动力系统即电机组合，主要包括电机转子和齿轮减速器。电机组合的等效转动惯量可以根据电机组合的动力学模型求得。电机转子的动力学方程为：

$$J_r \ddot{\theta}_r + b_r \dot{\theta}_r = \tau_m - \tau_r \tag{6-4}$$

其中，J_r 和 b_r 是电机转子的转动惯量和阻尼，$\dot{\theta}_r$、$\ddot{\theta}_r$ 分别是电机转子的角速度和角加速度，τ_m 是电机转子产生的力矩，τ_r 是电机转子输出的力矩。电机减速器的动力学方程为：

$$J_g \ddot{\theta}_g + b_g \dot{\theta}_g = \tau_r - \tau_g \tag{6-5}$$

其中，J_g 和 b_g 是齿轮减速器的转动惯量和阻尼，$\dot{\theta}_g$、$\ddot{\theta}_g$ 分别是齿轮减速器输出轴的角速度和角加速度，τ_g 是齿轮减速器的输出力矩。联合式(6-1)、式(6-4)、式(6-5) 得到电机组合的动力学模型：

$$\left(J_r + \frac{J_g}{N_1}\right)\ddot{\theta}_r + \left(b_r + \frac{b_g}{N_1}\right)\dot{\theta}_r = \tau_m - \tau_g \tag{6-6}$$

其中，N_1 为电机减速比，由上一节可得。根据图 6-1 可以列出传动系统和弹性元件部分的动力学简图。外转筒的动力学模型为：

$$J_w \ddot{\theta}_w + b_w \dot{\theta}_w = \tau_w - \tau_k \tag{6-7}$$

其中，J_w 和 b_w 是外转筒的转动惯量和阻尼，$\dot{\theta}_w$、$\ddot{\theta}_w$ 分别是非线性刚度驱动器外转筒输出轴的角速度和角加速度，τ_w 是钢丝绳作用于外转筒的力矩，τ_k 是外转筒对弹性元件的作用力矩。在丝传动过程中，钢丝绳两边的力相等，因此：

$$\frac{\tau_w}{\tau_g} = \frac{F_{wire} r_w}{F_{wire} r_g} = N_2 \tag{6-8}$$

其中，F_{wire} 是钢丝绳拉力，r_w 和 r_g 分别代表外转筒和电机输出轴半径，N_2 为钢丝绳的传动比。通过上节的运动学模型传动比的推导结果，可以继续构建该非线性刚度驱动器的动力学模型，联合式(6-6)～式(6-8) 整理得：

$$\tau_g = \frac{J_w \ddot{\theta}_r + b_w \dot{\theta}_r}{N_1 N_2^2} + \frac{\tau_k}{N_2} \tag{6-9}$$

将式(6-9) 代入式(6-5) 得：

$$\left(J_m + \frac{J_w}{N_1 N_2^2}\right)\ddot{\theta}_r + \left(b_m + \frac{b_w}{N_1 N_2^2}\right)\dot{\theta}_r = \tau_m - \frac{\tau_k}{N_2} \tag{6-10}$$

其中，可以令 $J_m = J_r + \dfrac{J_g}{N_1}$、$b_m = b_r + \dfrac{b_g}{N_1}$ 分别为电机组合的等效惯量和阻尼，则整理

得到电机组合至弹性元件部分的系统动力学模型为：

$$J_{eq}\ddot{\theta}_r + b_{eq}\dot{\theta}_r = \tau_m - \frac{\tau_k}{N_2} \tag{6-11}$$

其中，$J_{eq} = J_m + \dfrac{J_w}{N_1 N_2^2}$，$b_{eq} = b_m + \dfrac{b_w}{N_1 N_2^2}$。外负载部分的动力学模型为：

$$J_e\ddot{\theta}_e + b_e\dot{\theta}_e = \frac{\tau_k}{N_2} - \tau_e \tag{6-12}$$

其中，J_e 和 b_e 分别是外负载的转动惯量和阻尼，τ_e 为驱动器输出力矩，$\dot{\theta}_e$、$\ddot{\theta}_e$ 分别是外负载的角速度和角加速度。由动力学方程式(6-9)～式(6-12) 可得控制系统输入输出方程：

$$J_e\ddot{\theta}_e + b_e\dot{\theta}_e + \tau_e = \tau_m - J_{eq}\ddot{\theta}_r - b_{eq}\dot{\theta}_r \tag{6-13}$$

在很多情况下，运动的系统中散失的能量往往被人们忽略，然而这个被忽略的因素往往又非常关键。事实上，根据 Paine N 等人在论文中提到的理论，基于系统能量的动力学分析是一种十分高效的分析方法。在本模型中，从电机输入到非线性刚度驱动器系统末端输出之间的能量损耗可以表示为：

$$\eta\tau_m\dot{\theta}_r = \eta\tau_m(N_1\dot{\theta}_g) = \tau_k\dot{\theta}_w \tag{6-14}$$

其中，η 为能量损失率（$0 < \eta < 1$）。进一步地，基于式(6-10)～式(6-14)，电机力矩与非线性刚度驱动器的末端力矩之间的关系可以通过下式计算可得：

$$\tau_m = \tau_e\frac{\dot{\theta}_w}{\eta N_1\dot{\theta}_g} = \frac{\tau_e}{\eta N_1 N_2} = \frac{\tau_d}{\eta N_1 N_2} \tag{6-15}$$

至此，关于非线性刚度驱动器的动力学模型已完成建立。

（2）非线性刚度驱动器力矩仿真

力矩控制作为一种经典的控制策略被广泛地应用于机器人和驱动器的仿真中，作为模拟和评估机器人或驱动器动力学性能的方法。其过程为：首先给定期望力/力矩，然后驱动驱动器末端输出真实力矩，通过闭环控制使真实输出力矩与期望输出力矩达到所能及的最小误差。基于上一节所建立的关于非线性刚度驱动器的动力学模型，力矩控制仿真具有非常重要的参考价值，以及指导控制实验的作用。

在实际情况下，由于非线性刚度驱动器的表现刚度是基于外部负载选择的机制，因此力矩控制作为非线性刚度驱动器的控制策略，也可以被认为是刚度控制。为了能够充分展现非线性刚度驱动器的动态力矩响应性能，阶跃信号跟踪仿真是远远不够的，因为跟踪一组正弦力矩信号的仿真能够反映非线性刚度驱动器在不同刚度选择下的力矩跟踪特性，所以跟踪正弦力矩信号的仿真也是必不可少的仿真环节。通过上节的动力学方程可知 τ_m 和 θ_k 关系表达如下：

$$G(s) = \frac{1 - \eta N_1}{\left[(J_r N_1 + J_g)N_2 + \dfrac{J_w}{R_2}\right]s^2 + \left[(b_r N_1 + b_g)N_2 + \dfrac{b_w}{N_2}\right]s} \tag{6-16}$$

图 6-5 所示为将非线性刚度驱动器末端输出轴固定的力矩控制系统的简图。$\tau(\theta_e)$ 是一个用五阶多项式表示外部负载与驱动器系统输出刚度的解析关系：

$$\tau(\theta_e) = 4.5\theta_e^5 - 6.75\theta_e^4 + 53\theta_e^3 + 20\theta_e \tag{6-17}$$

控制系统的输入信号是在非线性刚度驱动器末端施加的期望力矩，其输出信号为非线性刚度驱动器实际力矩。根据非线性刚度驱动器的动力学模型建立起如图 6-5 所示的控制框图模型，并通过在 Simulink 中进行仿真以评估该驱动器动态性能。为了提高控制系统的鲁棒性，采用比例微分（PD）控制方法对期望信号进行整定，得到电机输出信号，最终达到控制效果。图 6-6 所示为非线性刚度驱动器跟踪振动频率为 50Hz 正弦力矩信号的仿真结果，并且采用 PD 控制，其参数 $K_p = 0.01$ 和 $K_d = 150$ 时，控制效果最为理想。其中实际输出力矩与期望输出力矩之间的最大跟踪误差仅为 0.001N·m。图 6-6 所示的结果还表明，非线性刚度驱动器不仅具有良好的力矩跟踪能力，而且驱动器不同刚度的选择是基于不同的外部输出力矩。正弦力矩信号跟踪模拟了非线性刚度驱动器跟踪不同力矩的性能，即在不同刚度情况下的刚度性能。但是，这个结果并不能反映该系统的响应时间。因此，为了能够更加直观地反映驱动器在该方面的性能表现，我们还模拟了力矩信号的阶跃响应，通过比较多组阶跃信号响应比较非线性刚度驱动器在特殊刚度下的响应特性。结果表明（图 6-7），非线性刚度驱动器遵从"小负载，低刚度；大负载，高刚度"的交互机制。模拟结果显示，给定的阶跃信号减小时，阶跃响应的上升时间反而增大，证明了非线性刚度驱动器随着刚度的增加，具有更快的响应速度和更大的带宽。

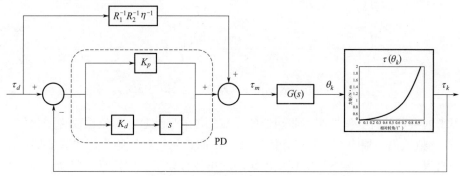

图 6-5　非线性刚度驱动器末端固定力矩控制框图

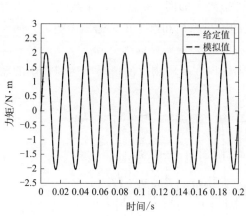

图 6-6　正弦力矩跟踪实验 $K_p = 0.01$，
$K_d = 150$，$f = 50$Hz

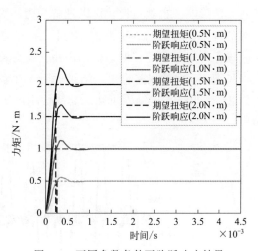

图 6-7　不同参数条件下阶跃响应结果

（3）力矩控制实验验证

在人机交互中，力/力矩控制也是评价执行机构性能标准的一个重要的指标，即能够基于给定的参考信号产生相应的力/力矩，从而实现人与机器人交互的功能，同时保证交互过程的安全性。

此时，设计一组实验来测试非线性刚度驱动器的力控制性能。这部分的第一个实验是迫使弹性元件跟踪给定的常数力矩，也就是说保持弹性构件的恒定变形。测试者随机转动非线性刚度驱动器的输出轴作为干扰弹性元件保持恒定输出的干扰信号，其转动角度则为电机编码器与磁栅尺传感器记录的数据之和，如图 6-8 所示。在本实验中，参考输出力矩为 $1.43\mathrm{N\cdot m}$。通过实验结果比较发现，其整体效果很好，虽然输出轴改变旋转方向时存在一些转矩峰值，但即使在受到扰动时，弹性元件也能达到参考输出转矩。但这些尖点被迅速调整后稳定，这表明我们所开发的非线性刚度驱动器在外界干扰下具有良好的位置跟踪性能。

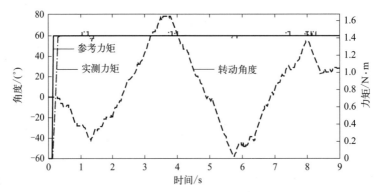

图 6-8　非线性刚度驱动器的恒定力矩跟踪实验

接下来的实验是将非线性刚度驱动器的弹性元件的形变量从恒定值改为变化值，结果如图 6-8。变化值遵循振幅为 $1\mathrm{N\cdot m}$，频率为 $11\mathrm{Hz}$ 的正弦变化轨迹。该实验能够反映驱动器在不同输出程度的交互情况下，对期望力矩的输出执行效果。即能反映驱动器在不同刚度下的动态响应和跟踪能力。在这个实验中，通过固定非线性刚度驱动器的输出轴，减少外界因素对其的影响。也就是说，可以理解为由一个无限大的负载屏蔽非线性驱动器。经过对 PD参数的调整，将 K_p 值改为 25 达到了最好的实验结果。如图 6-9 所示，非线性刚度驱动器实际输出力矩可以跟踪期望输出力矩。实际测量的输出力矩和参考正弦输出力矩之间的误差噪声见图 6-9 中的误差力矩。结果表明，在整个过程中，误差最大为 $0.08\mathrm{N\cdot m}$，误差容忍度为 8%。根据实验结果可知，非线性刚度驱动器可以在不同刚度的情况下达到理想的输出精度。

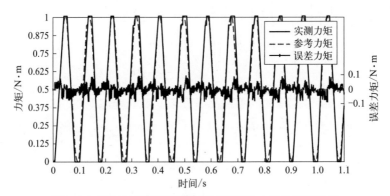

图 6-9　非线性刚度驱动器跟踪正弦变化力矩及跟踪误差

6.1.3 阻抗控制策略及验证

（1）非线性刚度驱动器阻抗模型

阻抗控制作为一种典型的柔顺控制策略，在串联弹性驱动器（SEA）中被普遍采用。通过调节机器人系统和外界环境/人类之间的相互作用力/力矩实现柔顺交互兼容。阻抗控制在可以使机器人在与人类交互的过程中沿人类意志发生屈服，即允许其实际轨迹与给定轨迹发生一定程度的偏离。由于这一特点，阻抗控制适用于机器人主导的运动功能障碍患者康复训练以保证训练过程中的安全性。

内嵌弹性元件的柔顺驱动器可以根据其固有刚度和阻抗模型，为外部环境提供相应的力/力矩。固有刚度系数恒定的串联弹性驱动器，其刚度调节的性能有限。而可变刚度驱动器可以通过控制刚度调节电机，广泛调整其自身刚度，但此过程需要消耗时间。对此，由于非线性刚度驱动器具有比串联弹性驱动器更大的内在可调节刚度范围，非线性刚度驱动器基于外部荷载的刚度选择策略比可变刚度驱动器拥有更快的刚度调整响应。

为了获得非线性刚度驱动器末端执行轨迹和参考轨迹之间的偏差。根据经典阻抗模型，基本阻抗模型如式（6-18）所示

$$\tau_d = K(\theta_d - \theta_l) + B(\dot{\theta}_d - \dot{\theta}_l) \tag{6-18}$$

其中，K 和 B 分别表示阻抗模型中刚度系数和阻尼系数。如果非线性刚度驱动器输出轴不固定，并且考虑末端执行器的惯性和阻尼，那么末端输出轴的动态方程如下：

$$J_l \ddot{\theta}_l + b_l \dot{\theta}_l = \tau_k - \tau_e \tag{6-19}$$

如图 6-10 所示，在控制对象的基础上增加了整定参数阻抗 K 和 B。控制装置的输入是输出轴的参考位置和速度，输出是实际位置。最终通过该种方式，实现控制策略层面上的柔顺交互。图 6-11 中，实线代表当驱动器末端执行器轨迹与预期轨迹发生偏离时，由阻抗控制所产生的阻抗力矩。而虚线代表非线性刚度驱动器末端输出力矩。

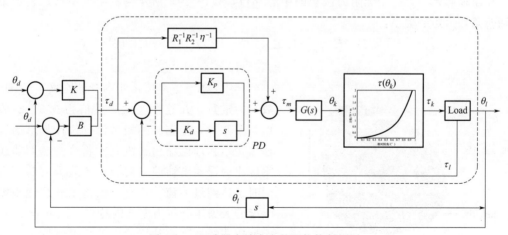

图 6-10　驱动器末端自由的阻抗控制框图

（2）阻抗控制器实验验证

阻抗控制模型可以通过改变控制增益来改变系统的输入运动与输出转矩之间的关系，以完善非线性刚度驱动器控制算法，从而改变其柔顺性，进而达到安全交互的目的。因此，不同的任务环境需要采用不同的阻抗参数 K。例如，在医疗领域，为了保证手术过程的安全

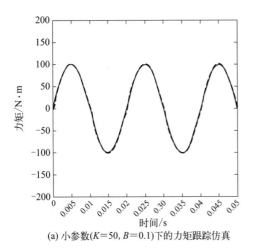
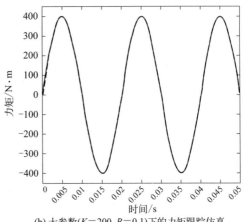

(a) 小参数（$K=50$, $B=0.1$）下的力矩跟踪仿真　　(b) 大参数（$K=200$, $B=0.1$）下的力矩跟踪仿真

图 6-11　不同参数下的力矩跟踪仿真

性，医疗机器人在不同的操作区域应表现出不同的灵敏度。此时，不同的阻抗控制增益系数应适用于具体的外科手术情况。本节就这一具体需求，建立一个简单的阻抗模型用以表现手术操作灵敏度的基本原则。如图 6-12 所示，中心圆柱代表非线性刚度驱动器的输出轴。围绕在输出轴周围的区域表示非线性刚度驱动器刚度 K [N·m/(°)]。如果将 $-15°\sim15°$ 范围的区域作为无阻力区，并将校准零位设置在该区域的中点，则当使用者在该区域内旋转非线性刚度驱动器输出轴时，不受到阻力。而当使用者将输出轴转出该区域时会受到阻力迫使其回到该区域，并且离开无阻力区域的程度越大，受到的阻力也就越大。范围从 $-120°\sim-15°$ 以及 $15°\sim120°$ 的区域被定义为阻力上升区。其余部分是死区（巨大的阻抗区），即非线性刚度驱动器不能达到该区域，因为电机会在接近该区域时提前制动。

　　输出轴起始位置位于无阻力区域的中心部位，式（6-20）所示为其阻抗模型，表示了输出轴转角和力矩的关系：

$$\tau=\begin{cases}K_0\theta K_e & -120°<\theta<-15° \text{ 或 } 15°<\theta<120° \\ 0 & -15°<\theta<15°\end{cases} \tag{6-20}$$

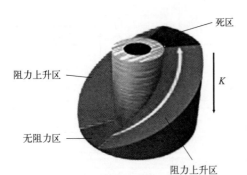

图 6-12　阻抗控制模型刚度分布图

　　其中，K_e 是弹性元件本身的刚度，K_0 是参数，为常数，在这个实验中其值为 0.3。实验数据如图 6-13，根据实际测量位置值计算出的实际输出转矩和理论输出转矩基本符合。然而非线性刚度驱动器输出轴偏离初始位置最大时转矩误差同时也达到最大值，这也反映出了非线性刚度随刚度变大力矩分辨力变低的特点。图 6-14 所示为所期望非线性刚驱动器输出的标准刚度特性和通过测量其位置与转矩计算的实际输出刚度的比较。实验结果表明，除了在高刚度阶段表现出的微小误差外，该驱动器实际表现的刚度与标准刚度基本一致。在图 6-13 和图 6-14 中，这些误差表明驱动器在达到高刚度的特性过程中会牺牲一部分力矩分辨力。关于非线性刚度驱动器的误差优化与补偿的问题，本书后续将会做出更加详细的讨论。

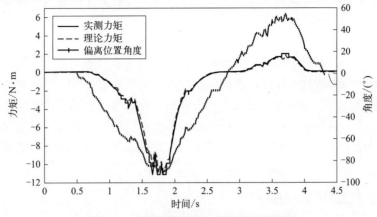

图 6-13　非线性刚度驱动器阻抗实验结果

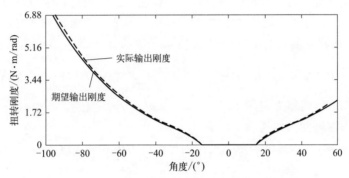

图 6-14　标准刚度曲线与实验刚度曲线比较云图

6.2　非线性刚度驱动器消除外界干扰的补偿算法

前一节对非线性刚度驱动器的运动学和动力学的理论分析及实验验证表明非线性刚度驱动器的控制性能已满足康复机器人的基本需求。然而，这还远远没有达到足以应付任何实际交互情况的水平。在人机交互过程中外界干扰和噪声带来的振动以及不柔顺交互感限制了非线性刚度驱动器的控制性能，而此类问题需要通过设计相应的控制器来解决。经典的串联弹性驱动器（SEA）一般采用 PID 控制，配合使用前馈控制来提高其控制性能。然而，用 PID 等单一闭环反馈控制器来解决一些未知的外部干扰就显得捉襟见肘了。当系统受外部干扰时，很难设计出一个既保持系统稳定又保持高性能的控制器。Ohinishi 等人于 1987 年首次提出了干扰观测器（disturbance observer）用于估计系统中难以测量的干扰。干扰观测器是典型的鲁棒控制工具，在机器人和工业自动化等领域得到了广泛的应用。

普遍认为，基于干扰观测器的控制系统具有两个自由度的控制结构，包括内环反馈和外环反馈。内环反馈主要用于抑制外界干扰，增强系统对被控对象不确定性的鲁棒性。干扰观测器的原理是将机器人模型误差以及外部扰动通过引入补偿的形式，把被控系统近似看作无干扰无误差的名义模型（nominal model）。针对轨迹跟踪性能的外环控制器能够与标称模型匹配设计。为此，首先通过输入量和内环反馈量估计外部干扰量作为观测补偿量，再将其加入控制量中抵消实际干扰。在实际控制系统中，噪声往往位于高带宽频段，然而干扰观测器的监测频率往往受到硬件系统的采样率限制，这样为了能够消除高频噪声对观测信号的影响以及在反馈信号中的高频振动，在干扰观测器中加入 Q-滤波器（低通滤波器）可以更加准确地预测干扰。

干扰观测器优越的无模型控制特点为非线性刚度驱动器由于交互力引入的外部干扰难以建立准确数学模型而无法直接补偿的实际问题提供了有效的解决方案。本章基于前一章建立的非线性刚度驱动器的动力学方程建立了状态方程，并提出了适用于该非线性刚度驱动器的干扰观测控制系统。然后通过稳定性分析确定了系统稳定条件。最后通过未知干扰引入的控制误差补偿的理论分析与实验验证，证明了该干扰观测器对提高非线性刚度驱动器的控制精度有显著效果。

6.2.1 基于力矩模型的状态方程

非线性刚度驱动器系统可以分为动力系统、传动系统、弹性元件和外负载。动力系统即电机组合，主要包括电机转子和齿轮减速器。电机组合的等效转动惯量可以根据电机组合的动力学模型求得。不同于 6.1.2 节中的动力学模型，本节基于末端施加有限负载建立动力学模型，6.1.2 节中所建立的从电机转子到驱动器末端的动力学模型仍然具有参考性，即公式(6-11)。其中，可以令 $J_m = J_r + \dfrac{J_g}{N_1}$、$b_m = b_r + \dfrac{b_g}{N_1}$ 分别为电机组合的等效惯量和阻尼。而外负载部分的动力学模型为式(6-12)。

控制系统输入输出方程如式(6-13)所示。

根据图 6-15 所示，τ_m 可以表示为电机期望输出力矩并分为以下几部分：

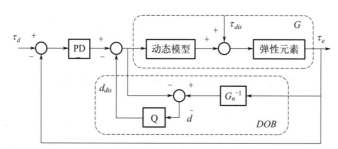

图 6-15　基于非线性刚度驱动器力矩控制下的干扰观测器控制框图

$$\tau_m = \tau_d + \tau_{dy} - d_{dis} \tag{6-21}$$

其中，τ_d 是期望驱动器末端的输出力矩，可以由 PD 控制的公式表示为：

$$\tau_d = K_p(\tau_d - \tau_e) + K_d(\dot\tau_d - \dot\tau_e) \tag{6-22}$$

其中，K_p 为比例单位系数，K_d 为微分单位系数。τ_{dy} 为平衡动力学消耗力，表示为：

$$\tau_{dy} - J_{eq}\ddot\theta_r - b_{eq}\dot\theta_r = 0 \tag{6-23}$$

其中，d_{dis} 为控制系统消除干扰，用下式表示：

$$d_{dis} = Q\hat d \tag{6-24}$$

其中，Q 为低通滤波器：

$$Q = \frac{1}{(s/w_c)^2 + \sqrt{2}\,(s/w_c) + 1} \tag{6-25}$$

其中，$w_c = 2\pi f_c$，f_c 为截止频率。由此式(6-13)化为：

$$K_p\tau_d + K_d\dot{\tau}_d - d_{dis} = J_e\ddot{\theta}_e + b_e\dot{\theta}_e + \tau_e + K_p\tau_e + K_d\dot{\tau}_e \tag{6-26}$$

然后，如果将系统外部干扰考虑到输入输出方程中，整理得到：

$$\frac{K_N}{J_e}K_d\dot{\tau}_d + \frac{K_N}{J_e}(K_p\tau_d - d_{dis}) + \tau_{dis} = \ddot{\tau}_e + \left(\frac{b_e}{J_e} + \frac{K_dK_N}{J_e}\right)\dot{\tau}_e + \left(\frac{K_N}{J_e} + \frac{K_NK_p}{J_e}\right)\tau_e \tag{6-27}$$

其中，τ_{dis} 为系统外部干扰。式（6-27）可以化为标准输入输出方程：

$$\ddot{\tau}_e + a_1\dot{\tau}_e + a_2\tau_e = b_0\dot{\tau}_d + b_1\tau_d + e \tag{6-28}$$

其中，$a_1 = \dfrac{b_e}{J_e} + \dfrac{K_dK_N}{J_e}$，$a_2 = \dfrac{K_N}{J_e} + \dfrac{K_NK_p}{J_e}$，$b_0 = \dfrac{K_dK_N}{J_e}$，$b_1 = \dfrac{K_pK_N}{J_e}$，$e = \tau_{dis} - \bar{i}$

（e 表示干扰观测器补偿误差；$\bar{i} = \dfrac{K_N d_{dis}}{J_e}$ 表示干扰观测器估计的外界干扰）。式（6-28）为典型的输入中含有导数项的输入输出方程，所以可以选取状态空间：

$$\begin{cases} \tau_1 = \tau_e - b_0\tau_d \\ \tau_2 = \dot{\tau}_1 - h_1\tau_d \end{cases} \tag{6-29}$$

其中，τ_1、τ_2 为系统状态变量；$h_2 = (e - a_2b_0) - a_1h_1$，$h_1 = b_1 - a_1b_2$。则列出状态方程一般形式：

$$\begin{cases} \dot{\tau}_1 = \tau_2 + h_1\tau_d \\ \dot{\tau}_2 = -a_2\tau_1 - a_1\tau_2 + h_2\tau_d + e \end{cases} \tag{6-30}$$

整理状态方程得到矩阵形式：

$$\begin{bmatrix} \dot{\tau}_1 \\ \dot{\tau}_2 \end{bmatrix} = \boldsymbol{A}\begin{bmatrix} \tau_1 \\ \tau_2 \end{bmatrix} + \boldsymbol{B}\tau_{in} \tag{6-31}$$

其中，$\boldsymbol{A} = \begin{bmatrix} 0 & 1 \\ -a_2 & -a_1 \end{bmatrix}$，$\boldsymbol{B} = \begin{bmatrix} h_1 & 0 \\ h_2 & 1 \end{bmatrix}$，$\boldsymbol{\tau}_{in} = \begin{bmatrix} \tau_d \\ e \end{bmatrix}$。

通过如下的矩阵等式计算出正定矩阵 $\boldsymbol{P}$：

$$\boldsymbol{A}^{\mathrm{T}}\boldsymbol{P} + \boldsymbol{P}\boldsymbol{A} = -\boldsymbol{E} \tag{6-32}$$

6.2.2　干扰观测器建立

实际控制系统中力矩加速度难以测量，此外对力矩变化速度求导会引入大量噪声导致难以获得准确的力矩加速度值。陈文华提出了一种有效的解决此类问题的办法。采用其所设计的干扰观测器，首先建立一个辅助方程：

$$\begin{bmatrix} z_1 \\ z_2 \end{bmatrix} = \begin{bmatrix} \tau_d \\ -\bar{i} \end{bmatrix} - \begin{bmatrix} w_1 \\ w_2 \end{bmatrix} \tag{6-33}$$

其中，$\begin{bmatrix} z_1 & z_2 \end{bmatrix}^{\mathrm{T}} \in \mathbf{R}^2$；$\begin{bmatrix} w_1 & w_2 \end{bmatrix}^{\mathrm{T}}$ 如下所示：

$$\begin{bmatrix} \dfrac{\partial w_1}{\partial t} \\ \dfrac{\partial w_2}{\partial t} \end{bmatrix} + \begin{bmatrix} 0 \\ L^{-1}\ddot{\tau} \end{bmatrix} = \boldsymbol{0} \tag{6-34}$$

其中，期望力矩 τ_d 为控制信号，无需测量，可以不设置与其对应的 $\partial w_1/\partial t$ 值，L 可以认为是实际干扰和观测干扰误差的反馈增益。令 $\ddot{\tau}_e = \ddot{\tau}$，由式（6-27）可得：

$$\ddot{\tau}_e = \frac{K_N}{J_e}K_d\dot{\tau}_d + \frac{K_N}{J_e}(K_p\tau_d - \tau_{dis}) + \tau_{dis} - \left(\frac{b_e}{J_e} + \frac{K_dK_N}{J_e}\right)\dot{\tau}_e - \left(\frac{K_N}{J_e} + \frac{K_NK_p}{J_e}\right)\tau_e$$

$$(6\text{-}35)$$

将式（6-35）、式（6-34）代入式（6-33）中求导得到：

$$\begin{bmatrix} \dot{\tau}_d \\ -\dot{i} \end{bmatrix} = \begin{bmatrix} \dfrac{\partial z_1}{\partial t} \\ \dfrac{\partial z_2}{\partial t} \end{bmatrix} + \begin{bmatrix} 0 \\ -L^{-1}\ddot{\tau}_e \end{bmatrix} \tag{6-36}$$

可以将变化向量选取：

$$\begin{bmatrix} \dfrac{\partial z_1}{\partial t} \\ \dfrac{\partial z_2}{\partial t} \end{bmatrix} = -L\begin{bmatrix} z_1 \\ z_2 \end{bmatrix} - \boldsymbol{B}^{\mathrm{T}}\boldsymbol{P}\boldsymbol{\tau} + L\left(\begin{bmatrix} 0 \\ b_0\dot{\tau}_d + b_1\tau_d - a_1\dot{\tau}_e - a_2\tau_e \end{bmatrix} - \begin{bmatrix} w_1 \\ w_2 \end{bmatrix}\right) \tag{6-37}$$

将式（6-37）代入式（6-36）中，得到干扰观测器：

$$\begin{bmatrix} \dot{\tau}_d \\ -\dot{i} \end{bmatrix} = -L\left(\begin{bmatrix} z_1 \\ z_2 \end{bmatrix} + \begin{bmatrix} w_1 \\ w_2 \end{bmatrix}\right) - \boldsymbol{B}^{\mathrm{T}}\boldsymbol{P}\boldsymbol{\tau} - \begin{bmatrix} 0 \\ L(a_1\dot{\tau}_e + a_2\tau_e - b_0\dot{\tau}_d - b_1\tau_d) + L\ddot{\tau}_e \end{bmatrix}$$

$$= -L\begin{bmatrix} \tau_d \\ e \end{bmatrix} - L\begin{bmatrix} 0 \\ -\dot{i} \end{bmatrix} - \boldsymbol{B}^{\mathrm{T}}\boldsymbol{P}\boldsymbol{\tau} \tag{6-38}$$

6.2.3　李雅普诺夫稳定性分析

李雅普诺夫方程是一种有效的证明系统稳定性的方法，选取如下的李雅普诺夫函数：

$$V(\tau) = \boldsymbol{\tau}^{\mathrm{T}}\boldsymbol{P}\boldsymbol{\tau} + \boldsymbol{\tau}_{in}^{\mathrm{T}}\boldsymbol{\tau}_{in} \tag{6-39}$$

对所选取的李雅普诺夫函数求导：

$$\dot{V}(\tau) = \dot{\boldsymbol{\tau}}^{\mathrm{T}}\boldsymbol{P}\boldsymbol{\tau} + \boldsymbol{\tau}^{\mathrm{T}}\boldsymbol{P}\dot{\boldsymbol{\tau}} + 2\boldsymbol{\tau}_{in}^{\mathrm{T}}\dot{\boldsymbol{\tau}}_{in}$$

$$= -\boldsymbol{\tau}^{\mathrm{T}}\boldsymbol{E}\boldsymbol{\tau} + 2\boldsymbol{\tau}_{in}^{\mathrm{T}}\boldsymbol{B}^{\mathrm{T}}\boldsymbol{P}\boldsymbol{\tau} + 2\boldsymbol{\tau}_{in}^{\mathrm{T}}\left(\begin{bmatrix} 0 \\ \dot{\tau}_{dis} \end{bmatrix} + \begin{bmatrix} \dot{\tau}_d \\ -\dot{i} \end{bmatrix}\right)$$

$$= -\boldsymbol{\tau}^{\mathrm{T}}\boldsymbol{E}\boldsymbol{\tau} + 2\boldsymbol{\tau}_{in}^{\mathrm{T}}\boldsymbol{B}^{\mathrm{T}}\boldsymbol{P}\boldsymbol{\tau} + 2\boldsymbol{\tau}_{in}^{\mathrm{T}}\left(\begin{bmatrix} 0 \\ \dot{\tau}_{dis} \end{bmatrix} - L\begin{bmatrix} \tau_d \\ b_2 \end{bmatrix} - L\begin{bmatrix} 0 \\ -\dot{i} \end{bmatrix} - \boldsymbol{B}^{\mathrm{T}}\boldsymbol{P}\boldsymbol{\tau}\right) \tag{6-40}$$

$$= -\boldsymbol{\tau}^{\mathrm{T}}\boldsymbol{E}\boldsymbol{\tau} - 2\boldsymbol{\tau}_{in}^{\mathrm{T}}\boldsymbol{\tau}_{in} + 2\boldsymbol{\tau}_{in}^{\mathrm{T}}\begin{bmatrix} 0 \\ \dot{e} \end{bmatrix}$$

$$= -\boldsymbol{\tau}^{\mathrm{T}}\boldsymbol{E}\boldsymbol{\tau} - 2L\tau_d^2 - 2Le^2 + 2e\dot{e}$$

将公理 $Le^2 + L^{-1}\dot{e}^2 \geqslant 2e\dot{e}$ 代入式（6-40），可以得到：

$$\dot{V}(\tau) \leqslant -\boldsymbol{\tau}^{\mathrm{T}}\boldsymbol{E}\boldsymbol{\tau} - 2L\tau_d^2 - Le^2 + L^{-1}\dot{e}^2$$

$$\leqslant -2L\tau_d^2 - Le^2 + L^{-1}\dot{e}^2 \tag{6-41}$$

只要：

$$2L^2\tau_d^2 + L^2 e^2 \geqslant \dot{e}^2 \tag{6-42}$$

即可满足 $\dot{V}(\tau)<0$，再次整理：

$$\sqrt{2\tau_d^2 + e^2} \geqslant \left|\frac{\dot{e}}{L}\right| \tag{6-43}$$

① 如果干扰信号变化得很慢，即 $\dot{\tau}_d=0$ 可以找到反馈增益系数 L，使之满足：$Le=\dot{e}$，则式(6-43)恒成立。

② 如果干扰信号变化不能忽略，假设其有界，则可以确定 $|\dot{e}|<|\delta|$，调整 L 大小使之满足不等式。此外，在 L 大小确定后，增大 τ_d 可以减小干扰观测器的误差。

6.2.4　干扰观测器实验验证

（1）干扰观测器在力矩控制实验中的评定

力矩控制是实现丰富的人机交互体验的前提，驱动器能否实现按期望信号输出的能力直接反映了驱动器控制性能的好坏。在力矩控制实验环节内，通过对比两组实验结果可以判断干扰观测器能否提高非线性刚度驱动器的控制精度。

首先，使驱动器跟踪给定的频率为 1Hz，幅值变化区间为 $[0, 8\text{N} \cdot \text{m}]$ 的正弦变化力矩信号。实验持续 9s，其中前四个周期保持驱动器末端固定，即屏蔽了外界所有干扰。在实验的第四个周期末，释放驱动器末端并加入近似正弦波形幅值在 $[-9°, 9°]$ 变化的干扰信号，干扰信号如图 6-16 所示，直至第 9 周期末。其中的两组实验唯一的区别是控制算法中是否加入了干扰观测器。

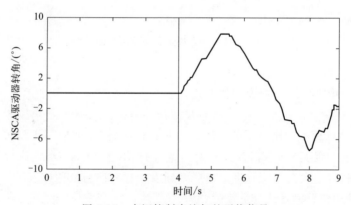

图 6-16　力矩控制中施加的干扰信号

图 6-17 所示为未加入干扰观测器的实验结果，通过分析采集到的实验数据可以看出，在没有引入干扰观测器的一组试验中，在前四个周期，驱动器末端固定，跟随信号表现出了滞后。当驱动器末端自由后，由于加入了外部干扰，导致期望力矩与表现力矩相位差增大。

方向相同时，相位超前；当力矩变化方向和干扰方向相反时，相位滞后。并且如果经过了力矩峰值，会产生严重误差，尤其在刚加入干扰的前两个周期。4～5s 内，力矩变化方向和干扰偏移方向一致，当经过峰值力矩时，单位形变对应输出力矩最大，瞬时产生很大误差（0.9N·m）。同样地，在 5～6s 内，由于相位滞后，导致峰值力矩仅仅达到 7.2N·m。但是在引入干扰观测器之后（图 6-18），驱动器力矩跟踪滞后性明显减小，特别是加入干扰之后，力矩跟踪效果并无明显恶化，证明了干扰观测器提升了控制系统性能。

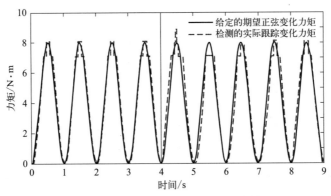

图 6-17 未加入干扰观测器的力矩控制实验

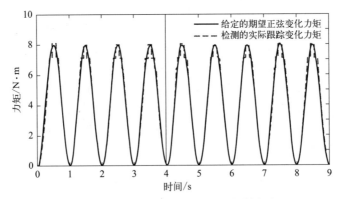

图 6-18 加入干扰观测器的力矩控制实验

（2）干扰观测器在力阻抗控制实验中的评定

阻抗控制实验中，给出力矩模型如下式：

$$\tau_d = K(\theta_d - \theta_e) \tag{6-44}$$

其中，K 为阻抗模型的刚度系数，综合 Stienen 等人选定的应用于肩关节及上肢的康复实验刚度，决定前两组实验取 $0.5\mathrm{N \cdot m/(°)}$，后两组取 $5\mathrm{N \cdot m/(°)}$。执行此式意味着当驱动器受到外界干扰时，会在一定程度下屈服，即沿干扰方向与期望位置发生一定距离的位置偏移。而 θ_d 即期望位置满足式(6-45)：

$$\theta_d = 15\sin(2.4\pi t) \tag{6-45}$$

实验记录了位置偏差和驱动器输出力矩，通过计算实验阻抗模型刚度（驱动器输出力矩/位置偏差）与实验设置阻抗刚度 K 进行对比分析确定干扰观测器的控制效果。

前两组实验分别加入了 $[-3\mathrm{N \cdot m}, 3\mathrm{N \cdot m}]$ 的力矩交互如图 6-19、图 6-21 所示，此时可以计算出实验刚度 K（力矩/位置偏差）并与标准期望刚度进行比较。图 6-20 表示当受到力矩干扰时，没有加入干扰观测器的刚度误差。当干扰发生方向上的变化时，系统抵御干扰的能力大幅度降低，刚度误差最大，最大刚度瞬时达到 $0.67\mathrm{N \cdot m/(°)}$[最小刚度 $0.34\mathrm{N \cdot m/(°)}$]。这会在交互过程中产生瞬时冲量，给使用者带来不适应感，甚至导致使用者受伤，不能满足安全的交互需求。但是引入干扰观测器后这一问题得到缓解，如图 6-22 所示，观测器成功估计并消除了绝大部分由于干扰带来的刚度误差，使其最大表现刚度低于 $0.57\mathrm{N \cdot m/(°)}$[最小表现刚度 $0.45\mathrm{N \cdot m/(°)}$]，并且最终稳定在 $0.01\mathrm{N \cdot m/(°)}$ 以内，提高了控制精度。另外，刚度误差的毛刺逐渐减小证明了该干扰观测器在稳定的交互过程中具有收敛误差的功能。在高刚度的情况下，考虑到人机交互的实际力矩交互范围，力矩干扰被扩大至 [－10N·m　10N·m]。图 6-23 所示为未加入干扰观测器的高阻抗控制实验。图 6-24 显示当受到力矩干扰时，没有加入干扰观测器一组刚度误差，最大刚度瞬时达到 5.21N·m/(°) [最小刚度 4.90N·m/(°)]。图 6-25 所示为加入了干扰观测器的高阻抗控制实验。图 6-26 为加入干扰观测器的刚度误差，其最大刚度降低至 5.03N·m/(°) [最小刚度 4.98N·m/(°)]，控制精度显著提升。

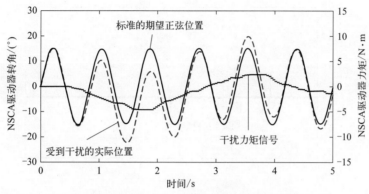

图 6-19　未加入干扰观测器的低阻抗控制实验

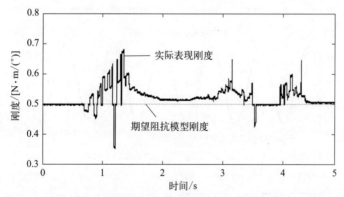

图 6-20　未加入干扰观测器的低阻抗下非线性刚度驱动器表现刚度与实验设定刚度比较

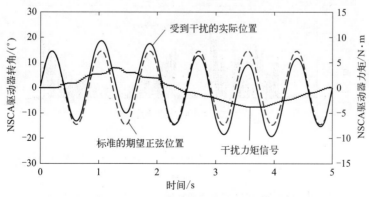

图 6-21　加入了干扰观测器的低阻抗控制实验

此外，图 6-22 和图 6-26 的区别在于阻抗刚度系数不同。阻抗模型刚度发生变化意味着弹性元件的工作区域和位置发生改变。在系统稳定的情况下，当非线性刚度驱动器系统刚度大时，即出现同等位置偏差时，τ_d 较大，此时误差 e 减小。这与式（6-43）所表达的信息相符合。这是由于扩大非线性元件的工作范围时，单位形变下的力容纳量变大，这就会降低实验中力矩的瞬时尖点。总体上，将误差率降低了 $85.71\% \left(1 - \dfrac{5.03 - 5.0}{5.21 - 5.0}\right)$，提高了控制精度。

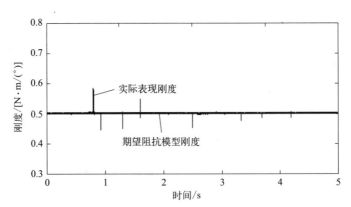

图 6-22　加入了干扰观测器的低阻抗下非线性刚度驱动器表现刚度与实验设定刚度比较

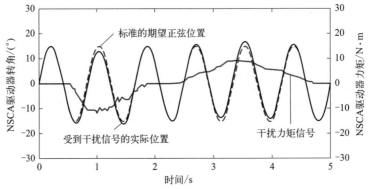

图 6-23　未加入干扰观测器的高阻抗控制实验

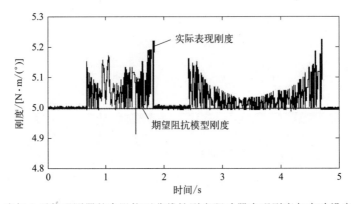

图 6-24　未加入干扰观测器的高阻抗下非线性刚度驱动器表现刚度与实验设定刚度比较

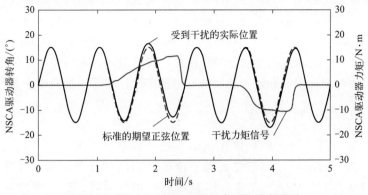

图 6-25　加入了干扰观测器的高阻抗控制实验

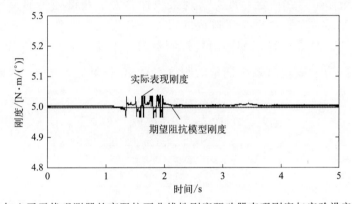

图 6-26　加入了干扰观测器的高阻抗下非线性刚度驱动器表现刚度与实验设定刚度比较

6.3　非线性刚度驱动器消除弹性元件迟滞的补偿算法

在 6.2 节中，通过采用干扰观测器（无模型控制）而达到了对外界未知干扰的估计与补偿。但是，采用具备交互力小时力分辨力高，交互力大时响应速度快的非线性弹性元件实现柔顺交互的非线性策略存在一个奇怪的现象，即在重复加载后，施加载荷与刚度之间的关系表现为一个封闭的曲线，而不是所定义的非线性曲线。通常这种现象被定义为迟滞现象，在渐进低频中表现为非消失的输入输出环，并较多出现在具有多重平衡的非线性系统中。一些学者倾向于认为迟滞现象是由摩擦和阻尼的作用形成的。显然，非线性刚度驱动器的系统也未能幸免。在非线性刚度驱动器中，转矩和位置输出的精度受到了严重的影响。幸运的是，在先前的工作中已有一些数学模型被用来描述和补偿该滞后现象，例如 Bouc-wen 和 Duhem 等模型都是用微分方程来描述该现象的。其中，因为 Bouc-wen 模型能够捕捉一系列迟滞现象的形状，并具有数学模型形状简单、曲线光滑的特点所以被广泛地应用于描述迟滞系统，这也引起了本书对优化该模型应用于描述非线性刚度驱动器迟滞现象的兴趣。最重要的是，通过迭代求解识别 Bouc-wen 模型中参数的算法可以保证实时控制。为了消除这些由于迟滞现象引起的误差，本书设计了一种基于最小二乘法的最优迭代算法，来识别 Bouc-wen 模型中的未知参数，最终改善驱动器控制系统误差。

此外为了满足安全性，控制方案的稳定性也应该加以讨论。为确保机器人系统的运行更加准确，已经提供了许多控制器设计。例如，在文献［29］中提到的康复机器人系统，作者更倾向于通过改进的阻抗控制来实现肢体障碍患者的下肢机器人康复的轨迹。另一项工作是在干扰为常数的前提下，消除采用干扰观测器的建模错误。但是，稳定性分析的缺席限制了这些工作。在本书中，由于应用非线性兼容组件，基于阻抗的非线性刚度驱动器系统控制变得相当复杂，因此对阻抗控制和迟滞补偿的理论稳定性进行了详细的讨论。

6.3.1 基于阻抗模型的状态方程

非线性刚度驱动器具有比串联弹性驱动器更宽的刚度调节范围，因为串联弹性驱动器刚度受其弹性元件的限制。由于非线性刚度驱动器的刚度选择策略基于外部载荷而并不类似于变刚度驱动器（VSA）那样采用附加电机调节刚度，因此非线性刚度驱动器刚度调节比 VSA 更快。也就是说，非线性刚度驱动器在本质上有更多的优势。此外，阻抗控制等柔顺控制策略可以在一定程度上实现柔顺性。为了获得完美的柔顺性，需要弥补其弹性元件固有的迟滞现象对系统所造成的误差。首先建立非线性刚度驱动器带迟滞补偿的阻抗控制系统，如图 6-27 所示。阻抗控制器通过既定的阻抗模型以及期望的位置输出转角 θ_d 与角速度 $\dot{\theta}_d$ 表现出系统期望的刚度系数 K 和阻尼系数 b，因此阻抗模型的数学模型可以表示为：

$$\tau_d = K(\theta_d - \theta_e) + b(\dot{\theta}_d - \dot{\theta}_e) \tag{6-46}$$

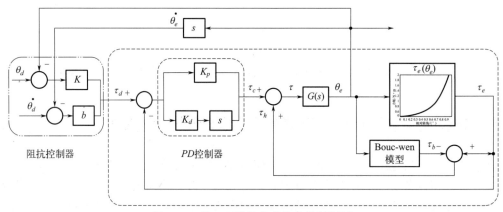

图 6-27　基于迟滞补偿的阻抗控制框图

另外，为了提高非线性刚度驱动器力矩输出精度，通过一个比例微分（PD）控制器与输出反馈的控制策略缩小期望输出力矩与实际输出力矩之间的误差，达到更好的控制要求。从而，比例微分控制器的数学模型可以表示为：

$$\tau_c = K_p(\tau_d - \tau_e) + K_d(\dot{\tau}_d - \dot{\tau}_e) \tag{6-47}$$

除此之外，驱动器动力源还应该提供一组平衡驱动器弹性元件克服迟滞现象的补偿力，根据基于 Bouc-wen 模型所建立的迟滞补偿模型，可以得到理想的电机输出力矩，同时该力矩也是非线性刚度驱动器的输入力矩，表示为：

$$\tau = \tau_c + \tau_h \tag{6-48}$$

与此同时，弹性元件的实际输出力矩也是经过确定的迟滞模型补偿过的，也就是说，非线性刚度驱动器的输出力矩经过了该迟滞模型的补偿，达到了更加准确的力矩输出，因此，将式(6-48)进一步细化得到式(6-49)：

$$\tau_c + \tau_h = \frac{\tau_e + \tau_e'}{\eta N_1 N_2} \tag{6-49}$$

其中，τ_e' 代表的是由于迟滞现象导致非线性刚度驱动器的输出误差，我们希望通过迟滞补偿模型的计算，减小由非线性刚度驱动器刚度模型所计算出的理论输出力矩与期望力矩的偏差。而 τ_h 则是电机所提供的用以补偿迟滞的力矩。

$$\tau_h = \tau_e - \tau_b = \frac{\tau_e'}{\eta N_1 N_2} \tag{6-50}$$

6.3.2 基于 Bouc-wen 模型的算法原理

基于上一节的模型推导，我们发现提升该驱动器的控制性能的关键在于如何将实时的迟滞力矩 τ_h 通过迟滞补偿模型的迭代得出。因此，本节提出了一种基于最小二乘法的将连续性 Bouc-wen 模型离散化，达到实时反映驱动器迟滞力矩的算法。首先经典的 Bouc-wen 模型中有 4 个需要识别的参数，它们分别是 α、β、γ 和 n。其中天津大学的田延岭教授采用 Bouc-wen 模型对音圈电机驱动微定位平台中的迟滞现象进行准确描述，并运用基于自适应交叉变异的遗传算法识别该 Bouc-wen 模型参数，达到消除迟滞的目的。针对微定位平台问题，芝浦工业大学的陈新凯教授也提出了一种基于 Bouc-wen 模型的自适应参数识别方法达到精准控制的目的。此外，伊朗大不里士大学的 Fatemi 采用李雅普诺夫方法分析了基于 Bouc-wen 迟滞模型控制器的稳定性问题，具有应用和指导意义。由此可知 n 为所谓的最小影响参数，即不敏感参数，所以为了实现实时控制，减少后续的迭代量，以及整个算法的规模与框架，可以选择根据经验，首先确定不敏感参数的值，然后计算其余三个参数的值，最后通过计算的三个关键参数，修正不敏感参数，得到最佳识别的 Bouc-wen 模型。此时代入非线性弹性元件的形变量得到实时的迟滞力矩并驱动电机实施补偿。达到更加精确的力矩/阻抗控制。

经典的 Bouc-wen 模型为如下所示的微分方程：

$$\tau_b'(t) = \alpha\theta_e'(t) - \beta\theta_e'(t)|\tau_b(t)|^n - \gamma|\theta_e'(t)|\tau_b(t)|\tau_b(t)|^{n-1} \tag{6-51}$$

其中，α、β、γ 和 n 四个参数需要被识别，但是由于 n 的不确定性（自然数且大于 1），一些单片机难以计算此高阶微分方程，所以对此方程进行离散并进行数值计算就显得尤为重要。

首先，将式(6-51) 等号两侧对时间（下限为 0 时刻，上限为当前时刻）进行定积分：

$$\int_{t_0}^{t_m} \tau_b'(t)dt = \alpha\int_{t_0}^{t_m} \theta_e'(t)dt - \beta\int_{t_0}^{t_m} \theta_e'(t)|\tau_b(t)|^n dt - \gamma\int_{t_0}^{t_m} |\theta_e'(t)|\tau_b(t)|\tau_b(t)|^{n-1} dt \tag{6-52}$$

其中，t_0 是积分下限，即 0 时刻；而 t_m 则为积分上限，即该时刻；τ_b 表示迟滞力矩，θ_e 代表旋转角度。为了方便表达，上式中的一些积分可以用以下字母表示：

$$c = \int_{t_0}^{t_m} \tau_b'(t)dt = \tau_b(t_m) - \tau_b(t_0) \tag{6-53}$$

$$I_\alpha = \int_{t_0}^{t_m} \theta_e'(t)dt = \theta_e(t_m) - \theta_e(t_0) \tag{6-54}$$

$$I_\beta = -\int_{t_0}^{t_m} \theta_e'(t)|\tau_b(t)|^n dt \tag{6-55}$$

$$I_\gamma = -\int_{t_0}^{t_m} |\theta_e'(t)|\tau_b(t)|\tau_b(t)|^{n-1} dt \tag{6-56}$$

将 I_α、I_β、I_γ 代入式(6-52) 中，可以得到如下公式：

$$c = \alpha I_\alpha + \beta I_\beta + \gamma I_\gamma \tag{6-57}$$

然后，通过给定采样时间 t_i 可以求得迟滞力矩 τ_{bi} 与转角 θ_{ai}：

$$\theta_e'(t) |\tau_b(t)|^n = \theta_{ei}' |\tau_{bi}|^n = T_i \tag{6-58}$$

$$|\theta_e'(t)| \tau_b(t) |\tau_b(t)|^{n-1} = |\theta_{ei}'| \tau_{bi} |\tau_{bi}|^{n-1} = P_i \tag{6-59}$$

$$\theta_{ei}' = \frac{-\theta_{e(i+2)} + 8\theta_{e(i+1)} - 8\theta_{e(i-1)} + \theta_{e(i-2)}}{12\Delta t} \tag{6-60}$$

其中，Δt 是采样间隔 θ_{ei}'，采用四阶精度的牛顿差值数值计算。因此通过梯形数值计算可以获得 I_β 和 I_γ 的结果如下：

$$I_\beta = -\int_{t_0}^{t_m} \theta_e'(t) |\tau_b(t)|^n \mathrm{d}t = -\frac{1}{2}\sum_{m=1}^{m-1}(T_{i+1} + T_i)\Delta t \tag{6-61}$$

$$I_\gamma = -\int_{t_0}^{t_m} |\theta_e'(t)| \tau_b(t) |\tau_b(t)|^{n-1} \mathrm{d}t = -\frac{1}{2}\sum_{m=1}^{m-1}(P_{i+1} + P_i)\Delta t \tag{6-62}$$

至此，通过以上的分析，整个算法的步骤就清晰明了。当不敏感参数 n 恒定时，I_α、I_β、I_γ 就可以通过以上的步骤直接或间接地求得。随后代入式(6-62) 这一线性方程中确定一个关于 $\boldsymbol{\sigma} = (\alpha, \beta, \gamma)^T$ 的参数向量。如果选取如 t_0 和 t_m 分别为算法的开始时刻和终止时刻，那么这个算法就会有 $\frac{t_m - t_0}{\Delta t}$ 个方程组成的线性矩阵，这组线性方程组中每一个方程分别有一个参数向量 σ_i，识别一组最适参数向量就成了一个非常典型的最小二次问题，若使其误差最小，则：

$$\min \dot{E}(\theta_e) = \sum_{m=1}^{M}(\boldsymbol{q}_m^T\theta_e - c_m)^2 \tag{6-63}$$

其中，$\boldsymbol{q}_m = (I_{am}, I_{\beta_m}, \cdots, I_{\gamma_m})^T$，另外 m 是该求和公式的总个数。因此参数向量 $\boldsymbol{\sigma}$ 的理论解如下：

$$\hat{\boldsymbol{\sigma}} = (\boldsymbol{A}^T\boldsymbol{A})^{-1}\boldsymbol{A}^T\boldsymbol{c} \tag{6-64}$$

其中，$\boldsymbol{A} = [\boldsymbol{q}_1^T, \boldsymbol{q}_2^T, \cdots, \boldsymbol{q}_M^T]^T$，而 $\boldsymbol{c} = [c_1, c_2, \cdots, c_M]^T$。$M$ 的取值至关重要，因为如果 M 太大就会影响算法的效率，从而降低控制实时性。而如果 M 值太小则会降低补偿精度，不能达到预期的补偿效果。因此如何确定 M 的值应取决于实际情况。随着运行时间的延长，模型通过获得新的数据以更新误差矩阵中的方差，所识别的参数是动态变化的。而经过计算的数据是按队列结构的方式进行选取和遗弃，即用先进后出的方式计算当前的最小方差。

$$\min \dot{E}(\theta_e) = \sum_{m=j+1}^{M+j}(\boldsymbol{q}_m^T\theta_e - c_m)^2 \tag{6-65}$$

其中，j 表示在最小误差矩阵中被替代的数据的个数，因此随着驱动器运行时间的增长，式（6-64）中的 $\boldsymbol{A}$ 和 $\boldsymbol{c}$ 分别表示为 $\boldsymbol{A}_j = [\boldsymbol{q}_{j+1}^T, \boldsymbol{q}_{j+2}^T, \cdots, \boldsymbol{q}_{M+j}^T]^T$ 和 $\boldsymbol{c}_j = [c_{j+1}, c_{j+2}, \cdots, c_{M+j}]^T$。这样，理论解 $\hat{\boldsymbol{\sigma}}$ 就不再是一个定值了，而是随着实验采集的数据不断更新，由当前位置与实时数据共同影响的变量。通过这种方式优化的算法考虑了引起迟滞现象的多重因素，并一一进行分析给出实施办法，最终通过升级参考数据应用到变量矩阵的模型中的优化方案达到了计算快速准确的效果。其中的 θ 是作为一个参数矩阵指针的作用而存在的，也就是随着数据变化，通过当前的 θ 值可以判断应该选择哪一种模式：

$$\begin{bmatrix} \theta \\ \hat{\sigma}_m \end{bmatrix} = \begin{bmatrix} \theta_{e1} & \theta_{e2} & \cdots & \theta_{em} \\ \alpha_1 & \alpha_2 & \cdots & \alpha_m \\ \beta_1 & \beta_2 & \cdots & \beta_m \\ \gamma_1 & \gamma_2 & \cdots & \gamma_m \end{bmatrix} \tag{6-66}$$

此外，n 只对 Bouc-wen 模型形状曲线的光滑度有些许影响，所以称 n 为该模型不敏感参数，即在其他三个参数固定的情况下，通过改变 n（一般是自然数）对模型的形状引起的改变并不明显。因此对于 n 的讨论就是应该如何提高 Bouc-wen 曲线的光滑性。由于 n 的特点所以其讨论范围并不大，被限制在了一定范围内，即非 0 自然数，一般小于 10。而每一个 n 都会确定一组参数向量 $\boldsymbol{\sigma}$ 和方差 E，此时通过结合方差 E 和算法的计算量确定出最合适的参数 n，就识别了模型中的所有参数，得到了符合当前时间下的迟滞模型，完成了整个算法的迭代。

在参数辨识后，非线性刚度驱动器的输入力矩和输出位置之间的映射关系可以达成显式的表达形式。因此所提出的补偿控制器能够消除由于迟滞现象而产生的系统误差。因为，力矩与位置的显式关系可以直接赋值给控制器实施补偿，并得出更为规范准确的输出力矩。

6.3.3　李雅普诺夫稳定性分析

基于式（6-47）～式（6-54）可以得到式（6-67），用来表示非线性刚度驱动器所有零件的动力学：

$$\ddot{\theta}_e + a_1 \dot{\theta}_e + a_2 \theta_e + \frac{K_d}{K_d b + K' J_1} f(\theta_e) \dot{\theta}_e = b_0 \ddot{\theta}_d + b_1 \dot{\theta}_d + b_2 \theta_d \tag{6-67}$$

其中，$f(\theta_e) = 22.5\theta_e^4 - 27\theta_e^3 + 159\theta_e^2 + 20$，$b = \dfrac{1}{R_2} b_w + R_1 R_2 b_m + R_2 b_g$，$K' = \dfrac{\eta N_1 N_2 (K_p + 1)}{1 - \eta N_1}$，$J_1 = \dfrac{1}{N_2} J_w + N_1 N_2 J_m + N_2 J_g$，$a_1 = \dfrac{K_p b + K_d K - K' B_1}{K' J_1 + K_d b}$，$a_2 = \dfrac{K_p K}{K' J_1 + K_d b}$，$b_0 = \dfrac{K_d b}{K' J_1 + K_d b}$，$b_1 = \dfrac{K_p b + K_d K}{K' J_1 + K_d b}$，$b_2 = \dfrac{K_p K}{K' J_1 + K_d b}$。

李雅普诺夫方程作为一种可靠的分析系统稳定性的理论方法在本章被用来分析讨论非线性刚度驱动器控制系统的稳定性。其中状态变量的选取如下，如式（6-68）所示，通过将上述状态变量求导得到输入方程：

$$\begin{cases} \theta_1 = \theta_e - b_0 \theta_d \\ \theta_2 = \dot{\theta}_1 - h_1 \theta_d \end{cases} \tag{6-68}$$

其中，$h_1 = b_1 - a_1 b_0$，因此式（6-68）可以按如下方式表达：

$$\begin{cases} \dot{\theta}_1 = \theta_2 + h_1 \theta_d \\ \dot{\theta}_2 = -a_2 \theta_1 - a_1 \theta_2 + h_2 \theta_d - \dfrac{K_d}{K' J_1 + K_d b} f(\theta_e) \dot{\theta}_e \end{cases} \tag{6-69}$$

其中，$h_2 = (b_2 - a_2 b_0) - a_1 h_1$，令 $\boldsymbol{\theta} = \begin{bmatrix} \theta_1 & \theta_2 \end{bmatrix}^{\mathrm{T}}$。上述公式就可以写成更加紧凑的形式，即：

$$\dot{\boldsymbol{\theta}} = \boldsymbol{A}\boldsymbol{\theta} + \boldsymbol{B}\theta_d + \boldsymbol{D}f(\theta_e)\dot{\theta}_e \tag{6-70}$$

$$\boldsymbol{A} = \begin{bmatrix} 0 & 1 \\ -a_2 & -a_1 \end{bmatrix}, \boldsymbol{B} - \begin{bmatrix} h_1 \\ h_2 \end{bmatrix}, \boldsymbol{D} = \begin{bmatrix} 0 \\ -\dfrac{K_d}{K'J_1 + K_d b} \end{bmatrix} \tag{6-71}$$

根据上述状态方程，可以通过李雅普诺夫函数求解控制系统稳定性，而控制系统稳定的充分必要条件为李雅普诺夫函数 $V \geqslant 0$，并且李雅普诺夫函数的导数 $\dot{V} \leqslant 0$。可以确定李雅普诺夫方程如下：

$$V(\boldsymbol{\theta}) = \boldsymbol{\theta}^{\mathrm{T}} \boldsymbol{P} \boldsymbol{\theta} \tag{6-72}$$

$$\boldsymbol{A}^{\mathrm{T}}\boldsymbol{P} + \boldsymbol{P}\boldsymbol{A} = -\boldsymbol{E} \tag{6-73}$$

根据现代控制理论可知，如果李雅普诺夫函数 $V \geqslant 0$ 的充分必要条件为式（6-73），并解得所示矩阵 $\boldsymbol{P}$ 为：

$$\boldsymbol{P} = \begin{bmatrix} \dfrac{a_1^2 + a_2^2 + a_2}{2a_1 a_2} & \dfrac{1}{2a_2} \\[3mm] \dfrac{1}{2a_2} & \dfrac{1+a_2}{2a_1 a_2} \end{bmatrix} \tag{6-74}$$

如果要上述矩阵为正定矩阵，其充分必要条件为：

$$K'J_1 + K_d b = \frac{\eta N_1 N_2 (K_p + 1)}{1 - \eta N_1} J_1 + K_d b > 0 \tag{6-75}$$

例如：

$$\frac{N_2 J_1 (K_p + 1) + K_d b}{N_1 K_d b} < \eta < 1 \tag{6-76}$$

表 6-1 提供了系统所用到的参数，效率值 η 取 $0.5 \sim 0.8$ 之间的任意值，非线性刚度驱动器的转动惯量为 $J_1 = 0.006 \mathrm{kg \cdot m^2}$，此时式（6-76）可以化简为：

$$K_p < 1077 K_d b - 1 \tag{6-77}$$

表 6-1　非线性刚度驱动器中所涉及的参数

符号	变量名	数值
J_m	电机惯量	$1.81 \times 10^{-5} \mathrm{kg \cdot m^2}$
J_g	减速器惯量	$1.50 \times 10^{-6} \mathrm{kg \cdot m^2}$
J_w	转筒惯量	$1.34 \times 10^{-3} \mathrm{kg \cdot m^2}$
J_1	外负载惯量	0
R_1	减速比	66
R_2	加速比	5

较大的比例环节增益 K_p 能够放大传感器噪声，甚至导致系统不稳定。因此通过选取合理的 K_d 与 b 的值就可以满足实际应用。将李雅普诺夫函数对时间求导可以获得：

$$\begin{aligned} \dot{V}(\boldsymbol{\theta}) &= \dot{\boldsymbol{\theta}}^{\mathrm{T}} \boldsymbol{P} \boldsymbol{\theta} + \boldsymbol{\theta}^{\mathrm{T}} \boldsymbol{P} \dot{\boldsymbol{\theta}} \\ &= \frac{a_1^2 + a_2^2 + a_2}{a_1 a_2} \dot{\theta}_1 \theta_1 + \frac{1}{a_2} (\dot{\theta}_2 \theta_1 + \dot{\theta}_1 \theta_2) + \frac{1+a_2}{a_1 a_2} \dot{\theta}_2 \theta_2 \end{aligned} \tag{6-78}$$

那么如果想要 $\dot{V}(\boldsymbol{\theta}) < 0$，只要达成如下条件：

$$-\frac{1}{a_2} \times \frac{K_d}{K'J_1+K_db} f(\theta_e)\dot{\theta}_e\theta_1 - \frac{1}{a_1a_2} \times \frac{K_d}{K'J_1+K_db} f(\theta_e)\dot{\theta}_e\theta_2 - \frac{1}{a_2} \times \frac{K_d}{K'J_1+K_db} f(\theta_e)\dot{\theta}_e\theta_2$$

$$= -\frac{K_d}{K'J_1+K_db} f(\theta_e)\dot{\theta}_e\left(\frac{1}{a_2}\theta_1+\frac{1}{a_1a_2}\theta_2+\frac{1}{a_2}\theta_2\right) < 0$$

$$(6\text{-}79)$$

例如

$$f(\theta_e)\dot{\theta}_e(a_1\theta_1+\theta_2+a_2\theta_2) > 0 \tag{6-80}$$

在非线性刚度驱动器的系统中，弹性元件的形变量仅仅只有 3mm，所以我们选取的这个参考值大于零。因此式(6-80)可以写成如下形式：

$$\dot{\theta}_e(a_1\theta_1+\theta_2+a_2\theta_2) > 0 \tag{6-81}$$

根据式(6-81)，当非线性刚度驱动器处在相对理想的运动时，应该对两种完全不同的情况进行讨论：

① 如果 $\dot{\theta}_e > 0$，那么 $\dot{\theta}_d > 0$，因为 θ_e 跟踪标准轨迹，即 θ_d。

$$a_1\theta_1+\theta_2+a_2\theta_2 > 0 \tag{6-82}$$

比如：

$$\dot{\theta}_e > b_0\dot{\theta}_d + \left(h_1-\frac{a_1}{1+a_2}\right)\theta_1 > \left(h_1-\frac{a_1}{1+a_2}\right)\theta_1 \tag{6-83}$$

基于上述公式，我们可以得到如下关系：

$$h_1-\frac{a_1}{1+a_2} < 0 \tag{6-84}$$

随后，如果确定 $\theta_1 > 0$，那么式(6-84)就可以实现了。

② 如果 $\dot{\theta}_e < 0$

$$a_1\theta_1+\theta_2+a_2\theta_2 < 0 \tag{6-85}$$

比如：

$$\dot{\theta}_e < b_0\dot{\theta}_d + \left(h_1-\frac{a_1}{1+a_2}\right)\theta_1 < \left(h_1-\frac{a_1}{1+a_2}\right)\theta_1 \tag{6-86}$$

与此同时，我们通过将 $\theta_1 < 0$ 实现了式(6-84)。因此，该公式描述了可以通过调整阻抗参数与 PD 参数，使此状态系统是一个渐进稳定的状态空间，即输出位置与速度满足式(6-86)中的条件。

6.3.4 消除迟滞模型实验验证

（1）Bouc-wen 模型拟合验证实验

上文通过将 Bouc-wen 模型离散化对控制系统进行迟滞补偿，以及对系统控制稳定性分析，得到了非线性刚度驱动器理论上优异的控制性能。然而实际上是否与理论相同还有待实验验证。

为了验证基于 Bouc-wen 的迟滞补偿器是否对提高非线性刚度驱动器的控制精度起到作用。在此部分设计了通过比较力矩传感器探测力矩和通过磁栅尺传感器测量的弹性元件变形计算的力矩结果验证实验。为了能得到可靠的实验数据，本书设计了一个对接法兰，一端与非线性刚度驱动器末端链接，另一端与力矩传感器连接，通过测试者手握固定在力矩传感器外的手柄，就可以精确地测量交互力矩。此外，将磁栅尺传感器的磁读头和磁栅尺片分别固定在驱动器的内转筒和外转筒上，用以测量驱动器内外转筒的相对转角。与此同时，锁死电机，即当使用者通过转动手柄获得内转筒转角时，该转角为磁栅尺传感器的读数。此后，再将弹性元件形变量和交互力矩的数据进行采集和分析，判断基于 Bouc-wen 迟滞模型补偿算法下是否对提升非线性刚度驱动器控制性能产生积极作用。迟滞补偿模型标定实验见图 6-28。

图 6-28　迟滞补偿模型标定实验

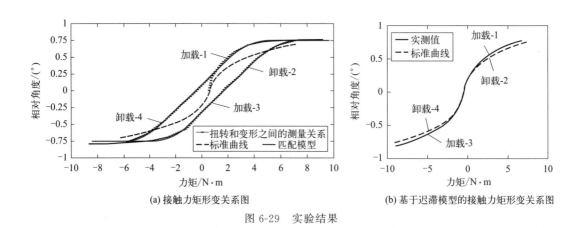

(a) 接触力矩形变关系图　　　　　　　(b) 基于迟滞模型的接触力矩形变关系图

图 6-29　实验结果

通过对比实验结果可知，图 6-29(a) 为没有在控制算法中加入迟滞补偿模型的情况下得到的力矩和弹性元件形变的关系图，实际变形所对应的力矩有明显的回程差，并在标准曲线周围围成了一个封闭的图形。通过实验结果可知，这些实验记录了两个完整的加载-卸载过程，以正向加载后卸载并回到平衡位置，再反向加载后卸载回到平衡位置的方式进行实验。通过 Bouc-wen 参数辨识得到最小二乘法的补偿非线性刚度驱动器的形变-力矩曲线的形状与所期望的模型一致，图 6-29(b) 显示了实验结果。弹性元件的刚度变化很明显更趋近于标准理论曲线。也就是说，补偿算法确实在帮助系统优化固有刚度精度上，特别是在弹性元件的平衡位置时发挥了作用。

（2）迟滞补偿模型在恒定工作区间内的实验评定

为了进一步评价迟滞补偿算法的补偿效果，本书设计了具有一般意义的实验。通过阻抗模型控制器调整非线性刚度驱动器的工作空间，并保证其输出恒定刚度，即令非线性刚度驱动器的弹性元件在某一固定小区间内工作。因为非线性刚度驱动器的刚度可以通过阻抗模型改变。

图 6-30(a) 和（b）显示了非线性刚度驱动器恒定刚度表现性能和基于迟滞补偿模型恒定刚度表现性能，图中实线是参考的标准曲线，而点线则是以驱动器末端转角为横坐标，力矩为纵坐标的空间中的比值关系。从标准曲线中我们可以看出该比值是一个线性的关系，而且该直线斜率为 $0.2N \cdot m/(°)$，如图 6-31(a)。整个实验过程是从空载到加载至 $7N \cdot m$，随后卸载至 $0N \cdot m$，再反向加载至 $-7N \cdot m$，随后卸载到 $0N \cdot m$ 的过程。非线性刚度驱动器末端转角则是在输出力矩最大时达到最大值，其正负最大值分别为 35° 和 $-35°$。在实验过程中，总是根据所期望的输出力矩和转角对非线性刚度驱动器进行控制，即所期望刚度为 $0.2N \cdot m/(°)$。图 6-31(a) 为没有加入迟滞补偿模型的实验结果，其平均误差为 $0.34N \cdot m$。很明显的是在卸载过程中存在较大的误差，尤其是从 $-20°$ 到 5° 和从 5° 到 25° 这两个区间内。同时我们也可以发现在加载和卸载之间，驱动器输出力矩有着严重的回程误差，这极大地影响了非线性刚度驱动器的使用性能。而采用迟滞补偿算法能够有效地解决这一问题，如图 6-31(b) 所示。在相同条件下的形变-力矩关系与所期望的标准关系之间的平均实验误差减少到 $0.045N \cdot m$，和没有使用迟滞补偿模型的一组实验结果对比，在性能上有着大幅度的提高。

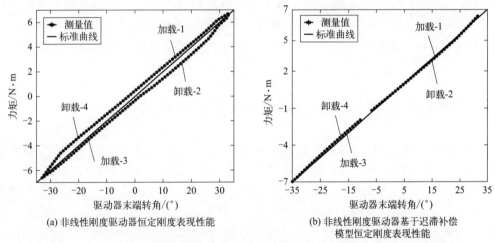

(a) 非线性刚度驱动器恒定刚度表现性能　　(b) 非线性刚度驱动器基于迟滞补偿
模型恒定刚度表现性能

图 6-30　非线性刚度驱动器恒定刚度表现性能和基于迟滞补偿模型恒定刚度表现性能

（3）迟滞补偿模型在阻抗控制中的实验评定

阻抗控制被广泛地应用于改变机器人和环境之间交互的控制策略，特别是在力交互以及医疗康复领域。因此阻抗控制实验也可以用来判断非线性刚度驱动器性能是否在滞后补偿算法的作用下得到提升。

实验过程分为两部分；在第一部分的范围是 0°～10°，这是没有阻力的区域，理论上非线性刚度驱动器在这一区域内转动刚度为零。第二部分为非线性刚度上升区，在这一部分随着非线性刚度驱动器的转角变大，施力者受到的阻力也会增大，并且呈非线性上升趋势。图 6-31(a) 和图 6-31(b) 为实验结果，未加入迟滞补偿算法的一组加载与卸载之间的力矩误差较大，严重影响了非线性刚度驱动器的力矩-转角综合性能，其力矩-转角信号形成一个

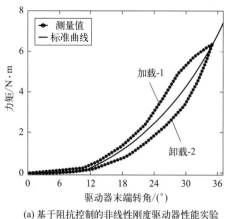

(a) 基于阻抗控制的非线性刚度驱动器性能实验

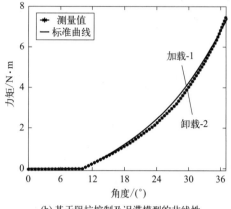

(b) 基于阻抗控制及迟滞模型的非线性
刚度驱动器性能实验

图 6-31　非线性刚度驱动器性能实验结果

围绕标准曲线封闭的曲线。根据迟滞补偿算法，将所识别的参数代入迟滞闭环曲线的数学模型并施以校正，最终得到接近标准的力矩-转角关系曲线。采用迟滞补偿模型的实验结果如图 6-31(b) 所示。一个加载卸载周期所形成的两条曲线几乎重叠。即所提出的新型补偿算法使非线性刚度驱动器获得了更好的性能。

另外，从 10° 增加到 36°，表示第二部分的非线性刚度上升区。两组实验结果显示曲线从 0° 到 10° 紧紧贴合标准曲线。研究结果表明，在低刚度条件下，因为该区域体现了高灵敏度，力矩分辨力高，所以误差小。这体现了我们设计的"小负载，低刚度；大负载，高刚度"的核心交互规律。

6.4　非线性刚度驱动器参数自动调节反馈控制器设计

很多柔顺驱动器常用 PD 反馈控制方法来调节系统的响应速度以尽快消除误差达到期望的力矩/位置，实现驱动器响应的快速性和准确性。PD 控制器的控制规则简单易懂，在使用过程中只需要设定 PD 参数即可对信号进行调节。而 PD 参数的选取直接影响了驱动器的控制性能，但在驱动器的响应过程中，PD 参数在设定之后无法变化，操作者只能根据驱动器的响应结果对 PD 参数进行调整，这种人工调节 PD 参数的做法大大降低了驱动器的工作效率，不便于驱动器的操作，对非线性刚度的驱动器而言，这种局限性更为突出。非线性刚度驱动器的刚度随负载变化，不同的负载/刚度对应的最优的 PD 参数不同。在驱动器响应的过程中，操作者设定的固定 PD 参数不一定对所有的刚度都是最优的，这样会影响驱动器对负载的响应效果，降低驱动器响应的带宽性能和平稳性。

目前存在的一些 PD 参数设定方法如 Ziegler-Nichols（ZN）参数整定法、Internal Model Control（IMC）整定法，虽然给定了 PD 参数调整法则，但依然要操作者根据响应结果更改 PD 参数，而且这种方法可能会造成较高的振荡和较低的响应阻尼。Pavkovic 等人设计了一种基于阶跃响应的 PID 参数自动调节方法，这种方法以最佳的阻尼比为条件，确立 PID 参数与系统阶数、特征比等参数的关系，实现 PID 参数的自动调节。但这种方法需要精确的传递函数，显然对于非线性系统是不适用的。

本节提出一种基于非线性刚度驱动器的参数自动调节反馈控制器，该反馈控制器的调节参数根据非线性刚度驱动器的刚度变化，以自动适应驱动器的非线性刚度特性，使驱动器对不同大小的外负载都能达到较快的响应速度和较高的平稳性，使驱动器具有较高的控制带宽，以优化非线性刚度驱动器的人机交互性能。

6.4.1 经典 PD 反馈控制的局限性

经典 PD 控制器的反馈控制参数在驱动器的单次响应过程中保持不变，但理论上不同的刚度对应的 PD 参数应该是不同的，以此来保证驱动器在不同的刚度区间工作时均能表现出较好的控制性能。NLSEA 刚度变化过程中不同的 PD 参数对驱动器力矩跟踪的上升时间和最大超调量的影响，也就是 PD 参数和刚度对 NLSEA 控制带宽和力矩响应平稳性的影响，如图 6-32 和图 6-33 所示。

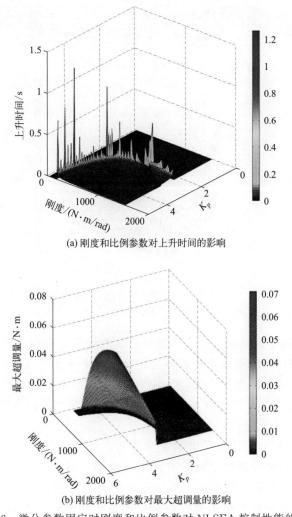

(a) 刚度和比例参数对上升时间的影响

(b) 刚度和比例参数对最大超调量的影响

图 6-32　微分参数固定时刚度和比例参数对 NLSEA 控制性能的影响

图 6-32 显示了柔顺驱动器的非线性刚度和 PD 反馈控制器的比例参数对驱动器上升时间和最大超调量的影响。当施加在 NLSEA 上的负载增大时，NLSEA 表现出的刚度逐渐增大，要想保持较短的上升时间也就是保持驱动器较快的响应速度和较高的控制带宽性能，需要减小 PD 反馈控制器的比例调节参数。从图 6-32(b) 可知，当比例调节参数减小时驱动器

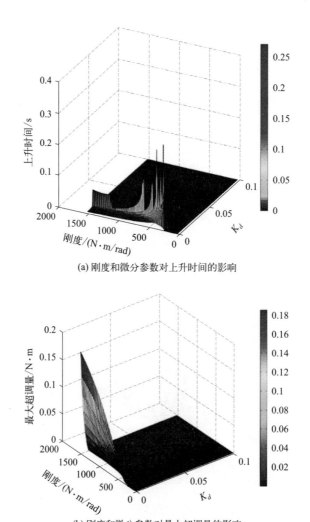

(a) 刚度和微分参数对上升时间的影响

(b) 刚度和微分参数对最大超调量的影响

图 6-33　比例参数固定时刚度和微分参数对 NLSEA 控制性能的影响

的最大超调量相应降低，也就是，在驱动器对力矩的响应过程中，要保持响应过程的平稳性，PD 控制器的比例调节参数需要尽量小且要随着刚度改变，而如果像经典的 PD 控制器一样，PD 参数在响应过程中保持不变，变刚度驱动器的控制性能必然达不到理想的控制效果。这也反映出经典的 PD 反馈控制器的局限性，要保持驱动器较高的控制性能，必须实时地调节控制器的反馈控制参数。

　　图 6-33（a）和（b）分别显示了柔顺驱动器的非线性刚度和 PD 反馈控制器的微分参数对驱动器上升时间和最大超调量的影响。当驱动器刚度较大时，也就是在人机交互负载较大时，驱动器本身具有较快的力矩响应速度和较高的控制带宽，此时，需要减小 PD 控制器的微分调节参数来减小驱动器力矩响应的最大超调量以提高驱动器力矩响应的平稳性。相反，当驱动器的刚度较小时，尤其是在驱动器最小刚度的范围内，即使微分参数调节到很高的值，驱动器的控制带宽性能也不会得到明显改善。此时需要增大 PD 控制器的比例调节参数以提高驱动器的控制带宽性能。因此，这两个调节参数不是独立调节的，需要同时根据一定的规则或者确定的关系设置才能保证较高的非线性刚度驱动器的控制性能。而经典的 PD 控制器需要手动设置两者的值，这种方法很难保证两者的关系一

一对应，且无法实时地适应驱动器变化的刚度以保持驱动器高的控制性能和力矩响应平稳性能。为了突破 PD 控制器的局限，本节给出了一种基于柔顺驱动器非线性刚度的参数自动调节反馈控制器以自适应非线性刚度驱动器的刚度变化，提高驱动器的人机交互性能。

6.4.2　参数自动调节反馈控制器设计

图 6-34 表示了所提出的参数自动调节反馈控制器的控制框图。τ_d 为驱动器的期望的力矩，所提出的参数自动调节反馈控制器将根据驱动器刚度的变化自动地调节控制参数以快速调节驱动器实际输出力矩 τ_e 和期望力矩之间的误差，从而使驱动器快速、准确而平稳地追踪期望的力矩，并且该控制器可以补偿驱动器由非线性引起的部分能量消耗。考虑到参数自动反馈控制器的反馈控制单元和非线性补偿单元，电机力矩 τ_m 可以表示为：

$$\tau_m = K_1(\tau_d - \tau_e) + K_2(\dot{\tau}_d - \dot{\tau}_e) + \frac{1}{R}\tau_d + Q \tag{6-87}$$

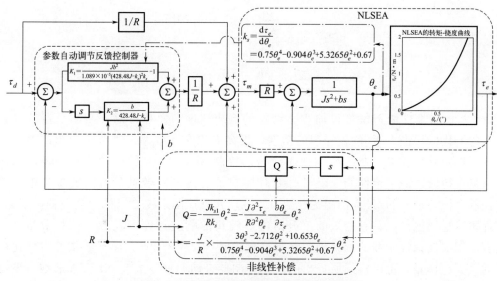

图 6-34　参数自动调节反馈控制器控制框图

其中，Q 是驱动器的非线性补偿项，K_1 和 K_2 是参数自动调节反馈控制的反馈增益。结合第 3 章的动力学分析和式(6-87)，可以得到

$$\frac{J}{k_s}\ddot{\tau}_e + (RK_2 + \frac{b}{k_s})\dot{\tau}_e + (K_1R + 1)\tau_e - \frac{Jk_{s1}}{k_s^3}\dot{\tau}_e^2$$

$$= (RK_1 + 1)\tau_d + RK_2\dot{\tau}_d + RQ \tag{6-88}$$

其中，Q 的值如式(6-89) 所示，用来补偿非线性刚度驱动器控制系统明显的非线性项。

$$Q = -\frac{Jk_{s1}}{Rk_s}\dot{\theta}_e^2 = -\frac{Jk_{s1}}{Rk_s^3}\dot{\tau}_e^2 \tag{6-89}$$

同时，$k_s = \dfrac{\partial \tau_e}{\partial \theta_e}$ 为非线性刚度驱动器的非线性刚度，另外，$k_{s1} = \dfrac{\partial^2 \tau_e}{\partial^2 \theta_e}$。

令 $\tau_1 = \tau_e$，$\tau_2 = \dot{\tau}_e$ 并且 $\boldsymbol{\tau} = \begin{bmatrix} \tau_1 & \tau_2 \end{bmatrix}^T$，式(6-88) 可以表示为

$$\dot{\boldsymbol{\tau}} = \boldsymbol{A}_1 \boldsymbol{\tau} + \boldsymbol{B}_1 \left(-u_d - \frac{J k_{s1}}{k_s^3} \dot{\tau}_e^2 - Q \right)$$

$$u_d = R(K_1 + 1)\tau_d + RK_2 \dot{\tau}_d$$

$$\boldsymbol{A}_1 = \begin{bmatrix} 0 & 1 \\ -\dfrac{(K_1 R + 1)k_s}{J} & -\dfrac{(k_s RK_2 + b)}{J} \end{bmatrix} \tag{6-90}$$

$$\boldsymbol{B}_1 = \begin{bmatrix} 0 \\ -\dfrac{k_s}{J} \end{bmatrix}$$

同时，定义力矩跟踪误差 $e = \tau_d - \tau_e$，并使 $\boldsymbol{e} = \begin{bmatrix} e & \dot{e} \end{bmatrix}^T$。非线性刚度驱动器的力矩跟踪误差可以通过式(6-89) 表示。

$$\dot{\boldsymbol{e}} = \boldsymbol{A}_2 \boldsymbol{e} + \boldsymbol{B}_2 \left[-\frac{J}{k_s}\ddot{\tau}_e - \frac{b}{k_s}\dot{\tau}_e - Q + (R-1)\tau_e \right]$$

$$u = -\frac{J}{k_s}\ddot{\tau}_e - \frac{b}{k_s}\dot{\tau}_e - Q + (R-1)\tau_e \tag{6-91}$$

$$\boldsymbol{A}_2 = \begin{bmatrix} 0 & 1 \\ -\dfrac{1}{K_1} & -\dfrac{K_2}{K_1} \end{bmatrix}, \boldsymbol{B}_2 = \begin{bmatrix} 0 \\ -\dfrac{1}{RK_1} \end{bmatrix}$$

高的控制带宽性能不仅可以加快驱动器的响应速度，而且可以补偿驱动器较大频率范围内的干扰以保证力矩/位置控制的精度，提高人机交互效率。本节所提出的参数自动调节反馈控制器旨在提高非线性刚度驱动器的控制带宽，并且使驱动器在快速的响应过程中依然保持较高的平稳性能。阻尼比 ζ 对控制系统的控制带宽具有重要的影响。对于许多控制系统，理想的/最优的阻尼比为 0.707，此时控制系统可以认为是最佳阻尼系统。具有理想阻尼比的系统具有较短的上升时间，较快的响应速度以及较高的控制带宽。在参数自动调节反馈控制器的设计中，将阻尼比设计为 $\zeta = 0.707$。基于最佳的阻尼比以及对应的最大超调量，可以得到所提出的反馈控制器自动调节参数与 NLSEA 非线性刚度之间的关系为：

$$K_1 = \frac{J b^2}{1.089 \times 10^{-5}(428.48 J - k_s)^2 k_s} - 1 \tag{6-92}$$

$$K_2 = \frac{b}{428.48 J - k_s}$$

因此，参数自动调节反馈控制器可以表示为：

$$\boldsymbol{C} = \boldsymbol{K}\boldsymbol{e} + \boldsymbol{\tau}^T \boldsymbol{K}_1 \boldsymbol{\tau}$$

$$\boldsymbol{K} = \begin{bmatrix} K_1 & K_2 \end{bmatrix}$$

$$\boldsymbol{K}_1 = \begin{bmatrix} 0 & 0 \\ 0 & -\dfrac{J k_{s1}}{k_s^3} \end{bmatrix} \tag{6-93}$$

6.4.3　参数自动调节反馈控制器性能分析

图 6-35 显示了通过 Matlab/Simulink 得到的参数自动调节反馈控制器对不同负载的阶跃响应的仿真结果。对 NLSEA 的刚度特性而言，负载较小时，NLSEA 刚度较小，负载较大时，NLSEA 刚度较大，所以，NLSEA 对不同负载的响应性能反映了 NLSEA 的不同的刚度特性。由于参数自动调节反馈控制器的调节参数是基于系统阻尼比和最大超调量设计的，所以在取系统理想阻尼比为 0.707 时，NLSEA 对不同负载（0.5N·m、1N·m、1.5N·m）的响应速度均较快，上升时间为 7.898ms，最大超调分别为 0.03N·m、0.06N·m 和 0.09N·m。参数自动调节反馈控制器的调节参数根据刚度变化而自动调节，并且可以使系统的动态响应速度加快，控制带宽提高并且使力矩响应过程更加平稳。

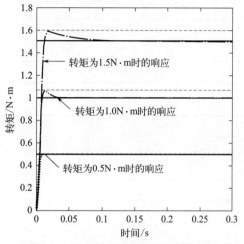

图 6-35　参数自动调节反馈控制器性能

在 NLSEA 力矩响应过程中，参数自动调节反馈控制器的反馈调节参数的变化如图 6-36 所示。反馈调节参数随刚度和力矩跟踪误差变化，这也是参数自动调节反馈控制器的优点之一，与经典的 PD 控制器相比，参数自动调节反馈控制器的调节参数根据刚度变化，对控制器力矩响应的动态调节更加快速和平稳。反馈调节参数随着刚度的增大而减小。由于在响应初始阶段 NLSEA 表现为最小的刚度 38.4N·m/rad，所以反馈调节参数为最大值 $K_1 = 2.136$ 和 $K_2 = 0.0123$。当 NLSEA 的实际输出力矩达到最大值时，反馈调节参数减小到最小值。最后，当 NLSEA 输出恒定的期望力矩时，由于此时 NLSEA 表现为恒定的刚度，反馈调节参数维持稳定。负载或刚度越大，反馈调节参数越小。

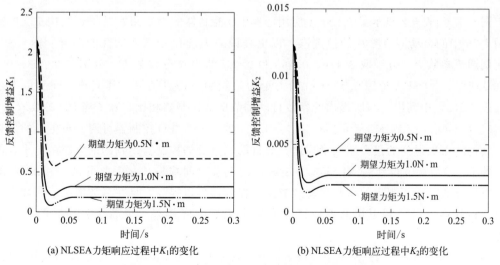

(a) NLSEA 力矩响应过程中 K_1 的变化　　　　(b) NLSEA 力矩响应过程中 K_2 的变化

图 6-36　NLSEA 响应过程中反馈控制增益的变化

表 6-2　应用不同控制器的 NLSEA 对不同负载响应的上升时间和最大超调量

(a)力矩为 0.5N·m 时的响应结果

项目 K_d \ K_p	上升时间/ms			最大超调量/N·m		
	2.136	0.665	0.568	2.136	0.665	0.568
0.012	12.31	27.03	31.72	0.175	0.025	0.010
0.005	10.41	18.66	20.00	0.502	0.348	0.327
0.004	10.31	18.36	19.66	0.507	0.389	0.371
响应结果	7.898			0.03		

(b)力矩为 1N·m 时的响应结果

项目 K_d \ K_p	上升时间/ms			最大超调量/N·m		
	2.136	0.310	0.210	2.136	0.310	0.210
0.012	10.55	100.0	150.0	0.269	0	0
0.003	8.588	19.65	22.14	1.366	0.827	0.735
0.002	8.554	19.30	21.64	1.590	1.041	0.945
响应结果	7.898			0.06		

(c)力矩为 1.5N·m 时的响应结果

项目 K_d \ K_p	上升时间/ms			最大超调量/N·m		
	2.136	0.179	0.072	2.136	0.179	0.072
0.012	9.444	150.0	200.0	0.300	0	0
0.002	7.743	20.00	24.00	1.373	1.361	1.195
0.001	7.150	19.62	23.30	2.854	1.783	1.553
响应结果	7.898			0.09		

图 6-37 和表 6-2 显示了 NLSEA 应用经典 PD 控制器的力矩跟踪结果，其中 PD 参数根据图 6-36 中的自动调节参数的值选取，以更具说服力地比较两者的性能差异。图 6-37(a) 是比例调节参数 K_p 分别取 2.136、0.665 和 0.568 以及微分参数 K_d 分别取 0.012、0.005 和 0.004 时，NLSEA 追踪 0.5N·m 的力矩的阶跃响应仿真结果。其上升时间和最大超调量在表 6-2(a) 中列出。与所提出的参数自动调节反馈控制器相比，除了当 PD 参数取 $K_p =$ 0.665、$K_d = 0.012$ 和 $K_p = 0.568$、$K_d = 0.012$ 时，经典 PD 控制器可调节至更低的最超调量，其他的参数得到的最大超调量均比参数自动调节反馈控制器得到的最大超调量小。但是所有的 PD 参数调节得到的 NLSEA 力矩响应的上升时间均较长，由此可见，NLSEA 的控制带宽性能通过应用提出的参数自动调节反馈控制器得以提高，且在多数情况下参数自动调节反馈控制器可以得到更快的响应速度和更平稳的响应效果，提高了驱动器的力矩响应性能。

图 6-37(b) 显示了当比例调节参数 K_p 分别取 2.136、0.310 和 0.210 以及当微分参数 K_d 分别取 0.012、0.003 和 0.002 时，NLSEA 跟踪 1N·m 力矩时的仿真结果。从表 6-2(b) 中可

以直观地看出当 PD 参数取 $K_p = 0.310$、$K_d = 0.012$ 和 $K_p = 0.210$、$K_d = 0.012$ 时，NLSEA 的响应速度非常慢且没有超调现象。虽然取其他 PD 参数时 NLSEA 的响应速度加

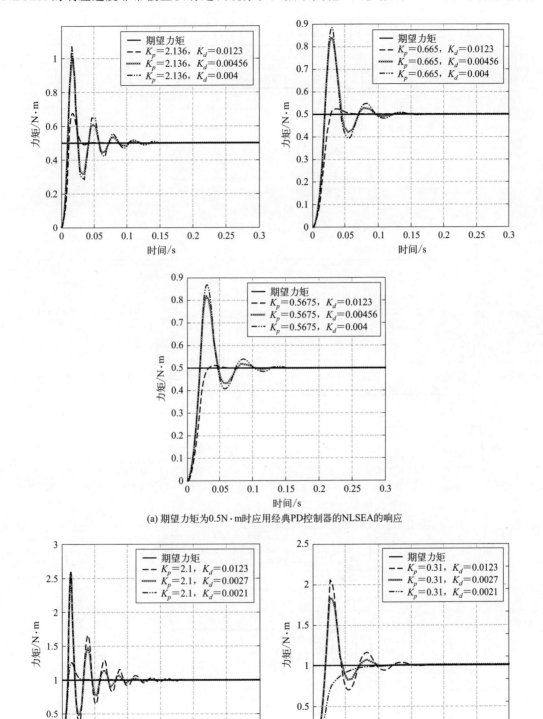

(a) 期望力矩为0.5N·m时应用经典PD控制器的NLSEA的响应

图 6-37

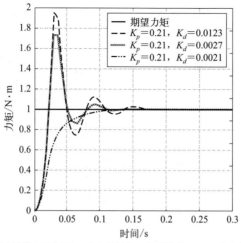

(b) 期望力矩为1N·m时应用经典PD控制器的NLSEA的响应

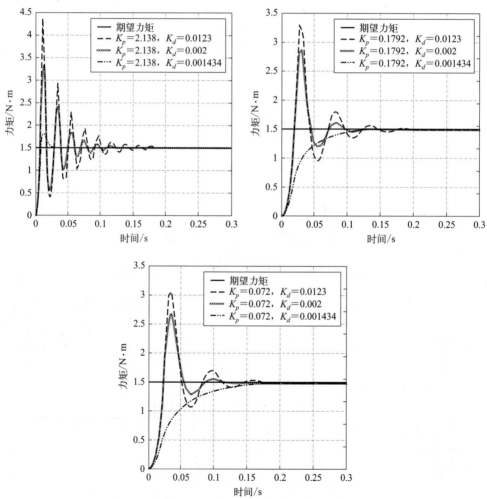

(c) 期望力矩为1.5N·m时应用经典PD控制器的NLSEA的响应

图 6-37 应用经典 PD 控制器的 NLSEA 的仿真结果

快，但应用经典的 PD 控制器调节得到的响应上升时间和最大超调量均大于应用参数自动调节反馈控制器得到的最大超调量。这种结果说明参数自动调节反馈控制器对非线性刚度驱动器力矩控制带宽和响应平稳性的控制效果优于经典的 PD 控制器。

当期望的力矩为 1.5N·m 时，经典的 PD 参数分别取 2.136、0.179 和 0.072 以及 0.012、0.002 和 0.001。如图 6-37(c) 和表 6-2(c) 所示，除了 $K_p = 2.136$、$K_d = 0.002$ 和 $K_p = 2.136$、$K_d = 0.001$ 时应用经典 PD 控制器调节得到的上升时间均与应用参数自动调节反馈控制器得到的上升时间近似，其他的 PD 调节参数得到的上升时间均比参数自动调节反馈控制器得到的上升时间长。但是这两种情况下的力矩响应最大超调量远远大于参数自动调节反馈控制器得到的最大超调量，且伴随着严重的振荡。这种现象也证明了所提出的参数自动调节反馈控制器可以同时实现更高的力矩控制带宽性能和更平稳的力矩响应过程。

另外，图 6-37 和表 6-2 表明了应用参数自动调节反馈控制器的 NLSEA 在对任何力矩的响应过程中均保持最佳的阻尼比，而由于经典的 PD 控制器的 PD 参数在每次的响应过程中是不变的，所以经典的 PD 控制器无法保证在非线性刚度驱动器力矩响应过程中驱动器的任何刚度区间均保持最佳的阻尼状态。并且经典的 PD 控制器要想达到最佳的阻尼状态，需要操作者数次地手动调节 PD 参数，更有挑战性的是，操作者不仅要同时调试 PD 控制器的比例调节参数和微分调节参数，同时还要保证调节得到的参数在整个非线性刚度驱动器响应过程中都要同时保持驱动器力矩响应的快速性和平稳性，也就是要使驱动器在对同一负载的响应过程中既要提高驱动器的控制带宽还要提高驱动器的力矩响应平稳性，而这对于固定不变的调节参数而言几乎是不可能实现的。但所提出的参数自动调节反馈控制器不需要通过多次的手动调节就可以自动调节参数以适应驱动器刚度的变化并提高非线性刚度驱动器的控制带宽性能，同时保证非线性刚度驱动器响应过程中的高平稳性。参数自动调节反馈控制器自动适应不同的负载和刚度，在提高驱动器控制带宽和力矩响应平稳性的同时提高了驱动器的工作效率，节约了人力成本，使柔顺驱动器向自动化、智能化的方向发展。

6.4.4 参数自动调节反馈控制器实验验证

本小节将根据实验结果讨论所提出的参数自动调节反馈控制器是否可以在实际应用中提高非线性刚度驱动器的工作效率和动力学性能。图 6-38 显示了应用参数自动调节反馈控制器的 NLSEA 的不同力矩的响应结果。在驱动器匀速运动 0.05s 后分别施加大小为 0.5N·m、1N·m 和 1.5N·m 的力矩，通过参数自动调节反馈控制器的调节得到的对应的力矩响应上升时间分别为 0.065s、0.071s 和 0.082s，最大超调量分别为 0.026N·m（5.2%）、0.063N·m（6.3%）和 0.088N·m（5.9%）。实验结果表明，所提出的参数自动调节反馈控制器调节得到的最大超调量较小，且不存在振荡，力矩响应过程平稳，力矩响应的平稳性能较好。虽然实验得到的 NLSEA 力矩响应的上升时间比仿真得到的上升时间长，但考虑到 NLSEA 在实际运动过程中存在的间隙、迟滞等因素，我们可以认为所提出的参数自动调节反馈控制器可以在实际中应用，且能使非线性刚度驱动器较快速、平稳且准确地追踪人机交互力矩，通过其调节参数对刚度的自适应调节性能，该控制器可以提高驱动器的动力学性能，使驱动器对不同力矩的响应都能平稳地进行，在提高了人机交互安全性能的同时，由于其参数的刚度自适应性能，提高了非线性驱动器人机交互的效率。

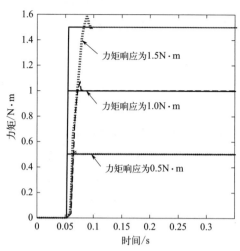

图 6-38　应用参数自动调节反馈控制器的 NLSEA 的实验结果

参考文献

[1] Paine N，Oh S，Sentis L. Design and control considerations for high-performance series elastic actuators [J]. IEEE/ASME Transactions on Mechatronics，2014，19（3）：1080-1091.

[2] Jamwal P K，Hussain S，Ghayesh M H，et al. Impedance control of an intrinsically compliant parallel ankle rehabilitation robot [J]. IEEE Transactions on Industrial Electronics，2016，63（6）：3638-3647.

[3] Losey D P，Erwin A，Mcdonald C G，et al. A time-domain approach to control of series elastic actuators：Adaptive torque and passivity-based impedance control [J]. IEEE/ASME Transactions on Mechatronics，2016，21（4）：2085-2096.

[4] Schiavi R，Grioli G，Sen S，et al. VSA-Ⅱ：A novel prototype of variable stiffness actuator for safe and performing robots interacting with humans [C]. IEEE International Conference on Robotics and Automation. IEEE，2008：2171-2176.

[5] Zhu Z，He Y，Qi J，et al. A new disturbance observation based internal model controller [C]. International Conference on Information and Automation. 2012：518-523.

[6] Nakao M，Ohnishi K，Miyachi K. A robust decentralized joint control based on interference estimation [C]. IEEE International Conference on Robotics and Automation. Proceedings. IEEE，1987：326-331.

[7] Sariyildiz E，Ohnishi K. Analysis the robustness of control systems based on disturbance observer [J]. International Journal of Control，2013，86（10）：1733-1743.

[8] Sariyildiz E，Chen G，Yu H. Robust position control of a novel series elastic actuator via disturbance observer [C]. Ieee/rsj International Conference on Intelligent Robots and Systems. IEEE，2015：5423-5428.

[9] Sariyildiz E，Ohnishi K. Stability and robustness of disturbance-observer-based motion control systems [J]. IEEE Transactions on Industrial Electronics，2014，62（1）：414-422.

[10] 尹正男. 具有鲁棒性的最优干扰观测器的系统性设计及其应用 [D]. 上海：上海交通大学，2012.

[11] Sariyildiz E，Ohnishi K. A guide to design disturbance observer based motion control systems [C]. Power Electronics Conference. IEEE，2014：2483-2488.

[12] Chen W H，Ballance D J，Gawthrop P J，et al. A nonlinear disturbance observer for robotic manipulators [J]. IEEE Transactions on Industrial Electronics，2000，47（4）：932-938.

[13] Grioli G，Wolf S，Garabini M，et al. Variable stiffness actuators：The user's point of view [J]. International Journal of Robotics Research，2015，34（6）：727-743.

[14] Stienen A H A，Hekman E E G，Braak H T，et al. Design of a rotational hydroelastic actuator for a powered exo-

skeleton for upper limb rehabilitation [J]. IEEE Transactions on Bio-Medical Engineering, 2010, 57 (3): 728.

[15] Wang P R, Chiu Y H, Tsai M S, et al. Estimation and evaluation of upper limb endpoint stiffness and joint torques for post-stroke rehabilitation [M]. Munich: Springer Berlin Heidelberg, 2009.

[16] Vitiello N, Lenzi T, Roccella S, et al. NEUROExos: A powered elbow exoskeleton for physical rehabilitation [J]. IEEE Transactions on Robotics, 2013, 29 (1): 220-235.

[17] Malosio M, Caimmi M, Legnani G, et al. LINarm: A low-cost variable stiffness device for upper-limb rehabilitation [C]. IEEE/RSJ International Conference on Intelligent Robots and Systems. IEEE, 2014: 3598-3603.

[18] Wolf S, Eiberger O, Hirzinger G. The DLR FSJ: Energy based design of a variable stiffness joint [C]. IEEE International Conference on Robotics and Automation. IEEE, 2011: 5082-5089.

[19] Zhang H, Ahmad S, Liu G. Modeling of torsional compliance and hysteresis behaviors in harmonic drives [J]. IEEE/ASME Transactions on Mechatronics, 2014, 20 (1): 178-185.

[20] Drincic B, Bernstein D S. A multiplay model for rate-independent and rate-dependent hysteresis with nonlocal memory [C]. Decision and Control, 2009 Held Jointly with the 2009, Chinese Control Conference. Cdc/ccc 2009. Proceedings of the, IEEE Conference on. IEEE, 2009: 8381-8386.

[21] Drincic, Bernstein. Nonlinear feedback models of hysteresis [J]. Control Systems IEEE, 2009, 29 (1): 100-119.

[22] Zhang J, Zhang Y, Warsame A H, et al. Digital controller design for time-delayed Bouc-Wen hysteretic systems [C]. Control Conference. IEEE, 2014: 1868-1875.

[23] Rakotondrabe M. Bouc-wen modeling and inverse multiplicative structure to compensate hysteresis nonlinearity in piezoelectric actuators [J]. IEEE Transactions on Automation Science & Engineering, 2011, 8 (2): 428-431.

[24] Oh J H, Bernstein D S. Semilinear Duhem model for rate-independent and rate-dependent hysteresis [J]. IEEE Transactions on Automatic Control, 2005, 50 (5): 631-645.

[25] Shang J, Tian Y. Parameters identification of a novel micro-positioning stage based on adaptive real-coded genetic algorithm [C]. International Conference on Manipulation, Manufacturing and Measurement on the Nanoscale. IEEE, 2016: 218-222.

[26] Levine W S. The control handbook [M]. New York: CrC Press, 2011.

[27] Ramli M H M, Chen X. An extended Bouc-wen model based adaptive control for micro-positioning of smart actuators [C]. International Conference on Advanced Mechatronic Systems. IEEE, 2016: 189-194.

[28] Yu H, Huang S, Chen G, et al. Human-robot interaction control of rehabilitation robots with series elastic actuators [J]. IEEE Transactions on Robotics, 2015, 31 (5): 1089-1100.

[29] Hussain S, Xie S Q, Jamwal P K. Adaptive impedance control of a robotic orthosis for gait rehabilitation [J]. IEEE Transactions on Cybernetics, 2013, 43 (3): 1025-1034.

[30] Grun M, Muller R, Konigorski U. Model based control of series elastic actuators [C]. IEEE Ras & Embs International Conference on Biomedical Robotics and Biomechatronics. IEEE, 2012: 538-543.

[31] Shang J, Tian Y. Parameters identification of a novel micro-positioning stage based on adaptive real-coded genetic algorithm [C]. International Conference on Manipulation, Manufacturing and Measurement on the Nanoscale. IEEE, 2016: 218-222.

[32] Ramli M H M, Chen X. An extended Bouc-wen model based adaptive control for micro-positioning of smart actuators [C]. International Conference on Advanced Mechatronic Systems. IEEE, 2016: 189-194.

[33] Baradarannia M, Fatemi L. On the Lyapunov stability of Bouc-wen hysteresis model for a class of input signals [C]. Electrical Engineering. IEEE, 2015: 934-938.

[34] Hou C, Hu L. Asymptotic output tracking control for a class of nonlinear systems with unknown failures of hysteretic actuators [C]. Control Conference. IEEE, 2015: 1-7.

[35] Robinson D W. Design and analysis of series elasticity in closed-loop actuator force control [J]. 2000.

[36] Fahmizal, Surriani A, Budiyanto M, et al. Altitude control of quadrotor using fuzzy self-tuning PID controller [C]. International Conference on Instrumentation, Control, and Automation, 2017: 67-72.

[37] Dey C, Mudi R K. An improved auto-tuning scheme for PID controllers [J]. Isa Transactions, 2009, 48 (4): 396.

[38] Åström K J, Hägglund T. Revisiting the Ziegler – Nichols step response method for PID control [J]. Journal of

Process Control，2004，14（6）：635-650.

［39］ Pavković D，Polak S，Zorc D. PID controller auto-tuning based on process step response and damping optimum crite-
rion［J］. Isa Transactions，2014，53（1）：85.

［40］ Hogan N. Impedance control-An approach to manipulation. Ⅰ-Theory. Ⅱ-Implementation. Ⅲ-Applications［J］.
Asme Transactions Journal of Dynamic Systems & Measurement Control B，1985，107（1）：304-313.

［41］ Xu Q. Design of a large-range compliant rotary micro positioning stage with angle and torque sensing［J］. IEEE Sen-
sors Journal，2015，15（4）：2419-2430.

［42］ Umland J W，Safiuddin M. Magnitude and symmetric optimum criterion for the design of linear control systems-what
is it anddoes it compare with the others［J］. IEEE Transactions on Industry Applications，1990，2（3）：
1796-1802.

［43］ Pavković D，Polak S，Zorc D. PID controller auto-tuning based on process step response and damping optimum crite-
rion［J］. Isa Trans，2014，53（1）：85-96.

第**7**章

基于无滚子凸轮机构的非线性刚度驱动器设计

非线性刚度串联弹性驱动器（nonlinear series elastic actuator，NLSEA）可以实现小负载下的高力矩/力分辨力和大负载下的高带宽与快速响应，这对于机器人与环境之间的物理交互至关重要。目前，大多数 NLSEA 结构不够简洁，导致其几乎不能应用于工程。本章提出了一种结构简单的 NLSEA-Ⅲ，其主要包括钢板弹簧和特别设计的凸轮，可以实现给定的力矩-变形关系，且 NLSEA-Ⅲ 具有紧凑和轻量化的结构。本章通过解析的方法建立了给定的力矩-变形关系与凸轮轮廓的映射关系，通过分析 NLSEA-Ⅲ 的重量和钢板弹簧的力学特性确定了结构的最佳参数。通过分析摩擦力效率和滑动距离评估了摩擦力对 NLSEA-Ⅲ 的影响。进行了不同的力矩-变形关系的仿真，验证了本章提出的设计方法的准确性和适用性。搭建三维模型和样机后，进行了给定力矩-变形关系的验证实验、力矩跟踪实验和不同载荷下的位置跟踪实验，实验结果证明 NLSEA-Ⅲ 可以实现给定的力矩-变形关系，且其跟踪性能和交互性能能够满足使用要求。

7.1 非线性刚度驱动器原理

NLSEA-Ⅲ 通常由一个电机（通常带有减速器）、非线性弹性机构和输出杆组成，如图 7-1(a) 所示。当外部转矩 τ 为零时，电机和输出杆以相同的角度旋转。当外部转矩 τ 不为零时，电机旋转角度为 θ_m，但输出杆旋转角度为 θ_e。θ_m 和 θ_e 之间的差值即为非线性弹性机构和 NLSEA-Ⅲ 的变形角 α，它与 τ 之间呈非线性关系。α、θ_m 和 θ_e 之间的关系如图 7-1(b) 所示。

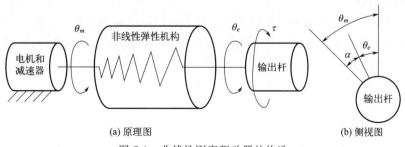

(a) 原理图　　　　　　　　　　　　(b) 侧视图

图 7-1　非线性刚度驱动器的构造

7.1.1 非线性弹性机构构型设计

非线性弹性机构是 NLSEA-Ⅲ 实现非线性刚度的关键部分。本章提出了一种新的基于凸轮的机构,如图 7-2(a) 中的虚线矩形所示,用于实现非线性刚度,并排列了多个相同的基于凸轮的机构来设计非线性弹性机构。考虑到滚子限制了机构的小型化,凸轮机构中放弃了滚子。在单个旋转方向上,多个基于凸轮的机构周向均匀分布,以减小对钢板弹簧的强度要求,并在相反的旋转方向上交替排列相同数量的基于凸轮的机构,以实现双向刚度特性。

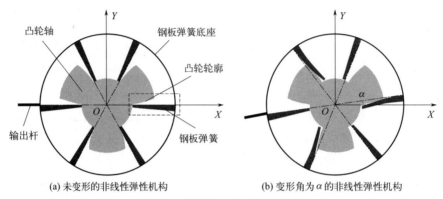

(a) 未变形的非线性弹性机构　　　　(b) 变形角为 α 的非线性弹性机构

图 7-2　非线性弹性机构的构型

本章提出的非线性弹性机构主要由凸轮轴、多根钢板弹簧、钢板弹簧底座和输出杆组成,如图 7-2 所示。钢板弹簧的一端刚性嵌入钢板弹簧底座中,而另一端是自由的。输出杆刚性安装在钢板弹簧底座上。非线性弹性机构中的力矩传递路径如下:当电机驱动凸轮轴旋转时,钢板弹簧、钢板弹簧底座和输出杆都与凸轮轴绕同一个旋转轴被动旋转。考虑到凸轮轴、钢板弹簧底座和输出杆均为刚性的,而充当悬臂梁的钢板弹簧是可变形的,故钢板弹簧在转矩作用下会挠曲。

非线性刚度执行器的非线性源于凸轮机构中钢板弹簧的有效长度的变化。一个凸轮机构包括钢板弹簧和一个特别设计的凸轮。假设凸轮轴被固定,当输出杆上没有外部力矩时,凸轮轴和输出杆不发生相对旋转,钢板弹簧是直的,如图 7-2(a) 所示。当输出杆上承受逆时针外部力矩时,凸轮轴和输出杆发生相对旋转,导致钢板弹簧变形且非线性弹性机构变形了 α,如图 7-2(b) 所示。当外部力矩从 0 变化到最大值时,非线性弹性机构也会从零变形到最大值。同时,钢板弹簧与凸轮之间的接触点(其实是一条线)沿着凸轮轮廓移动,导致非线性弹性机构刚度的变化。通过设计凸轮轮廓曲线以调整钢板弹簧的有效长度,可以实现所需的非线性刚度特性。

如图 7-2 所示,钢板弹簧的纵截面为直角梯形,以充分利用其强度,其与凸轮的接触面安排在与其横截面垂直的方向上。笛卡儿坐标系 XOY 的原点位于凸轮轴的旋转中心,X 轴和 Y 轴分别沿水平和垂直方向布置。以图 7-2(a) 中虚线矩形中的凸轮机构为例,当外部力矩为零时,钢板弹簧的接触面、凸轮轴的对称面和 X 轴在同一平面内。

7.1.2 凸轮轮廓线设计

设计 NLSEA-Ⅲ 的主要挑战在于设计凸轮的轮廓线。图 7-3 是凸轮机构的静力分析图,对应于图 7-2(a) 中的虚线矩形中的凸轮机构。当外部力矩 τ 为 0 时，凸轮和钢板弹簧之间没有接触力，凸轮轮廓上的点 P（实际上是一条线）与钢板弹簧的自由端接触。当外部力矩 τ 达到最大值时，凸轮和钢板弹簧之间的接触力最大，钢板弹簧发生变形并与凸轮轮廓上的点 Q 接触。当外部力矩 τ 从 0 增加到最大值时，钢板弹簧在接触力 F 的作用下发生变形，凸轮轮廓上的接触点 N 从点 P 移动到点 Q。因此，点 N 的轨迹就是凸轮轮廓曲线，它与给定力矩-变形关系有映射关系。值得注意的是，只有钢板弹簧的有效接触部分发生挠曲，即从接触点 N 到钢板弹簧的固定端。如图 7-3 中的大圆圈所示，施加在钢板弹簧上的接触力 F 由滑动摩擦力 F_f 和法向力 F_n 组成。然而，为了推导钢板弹簧的变形，F 被分解为切向分量 F_t 和轴向分量 F_a，其中 F_t 垂直于钢板弹簧的横截面，而 F_a 则与其相切。

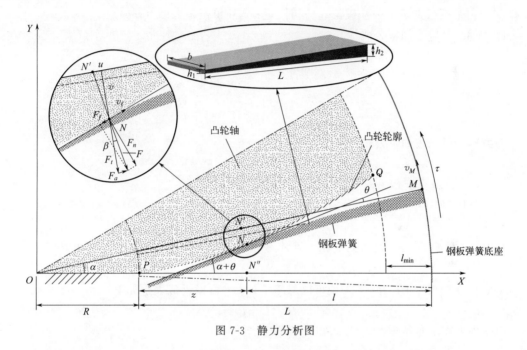

图 7-3　静力分析图

在进行推导之前，假设非线性弹性机构的设计参数均已知，包括 R、L、b、h_1 和 h_2，其中 R 是点 O 和点 P 之间的距离。钢板弹簧的几何形状如图 7-3 中的椭圆所示，其中 L 和 b 分别是钢板弹簧的长度和宽度，h_1 和 h_2 分别是钢板弹簧的自由端和固定端的高度（$h_2 \geqslant h_1$）。根据坐标变换，当钢板弹簧上的点 N 与凸轮接触时，假设点 N 从点 N'' 转化为点 N' 再到点 N。具体而言，钢板弹簧上的点 N'' 旋转到点 N'，然后钢板弹簧上的点 N' 在 F_t 的作用下沿切向发生变形 v，同时在 F_a 的作用下在轴向上发生偏移 u，最终到达点 N。由于钢板弹簧的轴向偏移 u 与钢板弹簧的切向变形 v 相比十分微小，因此从点 N'' 到点 N 的坐标变换公式如下所示：

$$\begin{bmatrix} x_N \\ y_N \end{bmatrix} = \begin{bmatrix} \cos\alpha & -\sin\alpha \\ \sin\alpha & \cos\alpha \end{bmatrix} \begin{bmatrix} x_{N''} \\ y_{N''} \end{bmatrix} + \begin{bmatrix} v\sin\alpha \\ -v\cos\alpha \end{bmatrix} \tag{7-1}$$

其中，（x_N，y_N）和（$x_{N''}$，$y_{N''}$）分别是点 N 和点 N'' 的坐标。α 的符号为"+"，(°)。假设钢板弹簧的有效长度为 l 且 l 已知，点 N'' 的坐标为（$L+R-l$，0）。将点 N'' 的坐

标代入方程（7-1），得到点 N 的坐标如下：

$$\begin{bmatrix} x_N \\ y_N \end{bmatrix} = \begin{bmatrix} (L+R-l)\cos\alpha + v\sin\alpha \\ (L+R-l)\sin\alpha - v\cos\alpha \end{bmatrix} \tag{7-2}$$

长度为 l 的钢板弹簧的挠度 v 和挠角 θ 如下：

$$v = \int_0^l \frac{F_t z^2}{EI_z}\mathrm{d}z + \xi\int_0^l \frac{F_t z}{GA_z}\mathrm{d}z \tag{7-3}$$

$$\theta = \int_0^l \frac{F_t z}{EI_z}\mathrm{d}z \tag{7-4}$$

其中，z 是距离钢板弹簧自由端的点的距离，$0 \leqslant z \leqslant l$；$I_z$ 和 A_z 分别是横截面的惯性矩和面积矩；ξ 是与剪切应力分布相关的系数，当钢板弹簧的纵截面为右梯形时，ξ 为 1.2；E 和 G 分别是钢板弹簧的弹性模量和剪切模量；θ 的单位是弧度（rad）。

I_z 和 A_z 可以按如下公式计算：

$$I_z = \frac{bh_1^3}{12}\left\{1 + \left[\left(\frac{h_2}{h_1}\right) - 1\right]\frac{z}{l}\right\}^3 \tag{7-5}$$

$$A_z = \frac{bh_1}{12}\left\{1 + \left[\left(\frac{h_2}{h_1}\right) - 1\right]\frac{z}{l}\right\} \tag{7-6}$$

外力矩 τ 可以按如下公式计算

$$\tau = n\left[F_t(L+R-l) + F_a v\right] \tag{7-7}$$

其中，n 是单个旋转方向上钢板弹簧的数量。

F_a 可以按如下公式计算

$$F_a = F_t\tan\beta \tag{7-8}$$

其中，β 是 F_a 和 F_t 之间的夹角。在小变形假设下，β 很小，因此 F_a 相对于 F_t 来说很小。

考虑到 v 相对于 $L+R-l$ 来说可以忽略不计，τ 可以近似表示如下：

$$\tau = nF_t(L+R-l) \tag{7-9}$$

由于外力矩 τ 是给定的，F_t 可以计算如下：

$$F_t = \frac{\tau}{n(L+R-l)} \tag{7-10}$$

只要求解出 l 便可以求解出点 N 的坐标。在本章中，使用离散和迭代的方法求解点 N 的坐标和凸轮轮廓。将非线性弹性机构的最大变形 $\alpha_{\max}$ 分为 c 个均匀间隔，每个间隔为 α/c。在第 m 个间隔（$1 \leqslant m \leqslant c$）中，$\alpha$、$\theta$ 和点 N 的坐标满足以下关系：

$$\tan\left(\frac{\pi\alpha}{180} + \theta\right) = \frac{y_N - y_{Nf}}{x_N - x_{Nf}} \tag{7-11}$$

其中，x_{Nf} 和 y_{Nf} 是点 N 之前的接触点 N_f 的坐标。

在第一个间隔中，点 N_f 与点 P 相同，其坐标为 $(R, 0)$。通过联立式(7-2)～式(7-6)、式(7-10) 和式(7-11) 并结合点 P 的坐标，可以解出 l 的值。然后，通过将 l 的值代入式(7-2)、式(7-3)、式(7-5)、式(7-6) 和式(7-10) 中，可以求解凸轮上第 2 个点 N 的坐标。使用 N 点作为新的 N_f，并重复前述操作，可以得到轮廓上第 3 个点的坐标。如此迭代 c 次，可以得到凸轮轮廓曲线上的一系列离散点。使用平滑曲线来拟合这些离散点，便可以得到凸轮轮廓曲线。c 的值与凸轮轮廓曲线的精度呈正相关，但与计算效率呈负相关。

在给定 L、R、b、h_1 和 h_2 的条件下，我们得到了凸轮轮廓曲线的解决方法，但是需要 L、R、b、h_1 和 h_2 的值才能获得可行的凸轮轮廓。根据构型，$L+R$ 和 b 与 NLSEA-Ⅲ的径向和轴向尺寸密切相关，可以根据应用场景的尺寸要求事先确定。考虑 h_1 如果太小会受到加工精度的限制，且可能会影响整个钢板弹簧的强度，故其值也是预先确定的。因此，只有 L、R 和 h_2 是未知的。可以通过 NLSEA-Ⅲ的最小刚度来确定 L、R 和 h_2 的值。

NLSEA-Ⅲ的最小刚度是点 P 的刚度，可以使用基于图 7-4 的方法来推导，坐标系设置方法与图 7-3 相同。假设在非线性弹性机构的变形非常小时，凸轮总是与钢板弹簧在 P 点接触。最小刚度 $k_{\min}$ 的详细推导如下：

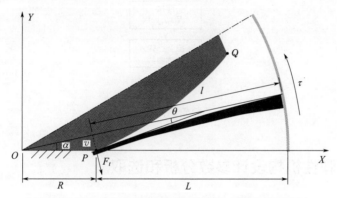

图 7-4　用于推导非线性刚度驱动器最小刚度的示意图

$$v = R\sin\alpha \tag{7-12}$$

$$L + R = l + R\cos\alpha \tag{7-13}$$

当输出杆旋转时，钢板弹簧上的接触点会略微变化。接触点处的钢板弹簧高度 h 变为：

$$h = h_2 - \frac{l(h_2 - h_1)}{L} \tag{7-14}$$

外力矩 τ 可以估计为

$$\tau = nF_t R\cos\alpha \tag{7-15}$$

结合式(7-3)、式(7-5)、式(7-6)，和式(7-12)～式(7-15)，τ 可以表示为：

$$\tau = f_1(\alpha, L, R, h_2) \tag{7-16}$$

此处 $f_1(\alpha, L, R, h_2)$ 是 α、L、R 和 h_2 的函数。

对 τ 求关于 α 的导数并将 α 设为零，可以消除 α，$k_{\min}$ 可以表示如下：

$$k_{\min} = f_2(L, R, h_2) \tag{7-17}$$

此处 $f_2(L, R, h_2)$ 是 L、R 和 h_2 的函数，$k_{\min}$ 的单位是 "N·m/(°)"。

$L+R$ 已经给定，可以通过列出可能的 R 值来解出相应的 L 值。然后，将 $k_{\min}$、R 和 L 的值代入方程（7-17）中，可以解出 h_2 的值。由此可以得出许多组可行的 L、R 和 h_2。

为清晰地展示凸轮轮廓曲线的设计过程，我们给出图 7-5 所示的流程图。

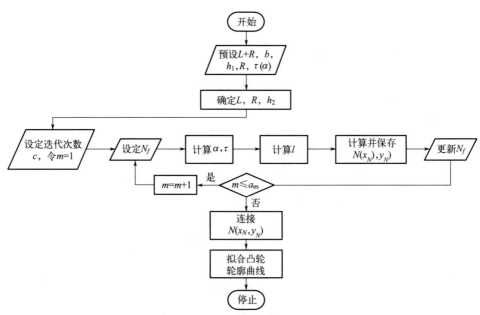

图 7-5 凸轮轮廓曲线设计流程图

7.2 非线性弹性机构设计参数分析和选取

在已知 NLSEA-Ⅲ 的尺寸要求的情况下，可以获得多组设计参数。然而，为了提高所提出设计方法的实用性，有必要选择最佳设计参数。本章采用分析方法来确定非线性弹性机构的最佳设计参数。

NLSEA-Ⅲ 的预定义力矩-变形关系如下所示：

$$\tau = 0.687\alpha^3 + 0.213\alpha^2 + 0.18\alpha \tag{7-18}$$

与许多其他具有大变形范围的柔顺驱动器不同，NLSEA-Ⅲ 的变形范围被限制在 $\pm 3°$。原因在于，对于具有单调递增形式的给定力矩-变形关系，在力矩范围确定后，小的变形范围有利于实现更大的刚度，这可以增加 NLSEA-Ⅲ 的控制带宽，提升响应速度。此外，小的变形范围有助于减小滑动摩擦力的影响。

$L+R$ 为 31mm，b 为 21mm。钢板弹簧的材料为 $60Si_2Mn$，其弹性模量为 206GPa，剪切模量为 79GPa，泊松比为 0.3。凸轮轴的材料是密度为 $7850kg/m^3$ 的合金钢。

7.2.1 设计参数分析

（1）设计参数对凸轮质量的影响

尽管非线性弹性机构的尺寸是预先确定的，不同的设计参数会导致 NLSEA-Ⅲ 的质量不同，故有必要研究设计参数对 NLSEA-Ⅲ 质量的影响。本研究中，不同设计参数导致 NLSEA-Ⅲ 的质量差异主要集中在非线性弹性机构上。由于 $L+R$ 和 b 是预先确定的，钢板弹簧底座的质量几乎是固定的。当钢板弹簧的高度较小时，其质量与凸轮轴相比可以忽略不计。因此，不同设计参数引起的质量差异主要受凸轮轴尺寸的影响，特别是凸轮部分。考虑到凸轮的曲率较大，凸轮的质量 D_{cam} 可以估算如下：

$$D_{cam} = \frac{\rho b \left[\pi (L + R - l_{min})^2 + \pi R^2 \right]}{2} \tag{7-19}$$

其中，ρ 是凸轮轴的密度，l_{min} 是 l 的最小值，可以使用图 7-3 中 Q 点的 l 来估算。

如图 7-6 所示，NLSEA-Ⅲ 的质量受 R 和 l_{min} 的影响。然而，考虑到 l_{min} 是使用 R 和 h_1 计算的，因此我们分析了 R 和 h_1 对 D_{cam} 的影响，结果如图 7-6(a) 所示。NLSEA-Ⅲ 的质量随着 R 和 h_1 的增加而增加。因此，从轻量化的角度来看，在满足强度的前提下，应该选取小的 R 和 h_1。

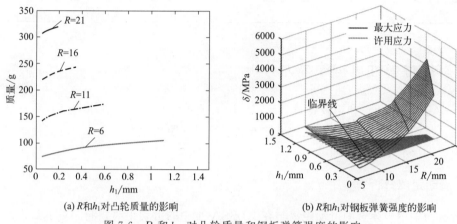

(a) R 和 h_1 对凸轮质量的影响　　　　(b) R 和 h_1 对钢板弹簧强度的影响

图 7-6　R 和 h_1 对凸轮质量和钢板弹簧强度的影响

（2）设计参数对钢板弹簧强度的影响

钢板弹簧的强度影响 NLSEA-Ⅲ 的过载能力。在钢板弹簧自由端的高度不太小的情况下，钢板弹簧的强度主要受到当钢板弹簧的弯矩达到最大值时固定端的最大正应力 σ 的限制。σ 应满足强度准则：

$$\sigma = \frac{M_{max}}{W} \leqslant [\sigma] \tag{7-20}$$

$$W = \frac{b h_2^2}{6} \tag{7-21}$$

其中，M_{max} 是钢板弹簧中的最大弯矩，可以通过式（7-22）估算，W 是钢板弹簧固定端的截面模量，$[\sigma]$ 是钢板弹簧的许用弯曲应力。

$$M_{max} = \frac{\tau_{max} l_{min}}{L + R - l_{min}} \tag{7-22}$$

其中，τ_{max} 是施加在 NLSEA-Ⅲ 上的最大力矩，可以通过给定的力矩-变形关系确定。

R 和 h_1 对钢板弹簧强度的影响如图 7-6(b) 所示，使钢板弹簧上的最大应力低于许用应力的设计参数是可用的。随着 R 和 h_1 的增加，钢板弹簧中的最大正应力增加。特别是当 R 较大时，钢板弹簧中的正应力随着 h_1 的增加急剧增加。因此，为增强 NLSEA-Ⅲ 的过载能力，应选择较小的 R 和较小的 h_1。

7.2.2　设计参数选取

根据前述分析，设计 NLSEA-Ⅲ 时应选择较小的 R 和较小的 h_1。在本章中，我们选择了满足凸轮轴强度条件的 R 的最小值。考虑到过小 h_1 可能会增加制造难度，并且钢板弹簧自由端的应力可能会超过应力极限，故最终确定设计参数如表 7-1 所示。

表 7-1　非线性弹性机构设计参数

参数	数值/mm
L	25.0
R	6.0
h_1	0.4
h_2	1.5
b	21.0

7.3　非线性弹性机构摩擦力分析

NLSEA-Ⅲ 使用凸轮和钢板弹簧，而不使用滚子来传递力矩，滑动摩擦力是一个不可避免的问题。我们使用 7.2 节中描述的离散方法计算滑动距离和滑动摩擦力的能耗，以评估滑动摩擦力对 NLSEA-Ⅲ 的影响。

7.3.1　滑动距离分析

凸轮机构中钢板弹簧的滑动距离与在 NLSEA-Ⅲ 中的滑动距离相同。对于凸轮机构，第 m 个间隔中的滑动距离是凸轮轮廓的长度与第 m 个间隔中钢板弹簧的有效长度变化量之间的差值。尽管凸轮轮廓是一条弧线，但在间隔足够小的情况下，第 m 个间隔中的凸轮轮廓曲线 s_{cm} 的长度可以通过第 m 个间隔中的直线长度来估算。

$$s_{cm} = \sqrt{(x_m - x_{m-1})^2 + (y_m - y_{m-1})^2} \tag{7-23}$$

其中，(x_m, y_m) 和 (x_{m-1}, y_{m-1}) 是凸轮轮廓曲线上第 m 个和第 $(m-1)$ 个点的坐标，当 m 为 1 时，(x_0, y_0) 为 $(R, 0)$。

钢板弹簧在第 m 个间隔中的有效长度变化 s_{lm} 计算如下：

$$s_{lm} = l_m - l_{m-1} \tag{7-24}$$

其中，l_{m-1} 是第 $(m-1)$ 个接触点上钢板弹簧的有效长度，当 m 为 1 时，l_0 为 L。

第 m 个间隔中钢板弹簧的滑动距离 s_{rm} 为：

$$s_{rm} = s_{cm} - s_{lm} \tag{7-25}$$

随着 α 的增加，钢板弹簧的累积滑动距离 S_r 为：

$$S_r = \sum_{m=1}^{c} s_{rm} \tag{7-26}$$

钢板弹簧的累积滑动距离与非线性弹性机构变形的关系如图 7-7(a) 所示。这个滑动距离随着挠度的增加而增加，表明了滑动速率在增加。然而，滑动距离和滑动速率都非常小，可以忽略不计。

7.3.2　滑动摩擦力能耗分析

非线性弹性机构中的滑动摩擦力功率 P_f 可以如下计算：

$$P_f = n F_f v_f \tag{7-27}$$

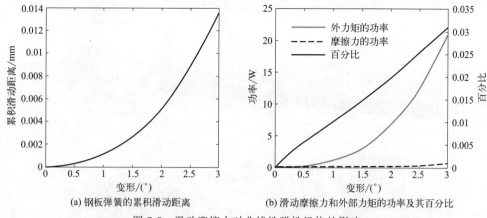

图 7-7 滑动摩擦力对非线性弹性机构的影响

其中，v_f 是滑动速度；F_f 是滑动摩擦力。

外部力矩 τ 可以通过以下方式获得：

$$\tau = nF_n\left[(L+R-l-v\tan\theta)\cos\theta\right] + F_f\left[(L+R-l-v\tan\theta)\sin\theta + v/\cos\theta\right] \quad (7\text{-}28)$$

在本书中，F_f 可以通过以下方式估算：

$$F_f = \mu F_n \quad (7\text{-}29)$$

其中，μ 是滑动摩擦力的摩擦系数。

如图 7-3 所示，v_f 可以近似为点 M 的速度在 v_f 方向上的投影，如下所示：

$$v_f = v_M \sin\theta \quad (7\text{-}30)$$

其中，v_M 是点 M 的速度，可以通过以下方式获得：

$$v_M = \omega(L+R) \quad (7\text{-}31)$$

外部力矩的功率（P_τ）由以下公式给出：

$$P_\tau = \omega\tau \quad (7\text{-}32)$$

滑动摩擦力和外部力矩的功率计算结果如图 7-7（b）所示。尽管没有滚子，与外部力矩的功率相比，滑动摩擦力功率的数值和百分比都非常小，表明非线性弹性机构中滑动摩擦力的能耗很低。此外，考虑到钢板弹簧的变形很小，可以通过滑动摩擦力功率与外部力矩功率之比来评估非线性弹性机构的机械效率，可以看出非线性弹性机构的机械效率很高。

7.4 非线性刚度驱动器样机设计及刚度特性验证

7.4.1 驱动器机械结构设计

使用表 7-1 中的参数设计的 NLSEA-Ⅲ机械结构如图 7-8 所示，其主要由非线性弹性机构、电机和减速器组成。非线性弹性机构主要由钢板弹簧底座、凸轮轴、六根相同的钢板弹簧和输出杆组成。旋转编码器用于测量 NLSEA-Ⅲ的变形，其动盘固定在输出杆上，静盘固定在凸轮轴上。钢板弹簧固定在钢板弹簧底座的槽内，通过两颗螺栓轴向固定，并通过一个垫片和两颗销周向固定。输出杆不仅可用于传递外部力矩，还可用于支撑凸轮轴。凸轮轴的一侧加工有孔，以减轻凸轮轴的重量。

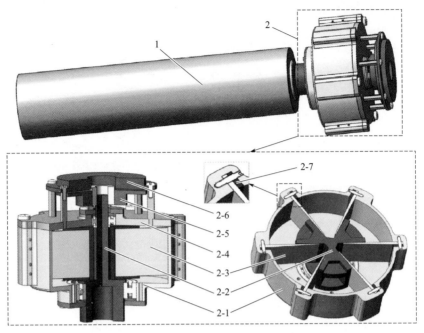

图 7-8　非线性刚度执行器的三维模型

1—电机和减速器；2—非线性弹性机构；2-1—钢板弹簧底座；2-2—凸轮轴；

2-3—钢板弹簧；2-4—输出杆；2-5—编码器的静盘；2-6—编码器的动盘；2-7—垫片

7.4.2　驱动器刚度特性仿真及实验验证

除了由表达式（7-18）表示的力矩-变形关系外，还选择了由表达式（7-33）和表达式（7-34）表示的另外两个力矩-变形进行仿真，以验证非线性弹性机构的准确性和适用性。为便于比较和观察，3 条曲线的变形范围、力矩范围和初始刚度相似［分别为±3°、0～21N·m 和 0.18N·m/（°）］，并且非线性弹性机构的设计参数相同，如表 7-1 所示。3 种给定力矩-变形关系的刚度曲线如图 7-9(a) 所示。考虑到 NLSEA-Ⅲ 在两个旋转方向的刚度特性是相同的，为了简洁起见，这里仅展示一个方向的仿真结果。

$$\tau = 0.415\alpha^4 - 2.22\alpha^3 + 5.19\alpha^2 + 0.18\alpha \tag{7-33}$$

$$\tau = -0.141\alpha^3 + 2.7\alpha^2 + 0.18\alpha \tag{7-34}$$

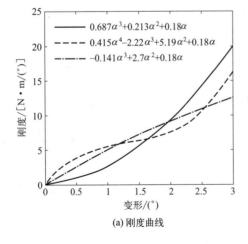

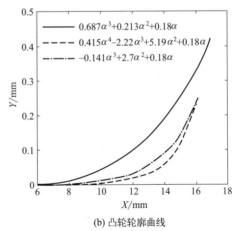

(a) 刚度曲线　　　　　　　　　　(b) 凸轮轮廓曲线

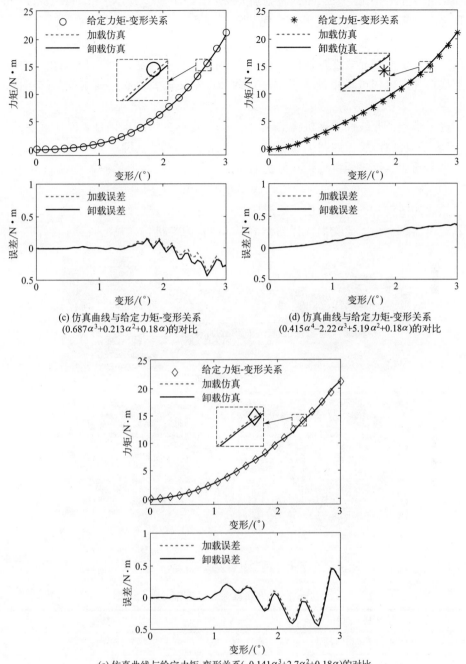

(c) 仿真曲线与给定力矩-变形关系
$(0.687\alpha^3+0.213\alpha^2+0.18\alpha)$的对比

(d) 仿真曲线与给定力矩-变形关系
$(0.415\alpha^4-2.22\alpha^3+5.19\alpha^2+0.18\alpha)$的对比

(e) 仿真曲线与给定力矩-变形关系$(-0.141\alpha^3+2.7\alpha^2+0.18\alpha)$的对比

图 7-9　不同力矩-变形关系的非线性弹性机构仿真

　　使用本章提出的方法，计算凸轮轮廓曲线，如图 7-9（b）所示。建立非线性弹性机构的三维模型并导入仿真软件进行仿真。在仿真中考虑了钢板弹簧和凸轮之间的滑动摩擦力。仿真结果和误差如图 7-9（c）～（e）所示。与给定的力矩-变形关系相比，仿真值表现出很好的一致性。在加载阶段，当外部力矩从 0 增加到最大值时，最大误差分别为 -0.359N·m、0.364N·m 和 0.448N·m，均方根误差（RMS）分别为 0.108N·m、0.200N·m 和 0.175N·m。在卸载阶段，当外部力矩从最大值减小到 0 时，最大误差分别为 -0.436N·m、

0.357N・m 和 0.441N・m，均方根误差分别为 0.131N・m、0.213N・m 和 0.188N・m。误差主要来自迭代误差和凸轮与钢板弹簧之间的滑动摩擦力。从误差图中可以看出，在卸载阶段，由于滑动摩擦力，非线性弹性机构表现出轻微的力矩滞后。然而，滞后很小，因为滑动摩擦力的力臂几乎通过非线性弹性机构的旋转中心。滑动摩擦力引起的力矩很小。总之，所提出的非线性弹性机构可以精确实现"小负载，低刚度；大负载，高刚度"的不同力矩-变形关系。

为了进一步验证非线性弹性机构实现给定力矩-变形关系的准确性，基于表达式(7-18)，制造了 NLSEA-Ⅲ 的样机，如图 7-10 所示。使用 Maxon DC 电机（RE40 148867）和减速器（80∶1）来驱动非线性弹性机构。在电机的尾部安装一个绝对值编码器（编码器 1）来测量 NLSEA-Ⅲ 的输入位置。电容式绝对值编码器（编码器 2）用来测量 NLSEA-Ⅲ 的变形。样机的凸轮轮廓如图 7-10(c) 中的虚线矩形所示。考虑到非线性弹性机构是通用的，可以与各种电机和减速器组合，因此我们仅详细介绍了非线性弹性机构样机的规格，如表 7-2 所示。

(a) NLSEA-Ⅲ样机

(b) 非线性弹性机构的整体结构

(c) 非线性弹性机构的内部结构

图 7-10　NLSEA-Ⅲ的样机及非线性弹性机构的整体结构和内部结构

表 7-2　非线性弹性机构规格

规格	数值
长度/mm	63
最大直径/mm	76
质量/kg	0.437
变形范围/(°)	±3
力矩范围/N・m	0～21
刚度范围/N・m/(°)	0.18～20
运动范围/(°)	±180

使用图 7-11 所示的实验装置，对 NLSEA-Ⅲ样机的力矩-变形关系进行验证。非线性弹

性机构的外部力矩通过电机施加。电机和减速器的外壳，以及 NLSEA-Ⅲ 的输出杆均固定在基座上。力矩传感器（HCNJ-101，100N·m）用于测量外部力矩，其输入轴通过联轴器刚性连接到 NLSEA-Ⅲ 的输出杆，输出杆刚性连接到基座。测得的力矩和变形由 STM32F103ZET6 控制板收集，并由电脑进行处理。

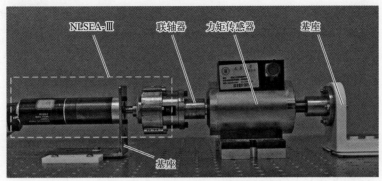

图 7-11　力矩-变形关系验证实验装置

为简洁起见，这里仅展示一个方向的力矩-变形关系，如图 7-12 所示。实验曲线接近预定义曲线。在加载阶段，最大力矩误差为 -2.2N·m，均方根误差为 1.064N·m。在卸载阶段，最大力矩误差为 -4.012N·m，均方根误差为 1.773N·m。误差主要来自材料特性、加工误差、装配误差和摩擦力。具体来说，由于热处理，钢板弹簧的实际弹性模量略小于设计过程中使用的值，导致实际力矩小于目标力矩。由于加工和装配误差，钢板弹簧与凸轮之间存在间隙。因此，要求 3 对钢板弹簧和凸轮同时完美地在所需位置接触是困难的，这导致实验力矩小于目标力矩。由于加工误差、装配误差和摩擦，卸载阶段出现了力矩滞后。通过高精度的加工方法、钢板弹簧和钢板弹簧底座的整体设计以及润滑等处理方法可以改善滞后。对于当前的样机，可以通过补偿算法消除滞后。

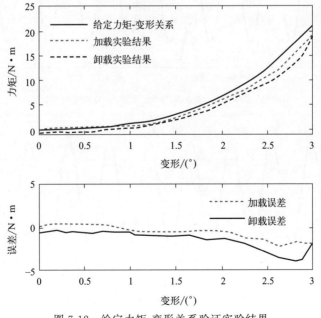

图 7-12　给定力矩-变形关系验证实验结果

7.5　非线性刚度驱动器控制性能实验测试

7.5.1　正弦力矩跟踪和位置跟踪性能实验测试

本章进行了力矩和位置正弦跟踪实验，以评估 NLSEA-Ⅲ 的跟踪性能。力矩跟踪实验和位置跟踪实验是在图 7-11 所示的装置中进行的，采用比例积分微分（PID）控制器，反馈是由编码器提供的。在位置跟踪实验中，NLSEA-Ⅲ 的输出杆连接在一个倒立摆上，以模拟实际工作中的负载。

图 7-13(a) 显示了在 1Hz 下，振幅为 15N·m 的力矩跟踪性能，其中刚度变化为 0.18～

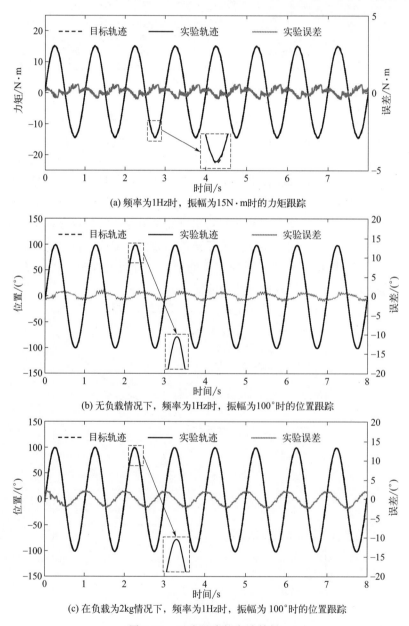

(a) 频率为1Hz时，振幅为15N·m时的力矩跟踪

(b) 无负载情况下，频率为1Hz时，振幅为100°时的位置跟踪

(c) 在负载为2kg情况下，频率为1Hz时，振幅为 100°时的位置跟踪

图 7-13　正弦跟踪的实验结果

16N·m/(°)。跟踪轨迹表现出很好的准确性，最大误差为 0.506N·m，均方根误差为 0.228N·m。图 7-13(b) 和（c）显示了在 1Hz 下，振幅为 100° 的不同负载（0 和 2kg）下的位置跟踪性能。当输出上没有负载时，跟踪轨迹表现出很好的准确性，最大误差为 1.668°，均方根误差为 0.706°。当输出上的负载为 2kg 时，最大误差增加到 2.197°，均方根误差增加到 1.405°，表明增加负载会降低 NLSEA-Ⅲ 的位置跟踪精度。

7.5.2 零力矩跟踪性能实验测试

为了评估 NLSEA-Ⅲ 的交互性能，使用图 7-11 中的装置进行零力矩跟踪实验，实验中 NLSEA-Ⅲ 的输出杆未固定，可手动旋转输出杆。实验结果如图 7-14 所示。当手动旋转输出杆时，NLSEA-Ⅲ 快速响应，使得输出杆承受的力矩接近 0，均方根误差为 0.011N·m。当输出杆的角速度增加时，误差会增加，但最大力矩误差为 0.025N·m。实验结果表明，NLSEA-Ⅲ 具有良好的交互性能。

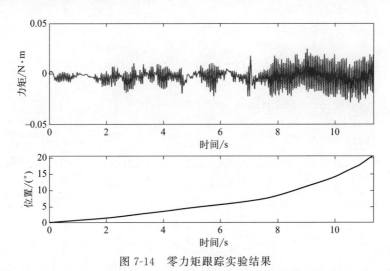

图 7-14　零力矩跟踪实验结果

参考文献

［1］　Qi K K，Song Z B，Dai J S. Safe physical human-robot interaction：A quasi whole-body sensing method based on novel laser-ranging sensor ring pairs［J］. Robotics and Computer-integrated Manufacturing，2022，75：102280.

［2］　Thorson I，Caldwell D. A nonlinear series elastic actuator for highly dynamic motions［C］. Proceedings of 2011 IEEE/RSJ International Conference on Intelligent Robots and Systems. San Francisco：IEEE，2011：390-394.

［3］　Song Z B，Lan S B，Dai J S. A new mechanical design method of compliant actuators with non-linear stiffness with predefined deflection-torque profiles［J］. Mechanism and Machine Theory，2019，133：164-178.

［4］　Hu X Q，Song Z B，Ma T Y. Novel design method for nonlinear stiffness actuator with user-defined deflection-torque profiles［J］. Mechanism and Machine Theory，2020，146：103712.

第 **8** 章

基于非线性刚度驱动的柔性
机器人设计与控制

8.1 三自由度柔性机器人设计

8.1.1 柔性机器人系统设计与运动分析

机器人的结构设计本质上是设计各关节的运动方式以及配合关系，机器人末端的运动实质上是靠各关节参数协调的。对机器人的末端进行轨迹跟踪控制时，只需预先计算好各关节的角度和角速度等变量参数，让各关节按时序进行运动，即可实现预设轨迹。本章节为实现更好的人机交互性能开发了一款具有三个自由度的机器人，如图 8-1 所示，其机械结构实质上是由两个转动关节和一个移动关节通过串联方式连接起来的开链连杆系统。机器人主体结构固定在基座上，这样可以保证机器人的末端有较大的工作空间，并且每个关节均有配重，实现了轴线方向上的力矩平衡，每个关节由单独的动力源驱动，互不干涉且每个关节均由负载选择的非线性刚度驱动器驱动，从而保证柔顺性和力的分辨力。

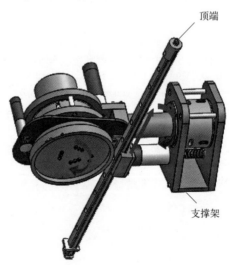

图 8-1　三自由度柔顺机器人

机器人设计以及运动控制的重要环节就是对机器人进行运动学分析，进行运动学分析后，可以很清晰地知道各关节角度/位移、角速度/速度之间的关系，能准确地协调关节之间的运动，为轨迹控制提供理论基础。机器人运动学分析本质上是机器人的正逆运动学分析，正运动学即给定机器人各关节参数，确定机器人末端位姿；逆运动学为已知机器人末端执行器的位姿求解各关节的具体参数。机器人运动控制依赖于正逆求解。

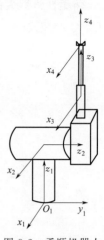

图 8-2　柔顺机器人
运动模型

本书采用机器人运动学建模的常用方法——D-H 法来对机器人进行运动学分析，用矩阵代数形式来描述末端执行器相对于基坐标系的空间几何关系，从而得到其位姿。D-H 法实质是在每一个关节上建立一个附加坐标系，通过矩阵变换描述两个相邻坐标系之间的关系，最后得出机器人从第一关节到末端关节的总变换矩阵。根据 D-H 法建立的机器人运动示意图如图 8-2 所示，相关参数见表 8-1。

各杆件的特征参数根据 D-H 法定义如下：

- θ_i 为绕 z_i 轴旋转，使 x_i 和 x_{i+1} 互相平行的角度；
- d_i 为沿着 z_i 轴平移，使 x_i 和 x_{i+1} 共线的距离；
- a_i 为轴 z_{i+1} 和 z_i 轴之间沿 x_i 轴方向的距离，非负；
- α_i 为 z_{i-1} 和 z_i 两轴之间的夹角。

表 8-1　机器人关节的参数

连杆	θ_i	d_i	a_i	α_i
1	θ_1	d_1	0	$-90°$
2	θ_2	d_2	a_2	$90°$
3	0	d_3	0	0

用齐次坐标矩阵变换来表达坐标系 i 到 $i-1$ 的变换，表示为 $_i^{i-1}\boldsymbol{R}$，变换矩阵中的前三列表示的是坐标系的方向变化，最后一列表示的是坐标系的相对位置。则关节坐标系 i 到关节坐标系 $i-1$ 之间的变换矩阵为：

$$
\begin{aligned}
_i^{i-1}\boldsymbol{R} &= \begin{bmatrix} c\theta_{i-1} & -s\theta_{i-1} & 0 & 0 \\ s\theta_{i-1} & c\theta_{i-1} & 0 & 0 \\ 0 & 0 & 1 & 0 \\ 0 & 0 & 0 & 1 \end{bmatrix} \times \begin{bmatrix} 1 & 0 & 0 & 0 \\ 0 & 1 & 0 & 0 \\ 0 & 0 & 1 & d_{i-1} \\ 0 & 0 & 0 & 1 \end{bmatrix} \\
&\times \begin{bmatrix} 1 & 0 & 0 & a_{i-1} \\ 0 & 1 & 0 & 0 \\ 0 & 0 & 1 & 0 \\ 0 & 0 & 0 & 1 \end{bmatrix} \times \begin{bmatrix} 1 & 0 & 0 & 0 \\ 0 & c\alpha_{i-1} & -s\alpha_{i-1} & 0 \\ 0 & s\alpha_{i-1} & c\alpha_{i-1} & 0 \\ 0 & 0 & 0 & 1 \end{bmatrix} \\
&= \begin{bmatrix} c\theta_{i-1} & -s\theta_{i-1}c\alpha_{i-1} & s\theta_{i-1}s\alpha_{i-1} & a_{i-1}c\theta_{i-1} \\ s\theta_{i-1} & c\theta_{i-1}c\alpha_{i-1} & c\theta_{i-1}s\alpha_{i-1} & a_{i-1}s\theta_{i-1} \\ 0 & s\alpha_{i-1} & c\alpha_{i-1} & d_{i-1} \\ 0 & 0 & 0 & 1 \end{bmatrix}
\end{aligned} \tag{8-1}
$$

将柔性机器人的参数代入式（8-1）可得相邻两个坐标之间的变换矩阵 ${}^{0}_{1}\boldsymbol{R}$、${}^{1}_{2}\boldsymbol{R}$ 以及 ${}^{2}_{3}\boldsymbol{R}$，如式（8-2）～式（8-4）所示，其中：$c\theta_i = \cos\theta_i$，$s\theta_i = \sin\theta_i$。

$$
{}^{0}_{1}\boldsymbol{R} = \begin{bmatrix} c\theta_1 & 0 & -s\theta_1 & 0 \\ s\theta_1 & 0 & c\theta_1 & 0 \\ 0 & -1 & 0 & d_1 \\ 0 & 0 & 0 & 1 \end{bmatrix} \tag{8-2}
$$

$$
{}^{1}_{2}\boldsymbol{R} = \begin{bmatrix} c\theta_2 & 0 & s\theta_2 & 0 \\ s\theta_2 & 0 & -c\theta_2 & a_2 \\ 0 & 1 & 0 & d_2 \\ 0 & 0 & 0 & 1 \end{bmatrix} \tag{8-3}
$$

$$
{}^{2}_{3}\boldsymbol{R} = \begin{bmatrix} 1 & 0 & 0 & 0 \\ 0 & 1 & 0 & 0 \\ 0 & 0 & 1 & d_3 \\ 0 & 0 & 0 & 1 \end{bmatrix} \tag{8-4}
$$

则柔性机器人的基座和末端执行器坐标之间的总变换矩阵为：

$$
{}^{0}_{3}\boldsymbol{R} = \begin{bmatrix} c\theta_1 c\theta_2 & -s\theta_1 & c\theta_1 s\theta_2 & d_3 c\theta_1 s\theta_2 - d_2 s\theta_1 \\ c\theta_2 s\theta_1 & c\theta_1 & s\theta_1 s\theta_2 & d_3 s\theta_1 s\theta_2 + d_2 c\theta_1 \\ -s\theta_2 & 0 & c\theta_2 & d_3 c\theta_2 + d_1 - a_2 \\ 0 & 0 & 0 & 1 \end{bmatrix} \tag{8-5}
$$

柔性机器人末端执行器的坐标系相对于基坐标系的方向分量为 $\boldsymbol{n}$、$\boldsymbol{o}$、$\boldsymbol{a}$，位置分量为 $\boldsymbol{p}$，则总变换矩阵可以表示为：

$$
\boldsymbol{R} = \begin{bmatrix} n_x & o_x & a_x & p_x \\ n_y & o_y & a_y & p_y \\ n_z & o_z & a_z & p_z \\ 0 & 0 & 0 & 1 \end{bmatrix} \tag{8-6}
$$

将式（8-5）与式（8-6）中的各元素对应起来，即：$n_x = c\theta_1 c\theta_2$，$n_y = c\theta_2 s\theta_1$，$n_z = -s\theta_2$，$o_x = -s\theta_1$，$o_y = c\theta_1$，$o_z = 0$，$a_x = c\theta_1 s\theta_2$，$a_y = s\theta_1 s\theta_2$，$a_z = c\theta_2$，$p_x = d_3 c\theta_1 s\theta_2 - d_2 s\theta_1$，$p_y = d_3 s\theta_1 s\theta_2 + d_2 c\theta_1$，$p_z = d_3 c\theta_2 + d_1 - a_2$。则通过坐标矩阵的变换，在已知机器人各关节参数的情况下，可以知道末端执行器的位姿：

$$
\boldsymbol{p} = \begin{bmatrix} p_x \\ p_y \\ p_z \end{bmatrix} = \begin{bmatrix} d_3 c\theta_1 s\theta_2 - d_2 s\theta_1 \\ d_3 s\theta_1 s\theta_2 + d_2 c\theta_1 \\ d_3 c\theta_2 + d_1 - a_2 \end{bmatrix} \tag{8-7}
$$

运动学的逆解则可以通过对应相等，得到以下关节参数的表达式，第一关节参数为：

$$
\theta_1 = -\arctan\left(\frac{o_x}{o_y}\right) \text{ 或 } \theta_1 = 180° - \arctan\left(\frac{o_x}{o_y}\right) \tag{8-8}
$$

第二关节参数为：

$$
\theta_2 = \arccos(n_x c\theta_1 + n_y s\theta_1) \tag{8-9}
$$

第三关节参数为：

$$d_3 = \frac{p_x c\theta_1 + p_y s\theta_1}{s\theta_2} = \frac{p_y o_x - p_x o_y}{n_z} \tag{8-10}$$

则根据设定的机器人执行器末端轨迹，通过运动学的逆解可以得到各关节的具体参数，再根据机器人样机各关节运动限制和实际情况省掉多解。

8.1.2 柔性机器人样机设计和硬件系统搭建

柔顺机器人设计重点是非线性刚度驱动器的设计，其结构模型如图 8-3 所示，主要结构为基座、maxon 电机组合（直流无刷电机、减速器和编码器）、驱动丝、丝线轮、输出轴（内转筒）、传输筒（外转筒）、磁栅尺位移传感器，以及沿传输筒圆周方向均匀分布的三个非线性弹性元件。电机组合是整个非线性刚度驱动器的动力装置，通过丝线传动带动外转筒旋转，外转筒通过与其固连的滚轮轴压迫固连在内转筒的三个非线性弹性元件，非线性弹性元件变形产生周向力矩，从而带动内转筒运动。为了实现非线性刚度驱动器的双向驱动性能，非线性弹性元件采用了对称的结构设计。非线性弹性元件沿圆周方向的变形量即内外筒之间的角位移由磁栅尺传感器测得。根据非线性弹性元件的刚度曲线，可以计算得到此时驱动的力矩。非线性刚度弹性元件结构如图 8-4 所示。非线性弹性元件的设计是非线性刚度驱动器的核心，主体结构是固定在内筒外侧的双侧对称弹性元件与固定在外筒内壁上的滚子组成的接触面。双侧对称的弹性元件材料统一，但在滚轮与末端接触发生挤压时，弹性元件末端与滚子接触的部分的形变极小忽略不计可视为刚性结构，悬臂梁部分根据材料力学特性，受力会产生挠曲变形，默认其为弹性结构，因此可以看作由弹性悬臂梁结构和刚性接触结构组成。滚子在挤压弹性元件时，悬臂梁部分的挠度和转角使得滚子与末端刚性结构接触点的位置发生偏移。接触点沿着弹性元件的刚性部分的非线性轮廓移动，它和外负载力存在一定的比例关系，从而实现外负载力和形变的非线性关系，即非线性刚度的效果。

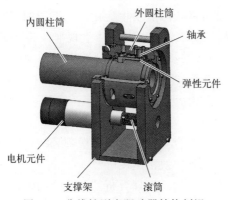

图 8-3　非线性刚度驱动器结构剖视

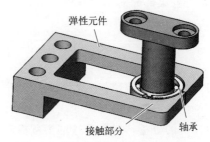

图 8-4　非线性弹性元件与滚子结构

非线性刚度的机理如图 8-5 所示，将滚子和弹性元件接触线的中点作为原点，设水平方向为 x 轴，竖直方向为 y 轴，作为非线性刚度系统的基坐标系。则弹性元件所受的负载力可以按基坐标分解为 F_x 和 F_y，将分力转移至悬臂梁弹性部分自由端的竖直方向时会产生等效力矩 M_o，其大小如式(8-11)

$$M_o = -(F_y x + y F_y \tan\alpha_T) \tag{8-11}$$

其中，α_T 表示接触点的轮廓切线与 x 轴的夹角。

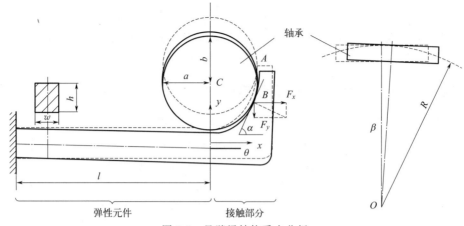

图 8-5　悬臂梁结构受力分析

则在滚子负载力作用下弹性元件末端的转角 θ_D 和挠度 ν_D 如式(8-12) 所示。

$$\theta_D = -\frac{1}{EI}\left[(F_y x + yF_y \tan\alpha_T)l + F_y \frac{l^2}{2}\right]$$

$$\nu_D = -\frac{1}{EI}\left[(F_y x + yF_y \tan\alpha_T)\frac{l^2}{2} + F_y \frac{l^3}{3}\right]$$

(8-12)

其中，E 为弹性元件材料的弹性模量，I 为弹性元件弹性部分截面相对于 y 轴的惯性矩，l 为弹性部分的长度。

根据上文分析，接触部分的形变忽略不计默认为刚体，则弹性元件末端的角度由悬臂梁弹性部分的转角和挠度决定。由材料力学可知，悬臂梁弹性体的挠度与其末端受到的外负载力矩成正比，则滚子沿竖直方向的位移和悬臂梁末端的挠度亦成正比。同时弹性元件刚性接触部分随弹性部分发生偏移会导致滚子与刚性部分的接触点发生变化，则滚子的实际位移受弹性部分末端的挠度和转角的复合作用。外负载力与滚子周向位移呈现非线性关系，根据图 8-5，在悬臂梁部分的相关分析可由式(5-13)～式(5-16) 给出。则滚子受到的外力矩 τ 和 F_y 的关系如式(8-13) 所示

$$\tau = \frac{F_y R \cos(\alpha_T + \beta_D)}{\cos\alpha_T}$$

(8-13)

通过计算分析可知，弹性元件表现出来的刚度耦合与弹性元件接触部分的轮廓曲线，即根据给定刚度曲线对接触轮廓曲线进行设计即可得到非线性刚度。

通过前面的分析，对所设计的柔顺机器人进行结构及原理分析，并且介绍了负载选择的非线性刚度驱动器及其实现非线性刚度的原理，实现机器人性能的重要环节除了结构的设计还要重点进行控制系统硬件平台的搭建。为此，本书为所设计的机器人搭建了相应的硬件系统来实现对机器人的控制，柔顺机器人控制平台见图 8-6。硬件系统包含以下方面。

传感器：为了实现弹性元件的变形量检测，采用分辨力为 0.005mm 的磁栅尺传感器（MSR5000）检测弹性元件的变形，这样可以保证弹性元件微小的变形也能被检测到，再根据公式计算得到关节力矩。电机输出量采用电机配套的编码器。所使用的传感器工作电压均为 5V，且工作方式均为双通道方波正交信号。

电机：电机采用 maxon 公司生产的电机。第一关节驱动器采用的是由 maxon

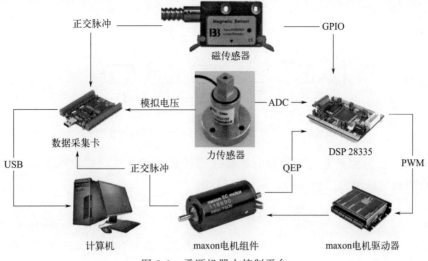

正交脉冲　　　　　　　　　　　　　　　GPIO

磁传感器

模拟电压　　　　　ADC

数据采集卡

USB　　　　　　　正交脉冲

力传感器　　　　　QEP

DSP 28335　　　　PWM

计算机　　　　　　maxon电机组件　　　　　maxon电机驱动器

图 8-6　柔顺机器人控制平台

EC397172 伺服电机、462003 号 512 线型光电编码器和减速比为 66 的减速齿轮箱组成的电机组合；第二关节驱动器采用的是由 maxon DC268214 伺服电机、225785 号 512 线型光电编码器和减速比为 318 的减速齿轮箱组成的电机组合；第三关节驱动器采用的是由 maxon EC386658 伺服电机、201940 号 512 线型光电编码器和减速比为 231 的减速齿轮箱组成的电机组合。

单片机：为了实现更好的实时处理性能，控制系统的上位机采用 TI 公司设计的型号为 TMS320F28335 的 DSP 处理器。DSP 处理器可以高速实时处理控制系统里各类传感器采集到的关节位置和力矩信息，在进行运算之后给驱动器发送控制信号。另采用型号为 MPS-010602 的数据采集卡采集电机光电编码器和磁栅尺传感器采集的信号，并通过 USB 接口上传给 PC。

控制系统原理：电机编码器和磁栅尺采集的信号在降压后输送给上位机 DSP 处理器，DSP 芯片的 QEP（反馈信号）模块可以处理电机编码器的正交信号从而获得电机的位置/速度信息；GPIO（通用输入输出）模块可以处理磁栅尺的正交信号以获取弹性元件的变形量，进而获得力矩，同时也可以用 ADC（模数转换）模块处理来自力矩传感器的模拟电压信号，转化为末端的实时力矩值。本书的柔顺机器人具有三个自由度，需要处理 6 组传感器的数据，故用系统 GPIO 中断来获取和处理额外的传感器信号。信号输出方面，通过 PWM 模块向 ESCON 电机驱动器发送 PWM 波驱动电机。

8.2　基于扩展卡尔曼滤波的柔性机器人末端轨迹控制

8.2.1　机器人模型和动力学方程

要实现驱动器的精准位置控制，首先要建立非线性刚度驱动器的精准运动学模型。非线性刚度驱动器由动力系统（maxon 电机和电机减速器）、传动系统、弹性元件和输出轴组成。其简化模型如图 8-7 所示，电机和减速器系统视为刚性连接，故电机与减速器之间的转角关系如下：

$$\frac{\ddot{\theta}_r}{\ddot{\theta}_g} = \frac{\dot{\theta}_r}{\dot{\theta}_g} = \frac{\theta_r}{\theta_g} = R_1 \tag{8-14}$$

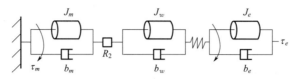

图 8-7　末端自由的非线性刚度驱动器系统模型

其中，θ_r、θ_g 分别是电机转子和电机减速器转角。通过传动知识可知，在丝传动的过程中，线轮两侧的丝绳力是相等的，则可以得到：

$$\frac{\tau_w}{\tau_g} = \frac{F_{wire} r_w}{F_{wire} r_g} = R_2 \tag{8-15}$$

其中，F_{wire} 是丝传动拉力，r_w 和 r_g 分别代表驱动器外筒和丝线轮半径，R_2 为丝传动的传动比。在传动过程中默认钢丝绳长度不变，则从电机组合输出轴到驱动器外转筒的角度、角速度以及角加速度的关系为：

$$\frac{\ddot{\theta}_g}{\ddot{\theta}_w} = \frac{\dot{\theta}_g}{\dot{\theta}_w} = \frac{\theta_g}{\theta_w} = R_2 \tag{8-16}$$

其中，θ_w 是非线性刚度驱动器外转筒角位移。则通过上述公式计算，末端自由的非线性刚度驱动器的运动学数学模型已搭建完成。

上面分析了非线性刚度驱动器的位置控制性能和响应特性，提供了必要的安全性保障，但在实际的人机交互中，仅控制位置输出精度是远远不够的，除此之外，驱动器末端的力矩输出精度和响应速度也是驱动器的交互性和安全性的重要评价指标。为此，需要进行动力学建模，其简化模型如图 8-8 所示。其中，电机组合（电机转子、减速器）的等效转动惯量根据厂家标定数据和动力学模型得到。非线性刚度驱动器系统包含动力源、丝传动、弹性元件以及外负载。动力源为包含电机本身和减速器在内的组合体。其等效转动惯量及动力学分析可以根据动力学公式计算等效替代求得，其分析过程在第 5 章。

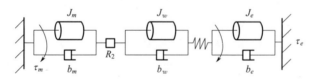

图 8-8　末端固定的非线性刚度驱动器模型

8.2.2　控制系统及状态方程建立

基于控制目标任务，所设计的基于扩展卡尔曼滤波的 PD 控制器如图 8-9 所示。

图 8-9 中所示控制系统中的 τ_m 可以认为是由两部分组成的：

$$\tau_m = \tau_{dy} + \tau_d \tag{8-17}$$

式（8-17）中，τ_{dy} 为平衡动力学所消耗的部分，其表达式为：

$$\tau_{dy} - J_{eq} \ddot{\theta}_r - b_{eq} \dot{\theta}_r = 0 \tag{8-18}$$

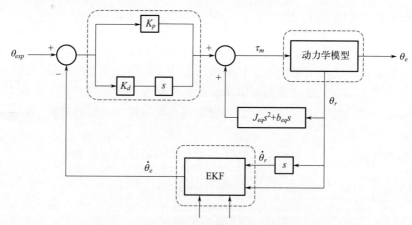

图 8-9 基于扩展卡尔曼滤波的 PD 控制器

τ_d 为非线性刚度驱动器执行器末端位置输出所需要的力矩，由 PD 控制器输出，设计的表达式如下：

$$\tau_d = K_p(\theta_e - \theta_{exp}) + K_d(\dot{\theta}_e - \dot{\theta}_{exp}) \tag{8-19}$$

其中，K_p 为比例刚度系数，K_d 为微分阻尼系数。将式（8-17）、式（8-18）以及式（8-19）代入动力学方程式（6-13）中，可得到：

$$J_e\ddot{\theta}_e + b_e\dot{\theta}_e$$
$$= R_1 R_2 [J_{eq}\ddot{\theta}_r + b_{eq}\dot{\theta}_r + K_p(\theta_e - \theta_{exp}) + K_d(\dot{\theta}_e - \dot{\theta}_{exp}) - J_{eq}\ddot{\theta}_r - b_{eq}\dot{\theta}_r] \tag{8-20}$$

将式（8-20）进行整理变形简化为：

$$\ddot{\theta}_e + \frac{b_e - R_1 R_2 K_d}{J_e}\dot{\theta}_e + \frac{R_1 R_2 K_p}{-J_e}\theta_e = \frac{R_1 R_2 K_d}{-J_e}\dot{\theta}_{exp} + \frac{R_1 R_2 K_p}{-J_e}\theta_{exp} \tag{8-21}$$

将式（8-21）进一步简化可得到：

$$\ddot{\theta}_e + a_1\dot{\theta}_e + a_2\theta_e = b_0 + b_1\dot{\theta}_{exp} + b_2\theta_{exp} \tag{8-22}$$

式中，$a_1 = \dfrac{b_e - R_1 R_2 K_d}{J_e}$，$a_2 = \dfrac{R_1 R_2 K_p}{-J_e}$，$b_0 = 0$，$b_1 = \dfrac{R_1 R_2 K_d}{-J_e}$，$b_2 = \dfrac{R_1 R_2 K_p}{-J_e}$。公式改写后，可以发现式（8-22）为典型的含有导数项的输入输出方程，则根据现代控制理论，选取状态空间：

$$\theta_1 = \theta_e - b_0\theta_{exp}$$
$$\theta_2 = \dot{\theta}_1 - h_1\theta_{exp} \tag{8-23}$$

式中，θ_1、θ_2 为系统状态变量，$h_1 = b_1 - a_1 b_0$。则系统的状态方程可改写为：

$$\dot{\theta}_1 = \theta_2 + h_1\theta_{exp}$$
$$\dot{\theta}_2 = -a_2\theta_1 - a_1\theta_2 + h_2\theta_{exp} \tag{8-24}$$

式中，$h_2 = (b_2 - a_2 b_0) - a_1 h_1$，写成矩阵形式为：

$$\begin{bmatrix} \dot{\theta}_1 \\ \dot{\theta}_2 \end{bmatrix} = \begin{bmatrix} 0 & 1 \\ -a_2 & -a_1 \end{bmatrix} \begin{bmatrix} \theta_1 \\ \theta_2 \end{bmatrix} + \begin{bmatrix} h_1 \\ h_2 \end{bmatrix}\theta_{exp} \tag{8-25}$$

8.2.3 扩展卡尔曼观测器建立

由 8.2.2 节设计的控制框架可以看出，基于扩展卡尔曼滤波的 PD 位置控制，需要采集的反馈量仅为机器人系统输出轴的速度和角速度，为了解决传感器的测量干扰、成本和结构设计等问题，采用扩展卡尔曼滤波器对输出轴的角度以及角速度进行预测，仅需的输入量为电机的角度、角速度，控制率中所需要的角加速度由角速度一阶导数获得并用低通滤波器进行滤波以消除高频干扰。

所设计的弹性元件输出力矩与电机转子角度和关节输出角度关系如下：

$$\tau_k = 0.15\left(\frac{\theta_r}{R_1 R_2} - \theta_e\right)^5 - 0.23\left(\frac{\theta_r}{R_1 R_2} - \theta_e\right)^4 + 1.78\left(\frac{\theta_r}{R_1 R_2} - \theta_e\right)^3 + 0.67\left(\frac{\theta_r}{R_1 R_2} - \theta_e\right)$$

(8-26)

则整体动力学模型可改写成如下两个公式：

$$R_1 R_2\left(\tau_m - J_{eq}\ddot{\theta}_r + b_{eq}\dot{\theta}_r\right) = 0.15\left(\frac{\theta_r}{R_1 R_2} - \theta_e\right)^5 - 0.23\left(\frac{\theta_r}{R_1 R_2} - \theta_e\right)^4$$
$$+ 1.78\left(\frac{\theta_r}{R_1 R_2} - \theta_e\right)^3 + 0.67\left(\frac{\theta_r}{R_1 R_2} - \theta_e\right)$$

(8-27)

$$J_e\ddot{\theta}_e + b_e\dot{\theta}_e = 0.15\left(\frac{\theta_r}{R_1 R_2} - \theta_e\right)^5 - 0.23\left(\frac{\theta_r}{R_1 R_2} - \theta_e\right)^4$$
$$+ 1.78\left(\frac{\theta_r}{R_1 R_2} - \theta_e\right)^3 + 0.67\left(\frac{\theta_r}{R_1 R_2} - \theta_e\right)$$

(8-28)

根据式(8-26)、式(8-27) 以及式(8-28)，可以看出柔性机器人的驱动器是典型的非线性系统，根据 EKF（扩展卡尔曼滤波）观测方法，结合本书的控制目标，定义 EKF 观测器的状态变量为：

$$\boldsymbol{x} = \begin{bmatrix} x_1 & x_2 & x_3 & x_4 \end{bmatrix}^T = \begin{bmatrix} \theta_e & \dot{\theta}_e & \theta_r & \dot{\theta}_r \end{bmatrix}^T$$

(8-29)

将其对时间 t 求导，并代入动力学公式，则可以得到状态函数 $\boldsymbol{f}(\boldsymbol{x})$ 如下：

$$\boldsymbol{f}(\boldsymbol{x}) = \frac{\partial \boldsymbol{x}}{\partial t} = \begin{bmatrix} \dot{\theta}_e \\ M \\ \dot{\theta}_r \\ N \end{bmatrix}$$

(8-30)

其中，$M = \frac{1}{J_e}(\tau_k - b_e\dot{\theta}_e)$，$N = \frac{1}{J_{eq}}\left(\tau_m - b_{eq}\dot{\theta}_r - \frac{\tau_k}{R_1 R_2}\right)$，将式(8-30) 对状态量进行偏微分，即得到系统的状态函数：

$$\boldsymbol{F}(t) = \frac{\partial \boldsymbol{f}(\boldsymbol{x})}{\partial \boldsymbol{x}} = \begin{bmatrix} 0 & 1 & 0 & 0 \\ F_1 & F_2 & F_3 & 0 \\ 0 & 0 & 0 & 1 \\ F_4 & 0 & F_5 & F_6 \end{bmatrix}$$

(8-31)

其中，$F_1 = \frac{1}{J_e}\frac{\partial \tau_k}{\partial \theta_e}$，$F_2 = -\frac{b_e}{J_e}$，$F_3 = \frac{1}{J_e} \times \frac{\partial \tau_k}{\partial \theta_r}$，$F_4 = -\frac{1}{J_{eq}R_1 R_2} \times \frac{\partial \tau_k}{\partial \theta_e}$，$F_5 =$

$-\dfrac{1}{J_{eq}R_1R_2} \times \dfrac{\partial \tau_k}{\partial \theta_r}$，$F_6 = -\dfrac{b_{eq}}{J_{eq}}$。定义扩展卡尔曼滤波状态观测器的观测向量为：

$$\boldsymbol{h}(x) = \begin{bmatrix} x_3 \\ x_4 \end{bmatrix} = \begin{bmatrix} \theta_r \\ \dot{\theta}_r \end{bmatrix} \tag{8-32}$$

将式（8-32）对状态变量进行偏微分即得到状态观测矩阵为：

$$\boldsymbol{H}(t) = \dfrac{\partial \boldsymbol{h}(x)}{\partial \boldsymbol{x}} = \begin{bmatrix} 0 & 0 & 1 & 0 \\ 0 & 0 & 0 & 1 \end{bmatrix} \tag{8-33}$$

将式（8-33）、式（8-31）代入 EKF 表达式：

$$\dot{\hat{x}} = \boldsymbol{f}(\hat{x}, \tau_m) + \boldsymbol{G}(t)\left[\boldsymbol{h}(x) - \boldsymbol{h}(\hat{x})\right] \tag{8-34}$$

$$\dot{\boldsymbol{P}}(t) = \boldsymbol{F}(t)\boldsymbol{P}(t) + \boldsymbol{P}(t)\boldsymbol{F}^{\mathrm{T}}(t) + \boldsymbol{Q}(t) - \boldsymbol{P}(t)\boldsymbol{H}^{\mathrm{T}}(t)\boldsymbol{R}^{-1}(t)\boldsymbol{H}(t)\boldsymbol{P}(t) \tag{8-35}$$

$$\boldsymbol{G}(t) = \boldsymbol{P}(t)\boldsymbol{H}^{\mathrm{T}}(t)\boldsymbol{R}^{-1}(t) \tag{8-36}$$

其中，$\hat{x}$ 为 x 的状态观测估计值，$\boldsymbol{Q}(t)$ 和 $\boldsymbol{R}(t)$ 是服从高斯分布的过程噪声和测量噪声的协方差，$\boldsymbol{G}(t)$ 为扩展卡尔曼增益，$\boldsymbol{P}(t)$ 为预测的误差协方差。

通过扩展卡尔曼滤波状态观测器的估计，可以对下一步的状态进行估计，通过 PD 控制算法计算出下一步的输入信号。在实际应用到人机交互领域中，可以改变 EKF 的状态变量，从而得到末端收到的负载力矩和输出角度及角速度，再结合 PD 给出控制方法。

8.2.4 李雅普诺夫稳定性分析

根据扩展卡尔曼滤波器的研究，柔性联合机器人控制系统的稳定性是：整个 PD 控制系统稳定，EKF 观测器稳定。系统稳定性分析分为以下两个步骤：

步骤 1：PD 控制器稳定性的证明。

根据现代控制理论可知，李雅普诺夫方法是分析控制系统稳定性的有效方法。因此，先前的系统状态方程公式（8-25）可以写成：

$$\dot{\boldsymbol{\theta}} = \boldsymbol{A}\boldsymbol{\theta} + \boldsymbol{B}\boldsymbol{\theta}_{exp} \tag{8-37}$$

式中，$\boldsymbol{\theta} = \begin{bmatrix} \theta_1 & \theta_2 \end{bmatrix}^{\mathrm{T}}$；$\boldsymbol{A} = \begin{bmatrix} 0 & 1 \\ -a_2 & -a_1 \end{bmatrix}$；$\boldsymbol{B} = \begin{bmatrix} h_1 \\ h_2 \end{bmatrix}$。选取李雅普诺夫方程如下：

$$V(\boldsymbol{\theta}) = \theta^{\mathrm{T}}\boldsymbol{U}\theta \tag{8-38}$$

其中，$\boldsymbol{A}^{\mathrm{T}}\boldsymbol{U} + \boldsymbol{U}\boldsymbol{A} = -\boldsymbol{E}$，$\boldsymbol{E}$ 为单位矩阵，则通过矩阵计算公式解得：

$$\boldsymbol{U} = \begin{bmatrix} \dfrac{a_1^2 + a_2^2 + a_2}{2a_1 a_2} & \dfrac{1}{2a_2} \\[3mm] \dfrac{1}{2a_2} & \dfrac{1+a_2}{2a_1 a_2} \end{bmatrix} \tag{8-39}$$

$\boldsymbol{U}$ 为正定矩阵，对所选取的李雅普诺夫方程进行求导，得到：

$$\begin{aligned} \dot{V}(\boldsymbol{\theta}) &= \dot{\boldsymbol{\theta}}^{\mathrm{T}}\boldsymbol{U}\theta + \theta^{\mathrm{T}}\boldsymbol{U}\dot{\boldsymbol{\theta}} \\ &= \dfrac{a_1^2 + a_2^2 + a_2}{a_1 a_2}\dot{\theta}_1 \theta_1 + \dfrac{1}{a_2}(\dot{\theta}_2 \theta_1 + \dot{\theta}_1 \theta_2) + \dfrac{1+a_2}{a_1 a_2}\dot{\theta}_2 \theta_2 \end{aligned} \tag{8-40}$$

通过 PD 参数的调节即可使 $\dot{V}(\boldsymbol{\theta}) < 0$，即 PD 控制系统稳定，中间计算过程不再赘述。

步骤2：扩展卡尔曼滤波观测器稳定性证明

定义观测误差 $\boldsymbol{\mu}=\boldsymbol{x}-\hat{\boldsymbol{x}}$，展开 $\boldsymbol{f}(\boldsymbol{x})$ 和 $\boldsymbol{h}(\boldsymbol{x})$，得到：

$$\boldsymbol{f}(\boldsymbol{x})-\boldsymbol{f}(\hat{\boldsymbol{x}})=\boldsymbol{F}(t)\boldsymbol{\mu}+\boldsymbol{\alpha} \tag{8-41}$$

$$\boldsymbol{h}(\boldsymbol{x})-\boldsymbol{h}(\hat{\boldsymbol{x}})=\boldsymbol{H}(t)\boldsymbol{\mu}+\boldsymbol{\beta} \tag{8-42}$$

式(8-41)、式(8-42) 中，$\boldsymbol{\alpha}$ 和 $\boldsymbol{\beta}$ 是 $\boldsymbol{\mu}$ 的高阶项，则整合式(8-34)、式(8-41) 以及式(8-42) 得到：

$$\dot{\boldsymbol{\mu}}=[\boldsymbol{F}(t)-\boldsymbol{G}(t)\boldsymbol{H}(t)]\boldsymbol{\mu}+\boldsymbol{\alpha}-\boldsymbol{G}(t)\boldsymbol{\beta} \tag{8-43}$$

定义李雅普诺夫方程：

$$W=\boldsymbol{\mu}^{\mathrm{T}}\boldsymbol{\Pi}\boldsymbol{\mu} \tag{8-44}$$

式(8-44) 中，$\boldsymbol{\Pi}=\boldsymbol{P}^{-1}$，方差矩阵的逆为正定矩阵，对李雅普诺夫方程进行求导：

$$\begin{aligned}\dot{W} &=\dot{\boldsymbol{\mu}}^{\mathrm{T}}\boldsymbol{\Pi}\boldsymbol{\mu}+\boldsymbol{\mu}^{\mathrm{T}}\dot{\boldsymbol{\Pi}}\boldsymbol{\mu}+\boldsymbol{\mu}^{\mathrm{T}}\boldsymbol{\Pi}\dot{\boldsymbol{\mu}}\\ &=\boldsymbol{\mu}^{\mathrm{T}}\dot{\boldsymbol{\Pi}}\boldsymbol{\mu}+\boldsymbol{\mu}^{\mathrm{T}}(\boldsymbol{F}-\boldsymbol{G}\boldsymbol{H})\boldsymbol{\Pi}\boldsymbol{\mu}+\boldsymbol{\mu}^{\mathrm{T}}\boldsymbol{\Pi}(\boldsymbol{F}-\boldsymbol{G}\boldsymbol{H})\boldsymbol{\mu}+2\boldsymbol{\mu}^{\mathrm{T}}\boldsymbol{\Pi}(\boldsymbol{\alpha}-\boldsymbol{G}\boldsymbol{\beta})\end{aligned} \tag{8-45}$$

其中，$\dot{\boldsymbol{\Pi}}=-\boldsymbol{\Pi}\dot{\boldsymbol{P}}\boldsymbol{\Pi}$。

假定：

$\|\boldsymbol{\alpha}\|\leqslant k_{\alpha}\|\boldsymbol{\mu}\|^{2}$，$\|\boldsymbol{\beta}\|\leqslant k_{\beta}\|\boldsymbol{\mu}\|^{2}$，$\|\boldsymbol{H}\|\leqslant\bar{h}$，$\underline{p}\boldsymbol{E}\leqslant\boldsymbol{P}\leqslant\bar{p}\boldsymbol{E}$，$\underline{q}\boldsymbol{E}\leqslant\boldsymbol{Q}$，$\underline{r}\boldsymbol{E}\leqslant\boldsymbol{R}$。其中，$k_{\alpha}$、$k_{\beta}$、$\bar{h}$、$\underline{p}$、$\bar{p}$、$\underline{q}$ 和 $\underline{r}$ 都是正常数。

引理：根据假定条件，存在 $\varepsilon>0$ 和 $\kappa>0$，则有不等式：$\boldsymbol{\mu}^{\mathrm{T}}\boldsymbol{\Pi}\boldsymbol{\alpha}-\boldsymbol{\mu}^{\mathrm{T}}\boldsymbol{\Pi}\boldsymbol{G}\boldsymbol{\beta}\leqslant\kappa\|\boldsymbol{\mu}\|^{3}$，对任意的 $\|\boldsymbol{\mu}\|\leqslant\varepsilon$ 均成立。

证明：

根据 $\boldsymbol{\Pi}=\boldsymbol{P}^{-1}$ 和假定条件可得：

$$\frac{1}{\bar{p}}\|\boldsymbol{\mu}\|^{2}\leqslant W\leqslant\frac{1}{\underline{p}}\|\boldsymbol{\mu}\|^{2} \tag{8-46}$$

利用三角不等式，$\boldsymbol{G}=\boldsymbol{P}\boldsymbol{H}^{\mathrm{T}}\boldsymbol{R}^{-1}$，$\boldsymbol{\Pi}=\boldsymbol{P}^{-1}$ 和 $\|\boldsymbol{\mu}\|\leqslant\varepsilon$。

$$\|\boldsymbol{\mu}^{\mathrm{T}}\boldsymbol{\Pi}\boldsymbol{\alpha}-\boldsymbol{\mu}^{\mathrm{T}}\boldsymbol{\Pi}\boldsymbol{G}\boldsymbol{\beta}\|\leqslant\|\boldsymbol{\mu}^{\mathrm{T}}\boldsymbol{\Pi}\boldsymbol{\alpha}\|+\|\boldsymbol{\mu}^{\mathrm{T}}\boldsymbol{H}^{\mathrm{T}}\boldsymbol{R}^{-1}\boldsymbol{\beta}\| \tag{8-47}$$

则根据假定条件可得：

$$\|\boldsymbol{\mu}^{\mathrm{T}}\boldsymbol{\Pi}\boldsymbol{\alpha}-\boldsymbol{\mu}^{\mathrm{T}}\boldsymbol{\Pi}\boldsymbol{G}\boldsymbol{\beta}\|\leqslant\|\boldsymbol{\mu}\|\frac{k_{\alpha}}{\underline{p}}\|\boldsymbol{\mu}\|^{2}+\|\boldsymbol{\mu}\|\frac{\bar{h}k_{\beta}}{\underline{r}}\|\boldsymbol{\mu}\|^{2}，即 \kappa=\frac{k_{\alpha}}{\underline{p}}+\frac{\bar{h}k_{\beta}}{\underline{r}}$$

根据引理和公式 $\boldsymbol{G}=\boldsymbol{P}\boldsymbol{H}^{\mathrm{T}}\boldsymbol{R}^{-1}$ 可得：

$$\dot{W}\leqslant-2iW+\left(-\frac{\underline{q}}{\bar{p}^{2}}+2\kappa\|\boldsymbol{\mu}\|\right)\|\boldsymbol{\mu}\|^{2} \tag{8-48}$$

其中，$i>0$，对任意的 $\|\boldsymbol{\mu}\|\leqslant\varepsilon'=\min\left(\varepsilon,\frac{\underline{q}}{4\kappa\bar{p}^{2}}\right)$，可得：

$$\dot{W}(t)\leqslant-\frac{\underline{q}}{2\bar{p}^{2}}\|\boldsymbol{\mu}(t)\|^{2}-2iW(t)=\left(-2i-\frac{\underline{q}\underline{p}}{2\bar{p}^{2}}\right)W(t) \tag{8-49}$$

分离变量可得 $W(t)\leqslant W(0)\mathrm{e}^{\left(-2i-\frac{\underline{q}\underline{p}}{2\bar{p}^{2}}\right)t}$，可知 $\dot{W}(t)<0$，同时联合式 $\frac{1}{\bar{p}}\|\boldsymbol{\mu}\|^{2}\leqslant W\leqslant$

$\dfrac{1}{p}\parallel\pmb{\mu}\parallel^{2}$ 可得：

$$\parallel\pmb{\mu}(t)\parallel\leqslant\sqrt{\frac{\overline{p}}{\underline{p}}}\parallel\pmb{\mu}(0)\parallel\mathrm{e}^{-\left(i+\frac{qp}{4p^{2}}\right)t}\tag{8-50}$$

即 EKF 状态观测器呈指数稳定。综上所述，通过步骤 1 和步骤 2 分别证明了 PD 控制系统稳定和扩展卡尔曼状态观测器稳定，因此，整个柔顺机器人的非完全状态反馈控制系统的稳定性得到证明。

8.2.5 实验验证

本节将所提出的控制算法应用于样机上，在相同的实验条件下将基于扩展卡尔曼状态观测器的轨迹跟踪控制算法与基于传感器的 PD 轨迹控制器进行比较，以证明基于扩展卡尔曼状态观测器的轨迹跟踪控制算法的可行性和稳定性。

为了验证控制算法，搭建以三关节柔顺机器人驱动为核心的控制实验平台，使用具有 Intel Core i7 处理器@ 2.40GHz 和 8GB RAM 的基于 64 位 Windows 7.1 的 HP 主机计算机来运行 Kalman（卡尔曼）估算并通过程序运算给出电动机的输入转矩。程序编写语言为 C 语言，通过 CCS 软件运行，该控制算法能够以 1kHz 的执行速率进行操作，可以满足系统进行数据处理和给出控制信号的需求。采用 Ti 公司生产的 TMS320F28335 的 DSP 板卡处理来自 maxon 电机编码器的信号，并将其传输到主机，即通过 DSP 芯片的 QEP 模块捕捉驱动器动力源电机的实时位置。然后将主机计算的结果通过仿真器发送到 DSP 板，DSP 板卡将输入的信号命令转换为 PWM 波信号发送给 ESCON 电机驱动器实现电机驱动。采用 AD 电磁跟踪系统（型号为 tradSTAR，由 NDI 公司生产）来跟踪机器人末端的位置。通过 USB 电缆，将位置数据发送到主机，以对实验结果进行比较验证。整个实验平台如图 8-10 所示。

图 8-10　实验平台

为了实验的公平性和比较验证的有效性，在同一环境中使用同一台机器进行实验，并使用相同的 PD 控制器参数。期望的轨迹是闭合的圆形轨迹。轨迹跟踪结果如图 8-11 所示。

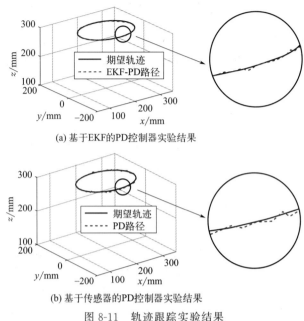

(a) 基于EKF的PD控制器实验结果

(b) 基于传感器的PD控制器实验结果

图 8-11　轨迹跟踪实验结果

为了进一步分析实验数据，根据实验目标，定义轨迹跟踪误差均方差：

$$\mathrm{RMSE} = \sqrt{\left(\sum_{t=0}^{T} \parallel \boldsymbol{\xi}_e(t) - \boldsymbol{\xi}_{exp}(t) \parallel_2 \right) / T} \tag{8-51}$$

式中，$\xi_e(t)$ 和 $\xi_{exp}(t)$ 分别代表实际轨迹和期望轨迹。

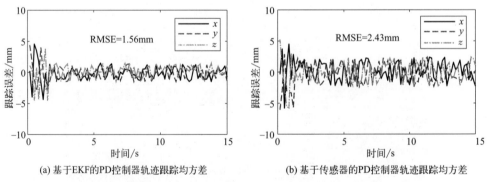

(a) 基于EKF的PD控制器轨迹跟踪均方差　　　　(b) 基于传感器的PD控制器轨迹跟踪均方差

图 8-12　轨迹跟踪均方差

图 8-12 所示为 PD 控制器轨迹跟踪均方差。各关节的跟踪误差分别如图 8-13(a)、(b) 以及(c) 所示。通过图 8-11～图 8-13 所示的实验结果，可以看到基于扩展卡尔曼滤波状态观测的 PD 控制器的轨迹跟踪误差的均方差较小，每个关节的跟踪误差也较小，表明在相同条件下，本书提出的控制算法具有较好的控制效果。

轨迹跟踪控制系统中的 EKF 观测器可以实时处理外部干扰。为了证明其处理实时干扰的能力，在机器人末端人为施加小的干扰力，实验结果示于图 8-14～图 8-16。

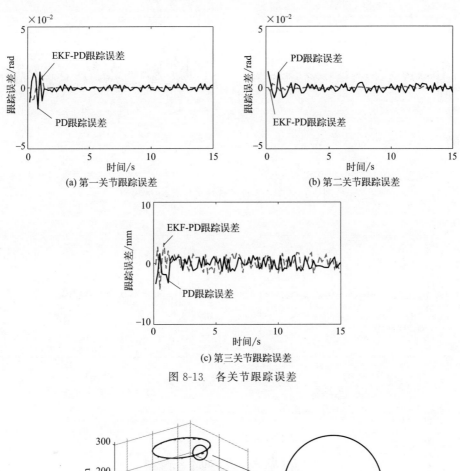

(a) 第一关节跟踪误差

(b) 第二关节跟踪误差

(c) 第三关节跟踪误差

图 8-13　各关节跟踪误差

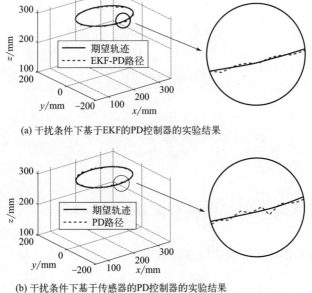

(a) 干扰条件下基于EKF的PD控制器的实验结果

(b) 干扰条件下基于传感器的PD控制器的实验结果

图 8-14　外界干扰条件下轨迹跟踪实验结果

　　从图 8-14～图 8-16 可以看出，在外部干扰的情况下，基于 EKF 观测器的控制结果更加稳定，机器人端的位置偏差几乎不变，这意味着基于 EKF 观测器的控件可以有效地实时处理外部干扰。

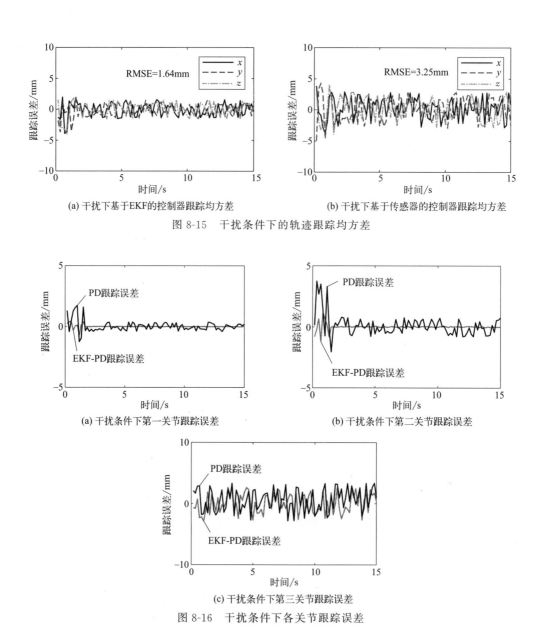

(a) 干扰下基于EKF的控制器跟踪均方差   (b) 干扰下基于传感器的控制器跟踪均方差

图 8-15   干扰条件下的轨迹跟踪均方差

(a) 干扰条件下第一关节跟踪误差   (b) 干扰条件下第二关节跟踪误差

(c) 干扰条件下第三关节跟踪误差

图 8-16   干扰条件下各关节跟踪误差

8.3 基于一种终端滑模的机械臂末端轨迹控制

8.3.1 基于 Terminal 滑模控制的算法原理

终端滑模控制器由三部分组成：切换函数的设计，目的是设计一个界面，使最终跟踪结果的误差值趋近于零，并且使其稳定，有良好的控制性能；趋近律的设计，使其能够快速达到设定的界面，保证控制系统稳定，不会发生抖振情况；控制律的设计，给出系统输入，确保系统有稳定的输出。设计基于终端滑模控制的目的是使末端轨迹实现精准的输出。根据目标任务，设计的终端滑模控制器如图 8-17 所示。系统输入为期望的末端轨迹，经过终端滑模控制率的计算，给出驱动器所需要的转矩，将转矩传递给机器人系统，最终输出机器人执行器末端轨迹。

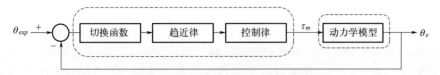

图 8-17　基于终端滑模的轨迹控制器

　　为了验证方法的准确性，本节仍采用前面所描述的三自由度串联柔顺机器人来验证算法。由于控制目标是末端的轨迹输出，因此用运动学逆解分别计算出三个关节的参量，基于机器人的构型和所提出的降低耦合性的控制算法，对三个关节按时序分别进行控制，其运动学模型和动力学方程仍按前面的计算公式描述，将驱动器动力学方程进行移项整理，得到如下公式：

$$\tau_m = \frac{1}{R_1 R_2}(J_e \ddot{\theta}_e + b_e \dot{\theta}_e) + J_{eq} \ddot{\theta}_r + b_{eq} \dot{\theta}_r \tag{8-52}$$

终端滑模控制器的设计如下：

　　定义柔顺机器人系统的期望位置为 θ_{exp}，定义末端执行器轨迹输出误差为 $e = \theta_{exp} - \theta_e$，将输出误差对时间求导可以得到：

$$\dot{e} = \dot{\theta}_{exp} - \dot{\theta}_e = \tilde{e}\dot{e} = \dot{\theta}_{exp} - \dot{\theta}_e = \tilde{e} \tag{8-53}$$

将式（8-53）对时间求导，并代入式（8-53）中可以得到：

$$\dot{\tilde{e}} = \frac{1}{J_e}[R_1 R_2 \tau_m - b_e \dot{\theta}_e - R_1 R_2(J_{eq}\ddot{\theta}_r + b_{eq}\dot{\theta}_r)] - \ddot{\theta}_{exp} \tag{8-54}$$

根据以上定义的机器人系统误差，设计切换函数即终端滑模面为：

$$s = \alpha e + \beta \dot{e} + \chi \operatorname{sgn}(\dot{e})^{\gamma} \tag{8-55}$$

　　式中，$\operatorname{sgn}(\dot{e})^{\gamma} = |\dot{e}|^r \operatorname{sgn}(\dot{e})$，$\alpha$、$\beta$ 以及 χ 为切换函数的系统参数值，均大于零，$1 < \gamma < 2$。根据设计的切换函数，为了使系统在有限时间内收敛，将设计控制率为：

$$\dot{s} = -\tilde{\alpha}s - \tilde{\beta}\operatorname{sgn}(s)^{\rho} \tag{8-56}$$

　　式中，$\tilde{\alpha}$、$\tilde{\beta}$ 以及 ρ 为趋近律设计参数，为大于零的常数，则控制系统控制律设计如下：

$$\tau_m = \frac{1}{R_1 R_2}\left\{ J_e\left[-\tilde{\alpha}s - \tilde{\beta}\operatorname{sgn}(s)^{\rho} + \ddot{\theta}_{exp} - \frac{\alpha\dot{e}}{\beta + \chi\gamma|\dot{e}|^{\gamma-1}} \right] + b_e\dot{\theta}_e \right\} + J_{eq}\ddot{\theta}_r + b_{eq}\dot{\theta}_r \tag{8-57}$$

　　末端执行器轨迹控制的终端滑模控制器在实际应用过程中，由于趋近律的选择会出现不连续的问题也就是抖振现象，为了进一步消除抖振，采用一种饱和函数替代符号函数，饱和函数的定义如下：

$$\operatorname{sat}(s) = \begin{cases} \operatorname{sgn}\left(\dfrac{s}{\delta}\right) & \left|\dfrac{s}{\delta}\right| > 1 \\[2mm] \dfrac{s}{\delta} & \left|\dfrac{s}{\delta}\right| \leqslant 1 \end{cases} \tag{8-58}$$

　　式中，$\delta > 0$，至此，针对具有非线性刚度驱动器的柔顺机器人存在参数微小变化以及外部干扰情况下基于终端滑模控制的轨迹跟踪控制器设计完毕。

8.3.2 李雅普诺夫稳定性及系统鲁棒性分析

李雅普诺夫方程是经典的分析控制系统稳定的有效办法，本节仍采用其证明所设计控制系统的稳定性。为了证明所设计系统的稳定性和时间收敛性，引入以下引理：

引理：对于任意一个定义在实数域中的连续非 Lipschitz（利普希茨）微分方程，定义它的李雅普诺夫函数满足如下

$$\dot{V}(x) + \alpha_1 V(x) + \alpha_2 V^\gamma(x) \leqslant 0 \tag{8-59}$$

即该函数满足负定于实数空间，则它的收敛时间可以得到：

$$T_{finite-time} \leqslant \frac{1}{\alpha_1(1-r)} \ln \frac{\alpha_1 V^{1-\gamma}(x_o) + \alpha_2}{\alpha_2} \tag{8-60}$$

通过引理可知，对于任意的连续非 Lipschitz 函数，都是全局有限时间稳定的，即对于任何给定的初始条件，系统状态收敛在有限时间内，且收敛时间与初始状态有关，并永远保持稳定。

为进行所设计系统的稳定性证明，根据所设计的终端滑模控制系统，构造李雅普诺夫函数：

$$V = \frac{1}{2} s^2 \tag{8-61}$$

对所构造的李雅普诺夫函数求导，可得：

$$\dot{V} = s\dot{s} = s\left[-\tilde{\alpha}s - \tilde{\beta}\,\mathrm{sgn}(s)^\rho\right] = -\tilde{\alpha}s^2 - \tilde{\beta}\,\mathrm{sgn}(s)^\rho s \leqslant 0 \tag{8-62}$$

将式（8-61）代入式（8-62）中可得：

$$\dot{V} = -\tilde{\alpha}s^2 - \tilde{\beta}\,\mathrm{sgn}(s)^\rho s = -2\tilde{\alpha}V - 2\tilde{\beta}\,|V|^{\frac{1+\rho}{2}} \tag{8-63}$$

由于 $\dot{V} \leqslant 0$，可以将式（8-63）改写为：

$$\dot{V} + 2\tilde{\beta}\,|V|^{\frac{1+\rho}{2}} + 2\tilde{\alpha}V \leqslant 0 \tag{8-64}$$

根据引理，可以得到收敛时间：

$$T_{finite-time} \leqslant \frac{1}{2\tilde{\beta}\left(1 - \frac{1+\rho}{2}\right)} \ln \frac{2\tilde{\beta}V^{1-\frac{1+\rho}{2}}(x_o) + 2\tilde{\alpha}}{2\tilde{\alpha}} \tag{8-65}$$

通过以上分析，设计的控制系统在给定初始条件下，能在有限时间内收敛，即控制系统是稳定的。

本书设计的控制系统具有一定的鲁棒性，能应对系统干扰及前文所说的转动惯量的轻微变动、弹性元件能量损耗以及干扰问题，故进行控制系鲁棒性分析。

考虑到系统的动能消耗以及转动惯量引起的轻微变动，动力学方程变为：

$$\tau_m = \frac{1}{R_1 R_2}\left[(J_e + \Delta J_e)\ddot{\theta}_e + (b_e + \Delta b_e)\dot{\theta}_e\right] + J_{eq}\ddot{\theta}_r + b_{eq}\dot{\theta}_r + \tau_{dis} + \tau_{con} \tag{8-66}$$

式中，ΔJ_e、Δb_e 表示轻微的转动惯量和阻尼的变动，τ_{dis}、τ_{con} 表示非线性弹性元件变形引起的能量损耗项和外部干扰项，且这几项均满足有界限收敛，将其简化可写为：

$$\tau_m = \frac{1}{R_1 R_2}(J_e\ddot{\theta}_e + b_e\dot{\theta}_e) + J_{eq}\ddot{\theta}_r + b_{eq}\dot{\theta}_r + D \tag{8-67}$$

式中，D 表示轻微的转动惯量和阻尼的变动，以及非线性弹性元件变形引起的能量损耗项和外部干扰项引起的总的力矩变化。通常，在实际的机器人系统中，系统参数的扰动和外部干扰是不可避免的。将式(8-67) 进行移项变形，可得到：

$$\ddot{\theta}_e = \frac{R_1 R_2 (\tau_m - J_{eq}\ddot{\theta}_r - b_{eq}\dot{\theta}_r - D) - b_e\dot{\theta}_e}{J_e} \tag{8-68}$$

则考虑机器人系统在外部扰动以及转动惯量损耗的情况下，切换函数的导数变为：

$$\dot{s} = \alpha\dot{e} + [\beta + \chi\gamma\,\mathrm{sgn}(\dot{e})^{\gamma-1}]\ddot{e}$$

$$= \alpha\dot{e} + [\beta + \chi\gamma\,\mathrm{sgn}(\dot{e})^{\gamma-1}]\left[\frac{R_1 R_2 (\tau_m - J_{eq}\ddot{\theta}_r - b_{eq}\dot{\theta}_r - D) - b_e\dot{\theta}_e}{J_e} - \ddot{\theta}_{exp}\right] \tag{8-69}$$

以及机器人系统在外部扰动以及转动惯量损耗的情况下控制律为：

$$\tau_m = \frac{1}{R_1 R_2}\left\{J_e\left[-\widetilde{\alpha}s - \widetilde{\beta}\,\mathrm{sgn}(s)^\rho + \ddot{\theta}_{exp} - \frac{\alpha\dot{e}}{\beta + \chi\gamma\,|\dot{e}|^{\gamma-1}}\right] + b_e\dot{\theta}_e\right\}$$
$$+ J_{eq}\ddot{\theta}_r + b_{eq}\dot{\theta}_r \tag{8-70}$$

将式(8-70) 代入式(8-69)，可以得到：

$$\dot{s} = \alpha\dot{e} + [\beta + \chi\gamma\,\mathrm{sgn}(\dot{e})^{\gamma-1}]\ddot{e}$$

$$= \alpha\dot{e} + [\beta + \chi\gamma\,\mathrm{sgn}(\dot{e})^{\gamma-1}]\left(-\widetilde{\alpha}s - \widetilde{\beta}\,\mathrm{sgn}(s)^\rho - \frac{R_1 R_2 D}{J_e} - \frac{\alpha\dot{e}}{\beta + \chi\gamma\,|\dot{e}|^{\gamma-1}}\right) \tag{8-71}$$

$$= \left[-\widetilde{\alpha}s - \widetilde{\beta}\,\mathrm{sgn}(s)^\rho - \frac{R_1 R_2 D}{J_e}\right](\beta + \chi\gamma\,|\dot{e}|^{\gamma-1})$$

将式(8-71) 进行改写，可以得到如下公式：

$$\dot{s} = -\widetilde{\alpha}[\beta + \chi\gamma\,\mathrm{sgn}(\dot{e})^{\gamma-1}]s - \widetilde{\beta}[\beta + \chi\gamma\,\mathrm{sgn}(\dot{e})^{\gamma-1}]\mathrm{sgn}(s)^\rho - \frac{R_1 R_2 D[\beta + \chi\gamma\,\mathrm{sgn}(\dot{e})^{\gamma-1}]}{J_e}$$

$$= -\widetilde{\alpha}[\beta + \chi\gamma\,\mathrm{sgn}(\dot{e})^{\gamma-1}]s - \frac{R_1 R_2 D[\beta + \chi\gamma\,\mathrm{sgn}(\dot{e})^{\gamma-1}]}{J_e s}s - \widetilde{\beta}[\beta + \chi\gamma\,\mathrm{sgn}(\dot{e})^{\gamma-1}]\mathrm{sgn}(s)^\rho$$

$$= -\left\{\widetilde{\alpha}[\beta + \chi\gamma\,\mathrm{sgn}(\dot{e})^{\gamma-1}] + \frac{R_1 R_2 D[\beta + \chi\gamma\,\mathrm{sgn}(\dot{e})^{\gamma-1}]}{J_e s}\right\}s - \widetilde{\beta}[\beta + \chi\gamma\,\mathrm{sgn}(\dot{e})^{\gamma-1}]\mathrm{sgn}(s)^\rho$$

$$\tag{8-72}$$

由前面考虑的转动惯量变动以及外部干扰等因素的实际情况可知，s、D 满足有界收敛，则将式(8-72) 改写进行参数变化后，变成如下形式：

$$\dot{s} = -\widetilde{\alpha}'s - \widetilde{\beta}'\mathrm{sgn}(s)^\rho \tag{8-73}$$

式中，$\widetilde{\alpha}'$、$\widetilde{\beta}'$ 为满足条件的在干扰情况下的趋近律参数，则干扰情况下的李雅普诺夫方程的导数变为：

$$\dot{V} = s\dot{s} = s[-\widetilde{\alpha}'s - \widetilde{\beta}'\mathrm{sgn}(s)^\rho]$$

$$= -\widetilde{\alpha}'s^2 - \widetilde{\beta}'\mathrm{sgn}(s)^\rho s = -2\widetilde{\alpha}'V - 2\widetilde{\beta}'|V|^{\frac{1+\rho}{2}} \leqslant 0 \tag{8-74}$$

即满足如下条件：

$$\dot{V} + 2\widetilde{\beta}'\,|V|^{\frac{1+\rho}{2}} + 2\widetilde{\alpha}'V \leqslant 0 \tag{8-75}$$

则系统在受到关节转动惯量微小变动以及外部干扰时，依然稳定。李雅普诺夫方程满足定理中的条件，所以由引理知：

$$T_{finite-time} \leqslant \frac{1}{2\widetilde{\beta}'\left(1 - \frac{1+\rho}{2}\right)} \ln \frac{2\widetilde{\beta}'V^{1-\frac{1+\rho}{2}}(x_o) + 2\widetilde{\alpha}'}{2\widetilde{\alpha}'} \tag{8-76}$$

即所设计的柔顺机器人轨迹跟踪终端滑模控制器在给定的初始条件下，考虑轻微的转动惯量和阻尼的变动，非线性弹性元件变形引起的能量损耗项和外部干扰的条件下，依然能在有限的时间内收敛，证明了系统的鲁棒性。

8.3.3 实验验证

在本小节中，将所提出的控制算法应用于样机上，在相同的实验条件下与基于传感器的PD轨迹控制器进行比较以证明该控制算法的可行性和稳定性。实验分为两部分，基于单关节的非线性刚度驱动器执行器末端正弦轨迹输出，以及在同条件下的柔顺机器人末端执行器轨迹跟踪。

为了验证控制算法，本书仍采用前面中搭建的控制实验平台，关节变量由磁栅尺传感器进行采集，通过 DSP 板卡处理信号，并将其传输到主机，与通过 DSP 芯片的 QEP 模块捕捉驱动器外筒的实时位置进行整合，从而得到关节的实时实际位置。然后将主机计算的结果通过仿真器发送到 DSP 板卡，DSP 板卡将输入的信号命令转换为 PWM 波信号发送给 ES-CON 电机驱动器实现电机驱动。本书使用 AD 电磁跟踪系统（型号为 tradSTAR，由 NDI 公司生产）来跟踪机器人末端的位置。通过 USB 电缆，将位置数据发送到主机，以对实验结果进行比较验证。

为了验证控制系统的可行性，首先针对单关节进行轨迹跟踪实验，即通过单关节的位置跟踪实验，证明所设计的终端滑模轨迹跟踪控制系统可行，在此基础上将其推广到三关节柔顺机器人末端执行器的轨迹跟踪控制上。设定的期望轨迹为 $\theta_{exp} = 0.5\sin(2t)$，为了实验的公平性和比较验证的有效性，在同一环境中使用同一台机器进行实验，并将 PD 控制器的参数调至最优。轨迹跟踪结果如图 8-18、图 8-19 所示。通过在同一试验条件下的单关节正弦轨迹输出实验结果可以看出，设计的终端滑模轨迹跟踪控制器具有良好的轨迹跟踪性能，能很好地跟踪所设定的正弦轨迹信号，且误差值较小，在极短的时间内收敛至稳定，且误差相

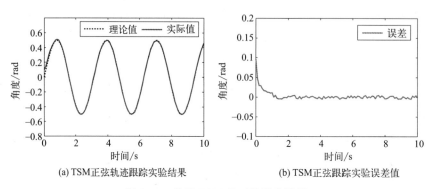

(a) TSM正弦轨迹跟踪实验结果   (b) TSM正弦跟踪实验误差值

图 8-18　基于 TSM 的正弦跟踪结果

对 PD 控制更小。

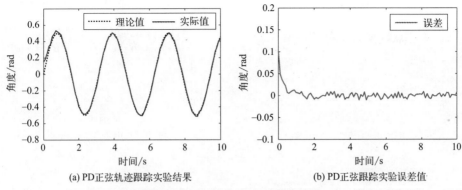

(a) PD正弦轨迹跟踪实验结果　　　　(b) PD正弦跟踪实验误差值

图 8-19　基于 PD 的正弦跟踪结果

在进行单关节轨迹跟踪实验后，通过实验结果的分析，基本验证了所提出的终端滑模轨迹控制系统的可行性。为了进一步验证所设计的控制器的低耦合性和精准性，进行柔顺机器人末端执行器轨迹跟踪实验，给定的期望轨迹是平面圆环轨迹，这样的设定可以使得各关节的参数变化较大，充分验证控制器性能。为了实验尽量公平，在同一实验条件下，设定 PD 参数最优，对比实验结果如图 8-20 和图 8-21 所示，为了进一步分析实验数据，根据轨迹跟踪精度的实验目标，得到轨迹跟踪均方差如图 8-22。通过轨迹跟踪结果可以看出，终端滑模轨迹跟踪控制器跟踪误差较小，相对于传统 PD 控制器有更好的跟踪精度，且根据均方差的数值可以看出，其均方差的值为 1.23mm，小于 PD 控制器的 2.37mm，证明了终端滑模机器人末端轨迹跟踪控制更加稳定。

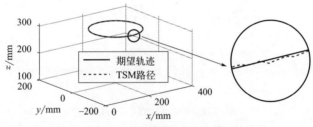

图 8-20　基于 TSM 的轨迹跟踪控制实验结果

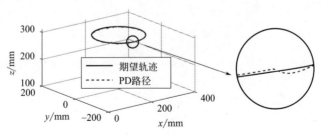

图 8-21　基于 PD 控制器的轨迹跟踪控制实验结果

各单关节的跟踪误差如图 8-23 所示，通过图 8-21～图 8-23 所示的实验结果，可以看到基于终端滑模的柔顺机器人末端轨迹控制器的轨迹跟踪误差的均方差较小，每个关节的跟踪误差也较小，表明在相同条件下，本书提出的控制算法具有较好的控制效果。

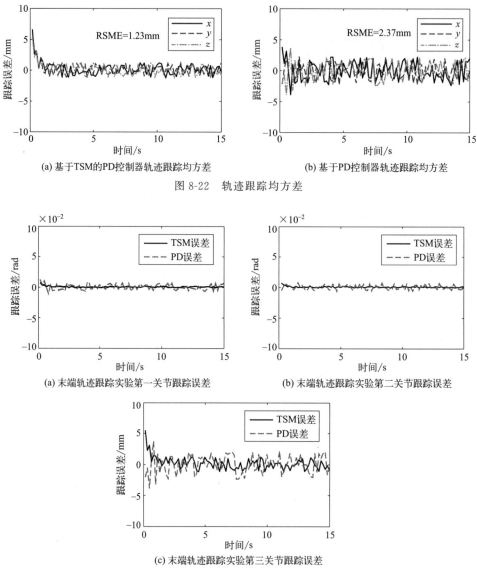

(a) 基于TSM的PD控制器轨迹跟踪均方差　　　　(b) 基于PD控制器轨迹跟踪均方差

图 8-22　轨迹跟踪均方差

(a) 末端轨迹跟踪实验第一关节跟踪误差　　　(b) 末端轨迹跟踪实验第二关节跟踪误差

(c) 末端轨迹跟踪实验第三关节跟踪误差

图 8-23　末端轨迹跟踪实验各关节跟踪误差

参考文献

［1］ Yu S，Yu X H，Shirinzadeh B，et al. Continuous finite-time control for robotic manipulators with terminal sliding mode［J］. Automatica，2005，41：1957-1964.

［2］ Ma T，Song Z，Xiang Z，Dai J. Trajectory tracking control for flexible-joint robot based on extended kalman filter and PD control［J］. Frontiers in Neurorobotics，2019，13：1-10.

［3］ Han，J. From PID to active disturbance rejection control［J］. IEEE Transactions on Industrial Electronics，2009，56（3）：900-906.

［4］ Tomizuka M，Horowiz R. Model reference adaptive control of mechanical manipulators［C］. Proceedings of the IFAC Symposium on Adaptive Systems in Control and Signal，2014：27-32.

［5］ Sun C，He W，Hong J. Neural network control of a flexible robotic manipulator using the lumped spring-mass mode［J］. IEEE Transactions on Systems Man & Cybernetics Systems，2017，47（8）：1863-1874.

附录

对于六自由度的梁单元，式(4-3) 中的刚度矩阵可表示为：

$$
\begin{bmatrix} \boldsymbol{p}_1 \\ \boldsymbol{p}_2 \\ \boldsymbol{p}_3 \\ \boldsymbol{p}_4 \\ \boldsymbol{p}_5 \\ \boldsymbol{p}_6 \end{bmatrix} = \frac{E_i}{L_i^3}
\begin{bmatrix}
AL^2 & 0 & 0 & -AL^2 & 0 & 0 \\
0 & 12I & 6IL & 0 & -12I & 6IL \\
0 & 6IL & 4IL^2 & 0 & -6IL & 2IL^2 \\
-AL^2 & 0 & 0 & AL^2 & 0 & 0 \\
0 & -12I & -6IL & 0 & 12I & -6IL \\
0 & 6IL & 2IL^2 & 0 & -6IL & 4IL^2
\end{bmatrix}_i
\begin{bmatrix} \boldsymbol{u}_1 \\ \boldsymbol{u}_2 \\ \boldsymbol{u}_3 \\ \boldsymbol{u}_4 \\ \boldsymbol{u}_5 \\ \boldsymbol{u}_6 \end{bmatrix}_i
$$

$$
+ \frac{(\boldsymbol{P}_{ax})_i}{30L_i}
\begin{bmatrix}
0 & 0 & 0 & 0 & 0 & 0 \\
0 & 36 & 3L & 0 & -36 & 3L \\
0 & 3L & 4L^2 & 0 & -3L & -L^2 \\
0 & 0 & 0 & 0 & 0 & 0 \\
0 & -36 & -3L & 0 & 36 & -3L \\
0 & 3L & -L^2 & 0 & -3L & 4L^2
\end{bmatrix}_i
\begin{bmatrix} \boldsymbol{u}_1 \\ \boldsymbol{u}_2 \\ \boldsymbol{u}_3 \\ \boldsymbol{u}_4 \\ \boldsymbol{u}_5 \\ \boldsymbol{u}_6 \end{bmatrix}_i
$$

根据边界条件，链式算法每一个单元都与前一个固连（$\boldsymbol{u}_1 = \boldsymbol{u}_2 = \boldsymbol{u}_3 = \boldsymbol{0}$），因此，矩阵可以简化为：

$$
\begin{bmatrix} \boldsymbol{P}_{ax} \\ \boldsymbol{P}_{tr} \\ \boldsymbol{M} \end{bmatrix}_i = \left[\frac{E}{L^3}
\begin{bmatrix}
AL^2 & 0 & 0 \\
0 & 12I & -6IL \\
0 & -6IL & 4IL^2
\end{bmatrix}
+ \frac{\boldsymbol{P}_{ax}}{30L}
\begin{bmatrix}
0 & 0 & 0 \\
0 & 36 & -3L \\
0 & -3L & 4L^2
\end{bmatrix}
\right]_i
\begin{bmatrix} \delta_{ax} \\ \delta_{tr} \\ \Delta\theta \end{bmatrix}_i
$$

对系数矩阵求逆，可得柔度矩阵为：

$$
\boldsymbol{K}_i^{-1} =
\begin{bmatrix}
\dfrac{L}{AE} & 0 & 0 \\[2mm]
0 & \dfrac{4L^2 Q_1 + 240EIL^3}{3(Q_2 + 240E^2 I^2)} & \dfrac{LQ_1 + 120EIL^2}{Q_2 + 240E^2 I^2} \\[4mm]
0 & \dfrac{LQ_1 + 120EIL^2}{Q_2 + 240E^2 I^2} & \dfrac{12Q_1 + 240EIL}{Q_2 + 240E^2 I^2}
\end{bmatrix}
$$

其中

$$
(Q_1)_i = 2L_i^3 (\boldsymbol{P}_{ax})_i
$$

$$
(Q_2)_i = 3L_i^4 (\boldsymbol{P}_{ax})_i^2 + 104 E_i I_i L_i^2 (\boldsymbol{P}_{ax})_i
$$